建工考试

全国二级建造师执业资格考试考霸笔记

机电工程管理与实务

考霸笔记

全彩版

全国二级建造师执业资格考试考霸笔记编写委员会 编写

中国建筑工业出版社
中国城市出版社

全国二级建造师执业资格考试考霸笔记

编写委员会

前　言

从每年建造师考试数据分析来看，建造师考试考查的知识点和题型呈现综合性、灵活性的特点，考试难度明显加大，然而枯燥的文字难免让人望而却步。为了能够帮助广大考生更容易理解考试用书中的内容，我们编写了这套“全国二级建造师执业资格考试考霸笔记”系列丛书。

本套丛书是由建造师执业资格考试培训老师，根据“考试大纲”和“考试用书”对执业人员知识能力要求，以及对历年考试命题规律的总结，通过图表结合的方式精心组织编写的。本套丛书是对考试用书核心知识点的浓缩，旨在帮助考生梳理和归纳核心知识点。

本套丛书共 5 分册，分别是《建设工程施工管理考霸笔记》《建设工程法规及相关知识考霸笔记》《建筑工程管理与实务考霸笔记》《机电工程管理与实务考霸笔记》《市政公用工程管理与实务考霸笔记》。

本套丛书包括以下几个显著特色：

考点聚焦　本套丛书运用思维导图、流程图和表格将知识点最大限度地图表化，梳理重要考点，凝聚考试命题的题源和考点，力求切中考试中 90% 以上的知识点；通过大量的实操图对考点进行形象化的阐述，并准确记忆、掌握重点知识点。

重点突出　编写委员会通过研究分析近年考试真题，根据考核频次和分值划分知识点，通过星号标示重要性，考生可以据此分配时间和精力，以达到用较少的时间取得较好的考试成绩的目的。同时，还通过颜色标记提示考生要特别注意的内容，帮助考生抓住重点，突破难点，科学、高效地学习。

[书中红色字体标记表示重点、易考点、高频考点；蓝色字体标记表示次重点]

贴心提示　本书将不好理解的知识点归纳总结记忆方法、命题形式，提供复习指导建议，帮助考生理解、记忆，让备考省时省力。

此外，为了配合考生的备考复习，我们开通了答疑 QQ 群：1169572131（加群密码：助考服务），配备了专业答疑老师，以便及时解答考生所提的问题。

为了使本书尽早与考生见面，满足广大考生的迫切需求，参与本书策划、编写和出版的各方人员都付出了辛勤的劳动，在此表示感谢。

本书在编写过程中，虽然几经斟酌和校阅，但由于时间仓促，书中不免会出现不当之处和纰漏，恳请广大读者提出宝贵意见，并对我们的疏漏之处进行批评和指正。

目　录

2H310000 机电工程施工技术

2H311000 机电工程常用材料及工程设备

2H311010 机电工程常用材料

【考点1】金属材料的类型及应用（☆☆☆）

1．金属材料（选择题考点）

性质	具有光泽、延展性、容易导电、传热等性质
分类	分为黑色金属、有色金属和特种金属材料
性能	分为工艺性能和使用性能两类。 （1）工艺性能：铸造性能、可焊性、可锻性、热处理性能、切削加工性等。 （2）使用性能：包括机械性能（包括：强度、塑性、硬度、冲击韧性、多次冲击抗力和疲劳极限等）、物理性能（包括：密度、熔点、热膨胀性、磁性、电学性能）、化学性能（包括：耐腐蚀性、抗氧化性）等

2. 黑色金属材料（选择题考点）

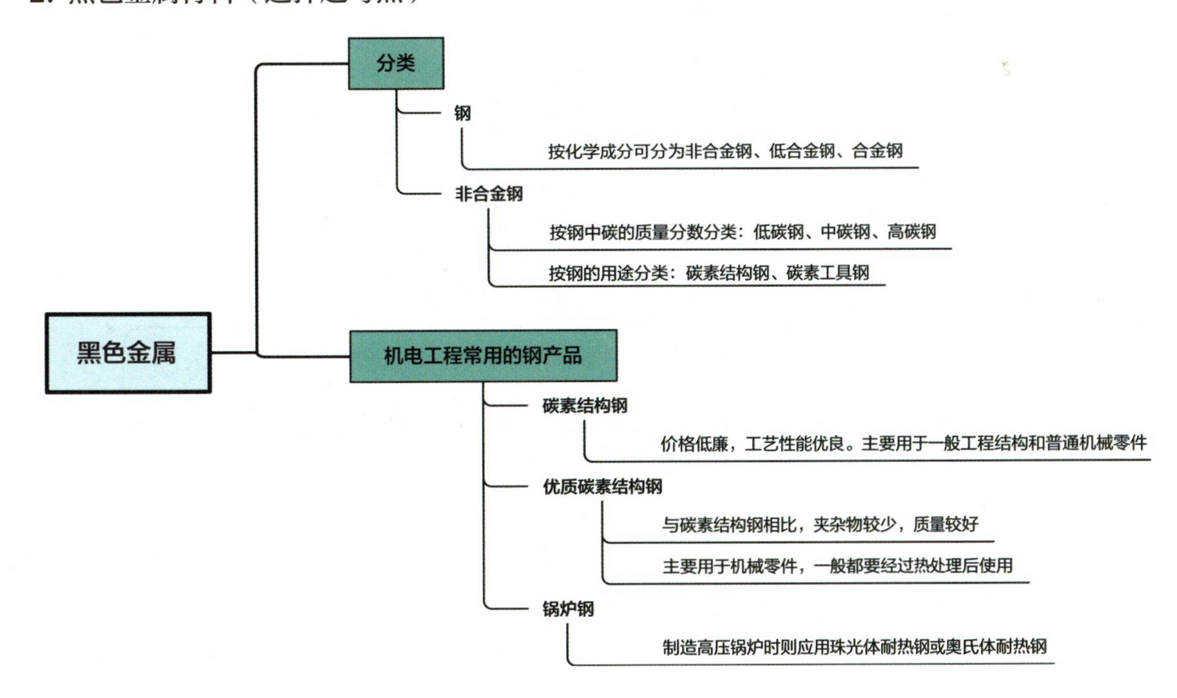

3. 有色金属 [21 第一批多选]

有色金属类别	通常分为轻金属、重金属、贵金属、半金属、稀有金属和稀土金属等
铝及铝合金建材型材	(1)可分为：基材、阳极氧化型材、电泳涂漆型材、喷粉型材、隔热型材。 (2)隔热型材常被称为断桥铝合金，它是以低热导率的非金属材料连接铝合金建筑型材制成的具有隔热、隔冷功能的复合材料

【考点 2】非金属材料的类型及应用（☆☆☆）

1. 塑料

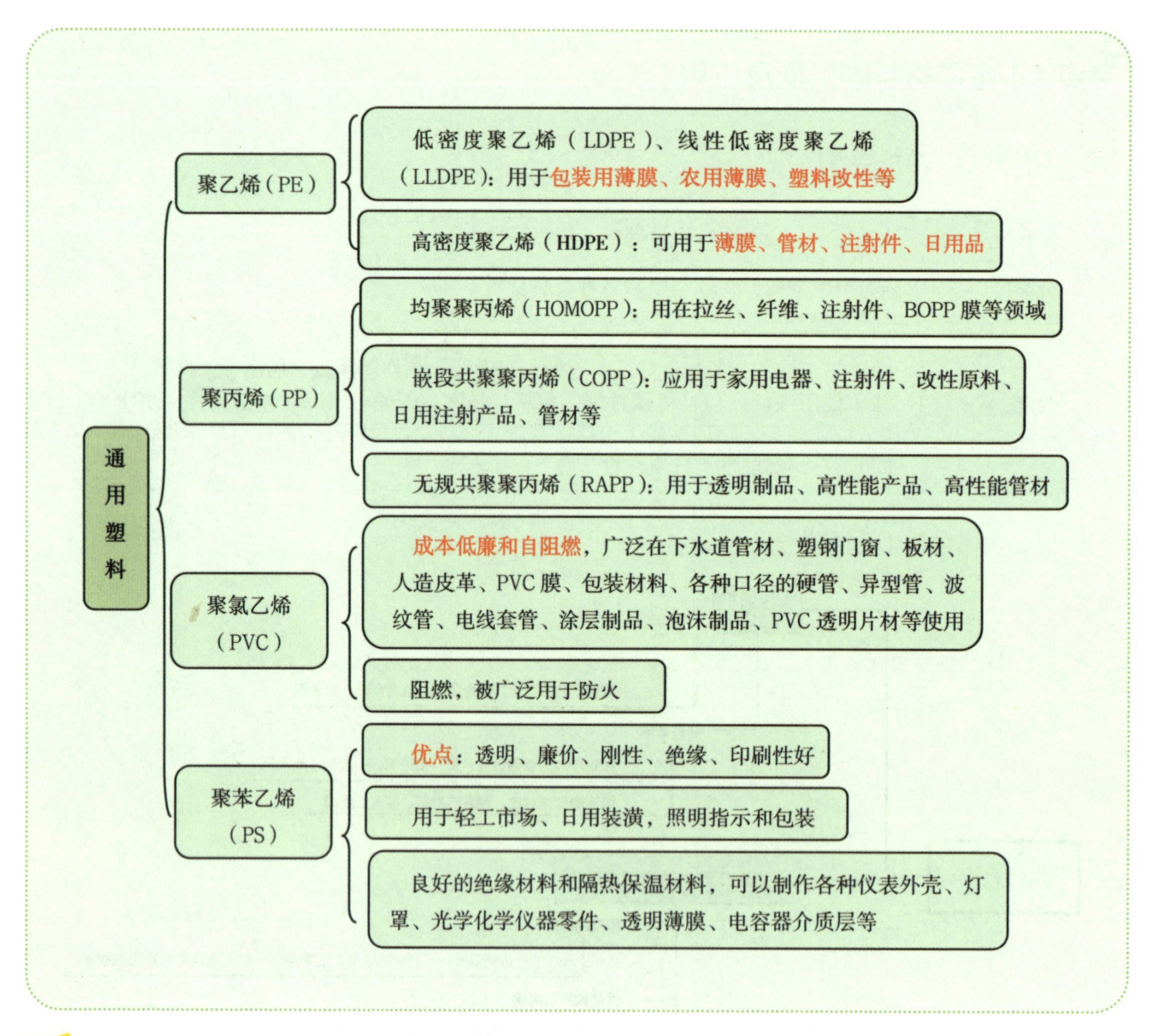

该知识点在近几年考试中未进行过考查，若在此命题的话，一般考查选择题。

2．工程塑料

聚酰胺（PA）	（1）具有无毒、质轻、优良的机械强度、耐磨性及较好的耐腐蚀性。 （2）应用于代替铜等金属在机械、化工、仪表、汽车等工业中制造轴承、齿轮、泵叶及其他零件
聚碳酸酯（PC）	用于银行、使馆、拘留所和公共场所的防护窗，飞机舱罩，照明设备、工业安全挡板和防弹玻璃
聚甲醛（POM）	（1）具有类似金属的硬度、强度和刚性，很好的自润滑性、良好的耐疲劳性，并富于弹性，还有较好的耐化学品性。 （2）广泛应用于电子电气、机械、仪表、日用轻工、汽车、建材、农业等领域
聚酯（PBT）	开发初期主要用于汽车制造中代替金属部件；由于阻燃型玻璃纤维增强 PBT 等品种的问世，大量用于制作电器制品（如电视机用变压器部件）
聚苯醚（PPO）	主要用于汽车仪表板、散热器格子、扬声器格栅、控制台、保险盒、继电器箱、连接器、轮罩

该知识点在近几年考试中未进行过考查，若在此命题的话，一般考查选择题。

3．砌筑材料

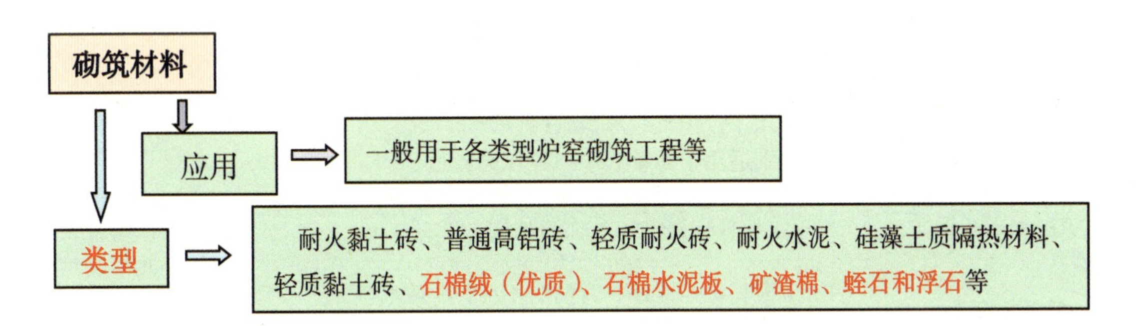

4．绝热材料

类型	膨胀珍珠岩类、离心玻璃棉类、超细玻璃棉类、微孔硅酸壳、矿棉类、岩棉类、泡沫塑料类
应用	常用于保温、保冷的各类容器、管道、通风空调管道等绝热工程

注意砌筑材料和绝热材料的类型，经常考查选择题。

5．非金属风管

非金属风管类型	酚醛复合风管	聚氨酯复合风管	玻璃纤维复合风管	硬聚氯乙烯风管
适用	低、中压空调系统及潮湿环境	低、中、高压洁净空调系统及潮湿环境	中压以下的空调系统	洁净室含酸碱的排风系统
不适用	高压及洁净空调、酸碱性环境和防排烟系统	酸碱性环境和防排烟系统	洁净空调、酸碱性环境和防排烟系统以及相对湿度 90% 以上的系统	—

该知识点在过去的年份中考查了单选题，考核形式有：根据应用判断非金属风管类型；根据非金属风管类型去选择应用范围。

酚醛复合风管

聚氨酯复合风管

玻璃纤维复合风管

硬聚氯乙烯风管

6. 塑料及复合材料水管 [22 两天考三科多选]

硬聚氯乙烯管	（1）可采用橡胶圈柔性接口安装。 （2）主要用于给水管道（非饮用水）、排水管道、雨水管道
氯化聚氯乙烯管	（1）高温机械强度高，适于受压的场合。 （2）主要应用于冷热水管、消防水管系统、工业管道系统
无规共聚聚丙烯管	（1）适合采用嵌墙和地坪面层内的直埋暗敷方式，水流阻力小。 （2）主要应用于饮用水管、冷热水管
丁烯管	（1）应用于饮用水、冷热水管。 （2）特别适用于薄壁、小口径压力管道
交联聚乙烯管	主要用于地板辐射供暖系统的盘管
铝塑复合管	（1）寿命长，柔性好，弯曲后不反弹，安装简单。 （2）应用于饮用水，冷、热水管
塑复铜管	（1）无毒，抗菌卫生，不腐蚀，不结垢，水质好，流量大，强度高，刚性大，耐热，抗冻，耐久，长期使用温度范围宽。 （2）主要用作工业及生活饮用水，冷、热水输送管道

（1）上述所列为该知识点的考核要点内容，塑料及复合材料水管包括类别的性能没有具体列出，考生要想此处不失分，复习此处内容时，仔细熟悉该部分知识点。

（2）一般考查选择题，考查形式有：根据其应用范围去选择适合的材料类型；根据材料类型去选择其相适应的应用范围。

硬聚氯乙烯管

氯化聚氯乙烯管

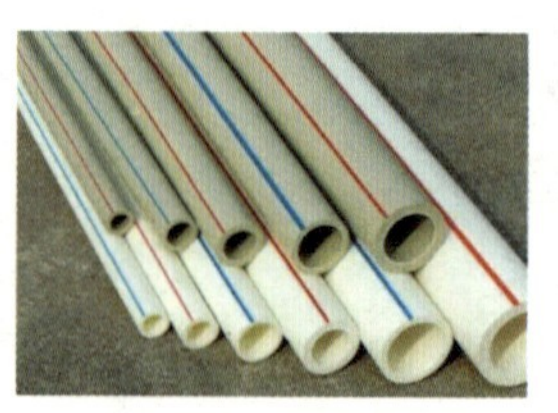
无规共聚聚丙烯管

丁烯管

交联聚乙烯管

铝塑复合管

塑复铜管

【考点3】电气材料的类型及应用（☆☆☆☆）

1．导线

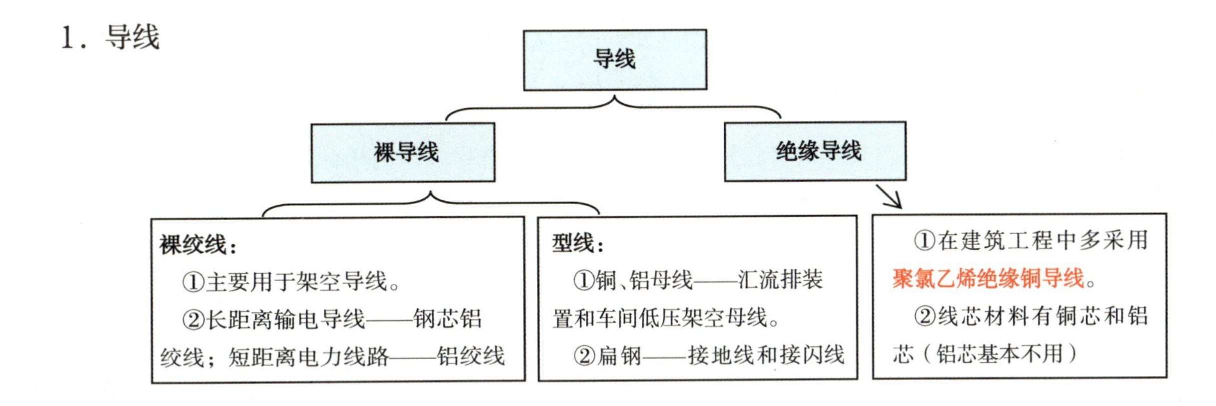

2．电力电缆

（1）阻燃电缆

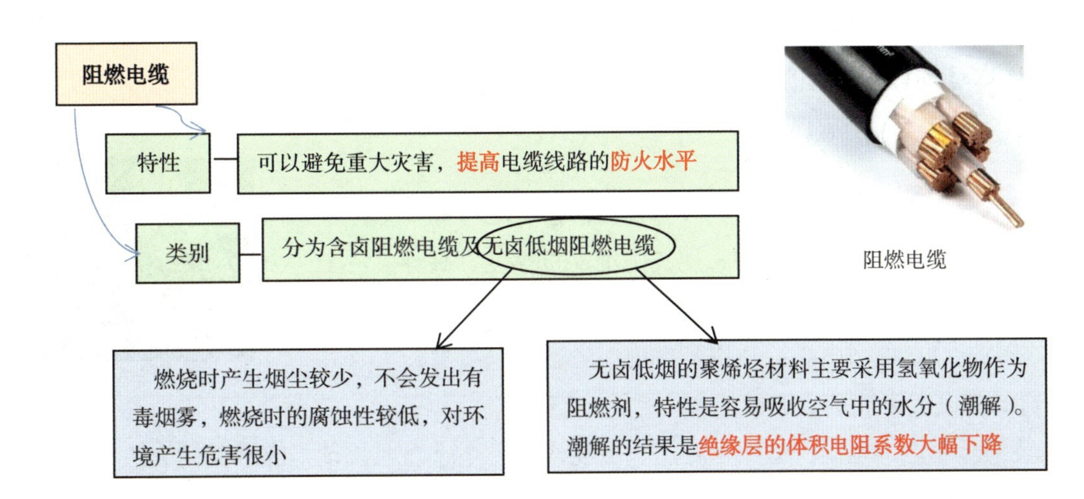

阻燃电缆

（2）耐火电缆

应用场所	广泛应用于高层建筑、地铁、地下商场、大型电站及重要的工矿企业等与防火安全和消防救生有关的场所
燃烧时的表现	在建筑物燃烧时，随着水喷淋时，电缆仍可保持线路完整运行
选用	用于电缆密集的电缆隧道、电缆夹层中，或位于油管、油库附近等易燃场所时，应首先选用A类耐火电缆，除前述情况外且电缆配置数量少时，可采用B类耐火电缆
具体应用	大多用作应急电源的供电回路；不能当作耐高温电缆使用

耐火电缆

左边内容为该知识点掌握内容，属于选择题考点。

（3）氧化镁电缆 [20 单选]

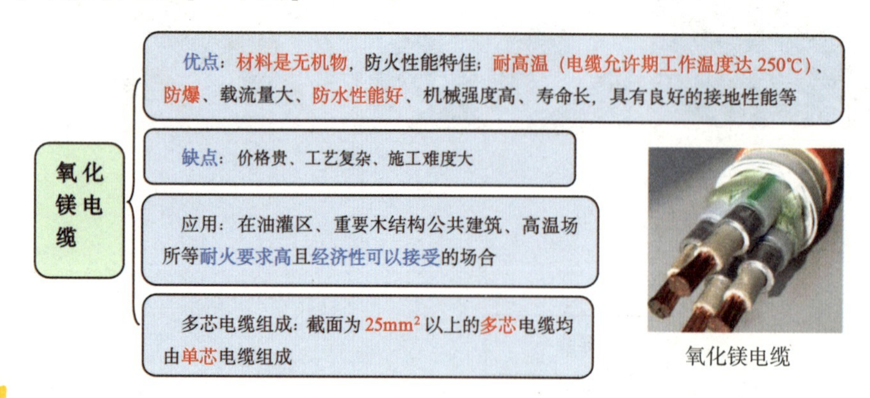

氧化镁电缆

氧化镁电缆优点、缺点、应用均可成为出题点，一般考查选择题，直接记忆，不用深究。

（4）分支电缆

① 应用：广泛应用在住宅楼、办公楼、商务楼、教学楼、科研楼等各种中高层建筑中，作为供配电的主、干线电缆使用。

② 订购分支电缆提供资料：应根据建筑电气设计图确定各配电柜位置，提供主电缆的型号、规格及总有效长度；各分支电缆的型号、规格及各段有效长度；各分支接头在主电缆上的位置（尺寸）；安装方式（垂直沿墙敷设、水平架空敷设等）；所需分支电缆吊头、横梁吊挂等附件型号、规格和数量。

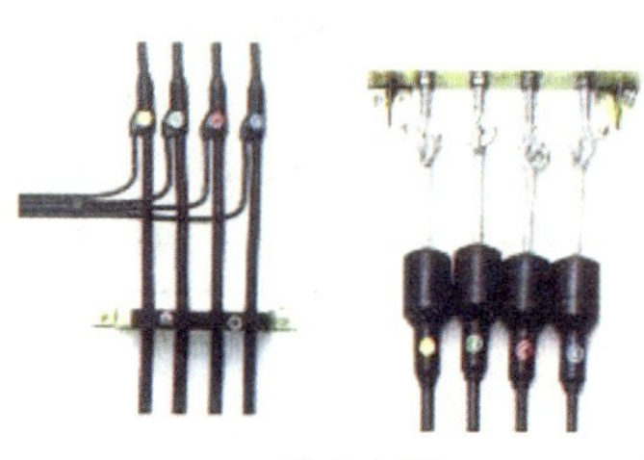

分支电缆

该知识点可以建议直接记忆，不用深究，考查方式是选择题。

（5）铝合金电缆

① 结构形式：主要有非铠装和铠装两大类，带 PVC 护套和不带 PVC 护套的，其芯线则采用高强度、抗蠕变、高导电率的铝合金材料。

② 非嵌装铝合金电力电缆：适用于室内、隧道、电缆沟等场所的敷设，不能承受机械外力。

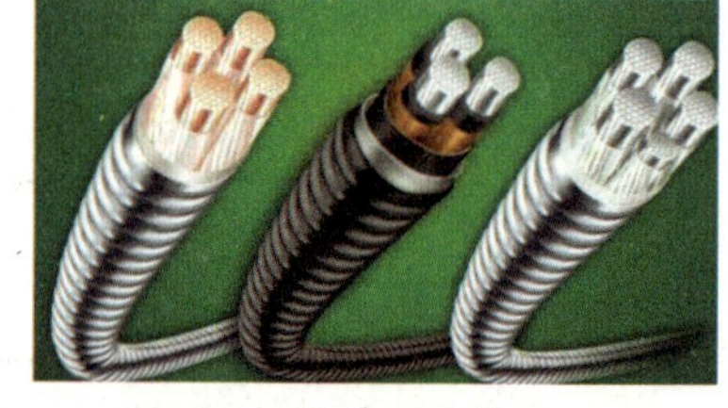

铝合金电缆

③ 嵌装铝合金电力电缆：适用于隧道、电缆沟、竖井或埋地敷设，能承受较大的机械外力和拉力。

3．控制电缆

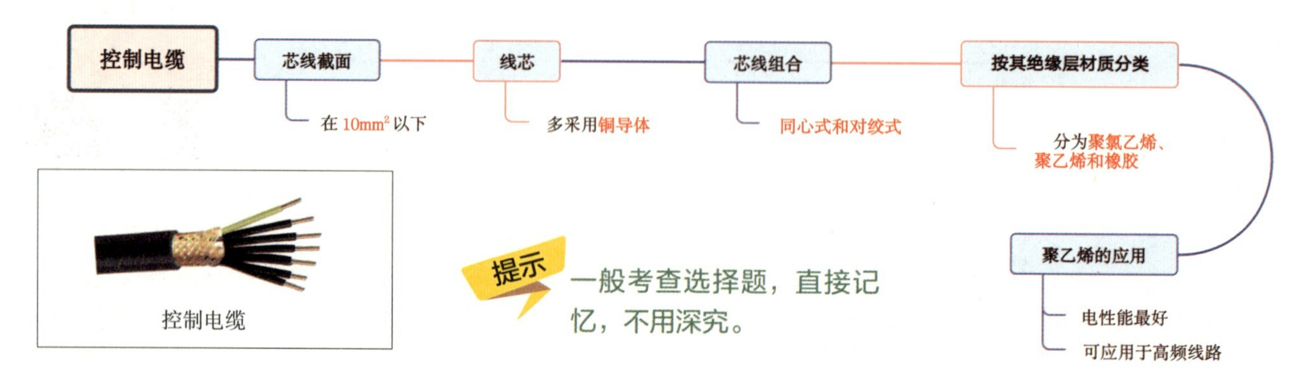

4．绝缘材料 [21 第二批多选、22 一天考三科多选]

按其物理状态分类	（1）气体绝缘材料：空气、氮气、二氧化硫和六氟化硫。 （2）液体绝缘材料：变压器油、断路器油、电容器油、电缆油。 （3）固体绝缘材料：绝缘漆、胶和熔敷粉末；纸、纸板等绝缘纤维制品；漆布、漆管和绑扎带等绝缘浸渍纤维制品；绝缘云母制品；电工用薄膜、复合制品和粘带；电工用层压制品；电工用塑料和橡胶
按其化学性质不同分类	（1）无机绝缘材料：云母、石棉、大理石、瓷器、玻璃和硫磺。用作电机和电器绝缘、开关的底板和绝缘子等。 （2）有机绝缘材料：矿物油、虫胶、树脂、橡胶、棉纱、纸、麻、蚕丝和人造丝。多用于制造绝缘漆、绕组和导线的被覆绝缘物。 （3）混合绝缘材料：主要用作电器的底座、外壳

一般考查选择题，主要考查其分类，考查形式为：根据绝缘材料分类选其具体包括的内容。

2H311020 机电工程常用工程设备

【考点 1】通用工程设备的分类和性能（☆☆☆☆）

1．通用工程设备的分类 [15 多选、20 单选、21 第二批多选]

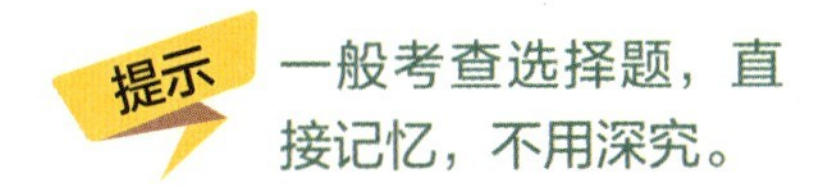
一般考查选择题，直接记忆，不用深究。

设备	分类依据	类别
泵	泵的工作原理和结构形式	容积式泵：分为往复泵（活塞泵、柱塞泵）和回转泵（齿轮泵、螺杆泵和叶片泵）两类。 叶轮式泵：分为离心泵、轴流泵和旋涡泵
	输送介质	清水泵、杂质泵、耐腐蚀泵
	吸入方式	单吸泵和双吸泵
	叶轮数目	单级泵和多级泵
风机	气体在旋转叶轮内部流动	离心式、轴流式、混流式风机
	结构形式	单级、多级风机
	工作原理	速度式（包括轴流风机、离心风机、混流式风机）和容积式（包括回转式鼓风机、罗茨式鼓风机）
	排气压强的不同	通风机、鼓风机、压气机
压缩机	所压缩的气体	空气、氧气、氨、天然气压缩机
	压缩气体方式	容积式压缩机：往复式、回转式压缩机。 动力式压缩机：轴流式、离心式、混流式压缩机
	压缩次数	单级、两级、多级压缩机
	压缩机的最终排气压力	低压、中压、高压、超高压压缩机

2．通用工程设备的性能参数 [21 第一批多选]

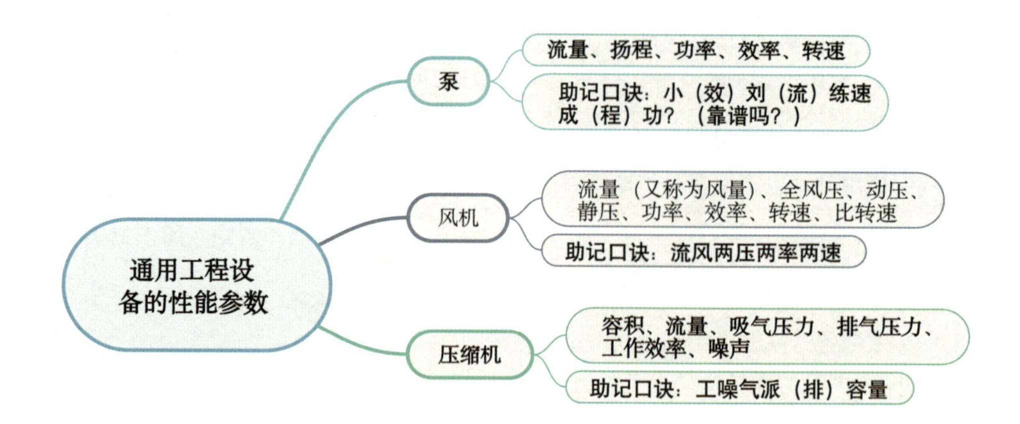

一般考查选择题，尤其要注意泵、风机、压缩机的性能参数会混在一块出题。

【考点 2】专用工程设备的分类和性能（☆☆☆）[14 多选、18 单选、22 一天考三科多选、22 两天考三科多选]

根据历年真题考试频率来看，专用工程设备的性能未进行过考核，因此此处不加以赘述。下面将具体阐述专用工程设备的分类。

专用设备的分类

- 电力设备
  - 火力发电系统：由燃烧系统（以承压蒸汽锅炉为核心）、汽水系统（主要由各类泵、给水加热器、凝汽器、管道、水冷壁等组成）、电气系统（以汽轮发电机组、主变压器等为主）、控制系统等组成
  - 核电设备：核岛设备、常规岛设备、辅助系统设备
  - 光伏发电系统分为：独立光伏发电系统、并网光伏发电系统和分布式光伏发电系统
  - 塔式太阳能光热发电设备分为：镜场设备（包括反射镜和跟踪设备）、集热塔（吸热塔）、热储存设备、热交换设备和发电常规岛设备
- 石油化工设备
  - 反应设备：反应器、反应釜、分解锅、聚合釜
  - 换热设备：管壳式余热锅炉、热交换器、冷却器、冷凝器、蒸发器
  - 分离设备：分离器、过滤器、集油器、缓冲器、洗涤器
  - 储存设备：储槽、储罐

在近几年考试中，关于专用设备的考查，只对电力设备、石油化工设备进行了考查，大家对这两种专用设备类别掌握即可，其余内容可以忽略不看。

【考点 3】电气工程设备的分类和性能（☆☆☆）

电气工程设备包含电动机、变压器、高压电气及成套装置、低压电气及成套装置、电工测量仪器仪表，后四种在近几年考试中未进行过考查，复习至此处内容时，重点掌握电动机、变压器的相关要点即可，其余内容熟悉一遍即可。

1．电气工程设备的分类 [19 单选]

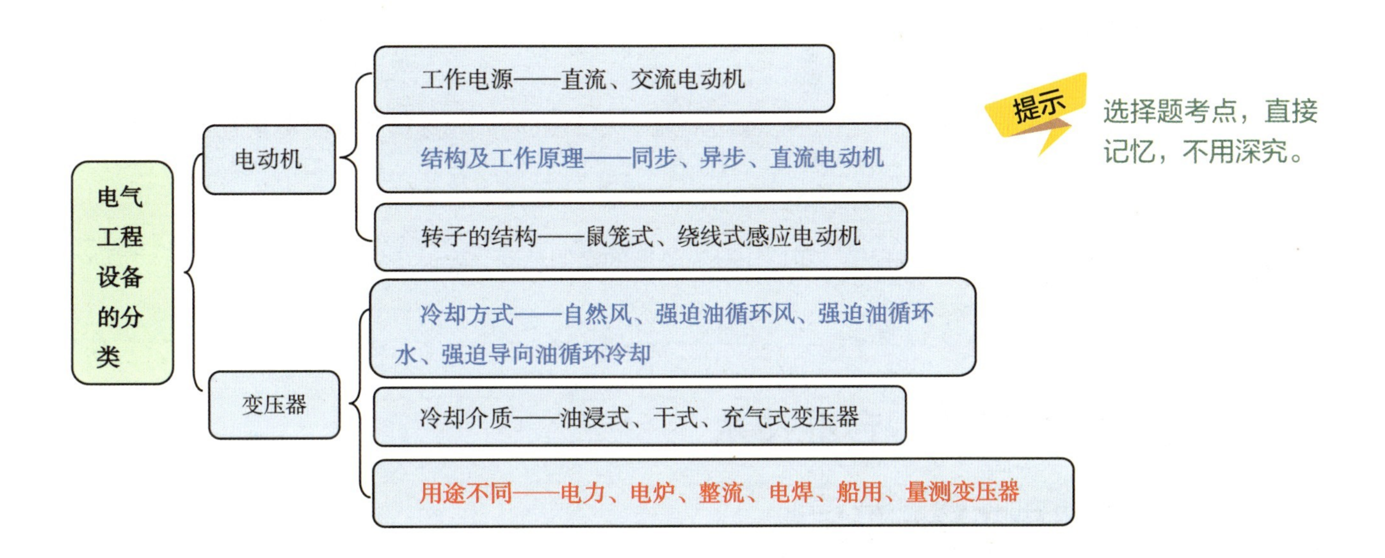

2．电动机的性能

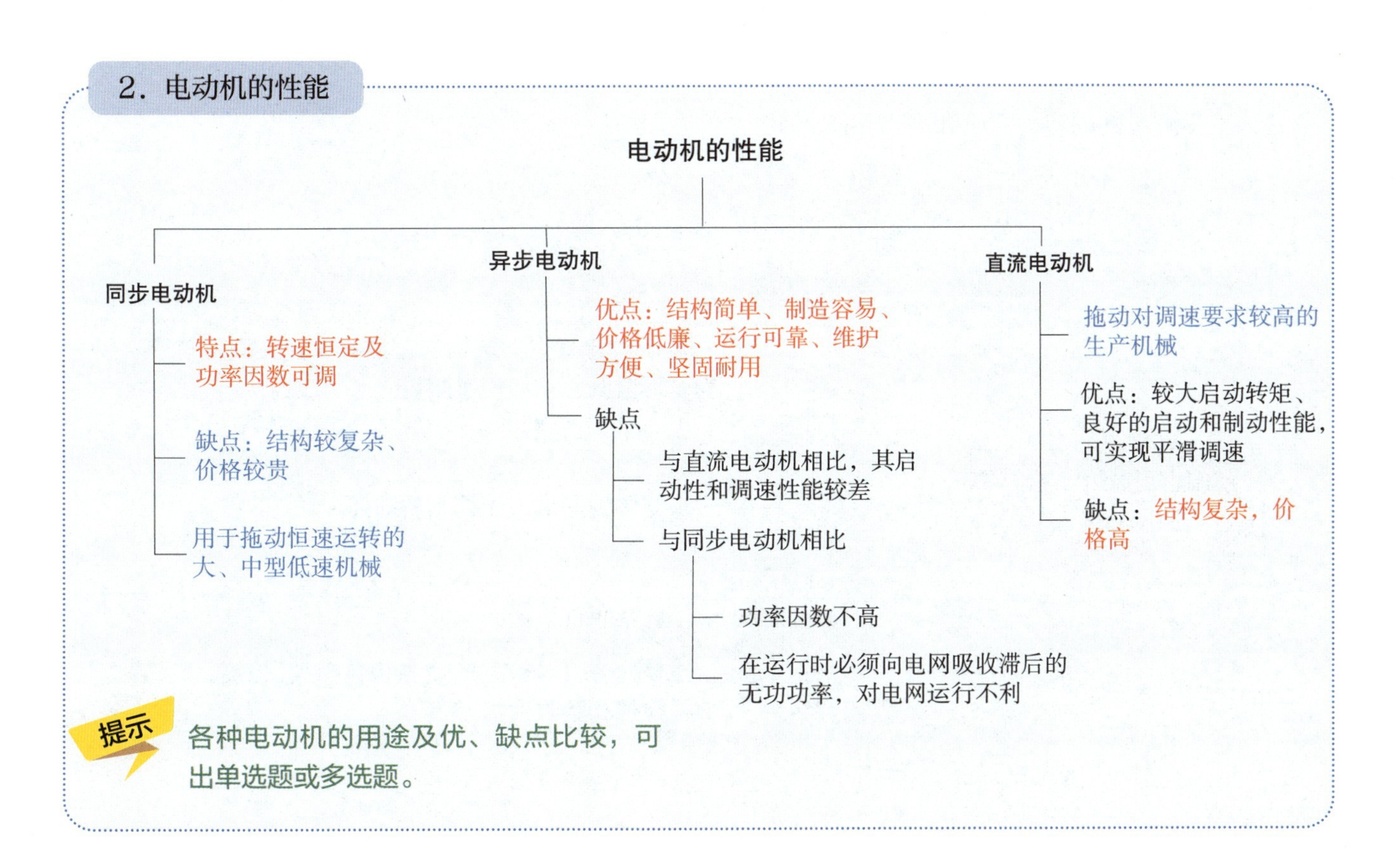

同步电动机

异步电动机

直流电动机

3．变压器的性能 [16 多选]

主要技术参数有：额定容量、额定电压、额定电流、空载电流、短路损耗、空载损耗、短路阻抗、连接组别等。

变压器的性能参数考查过选择题，可以出补充类型的案例小问，建议直接记忆，不用深究。

2H312000 机电工程专业技术

2H312010 机电工程测量技术

【考点 1】测量的要求和方法（☆☆☆☆☆）

1．工程测量的内容、原则和要求 [18 单选]

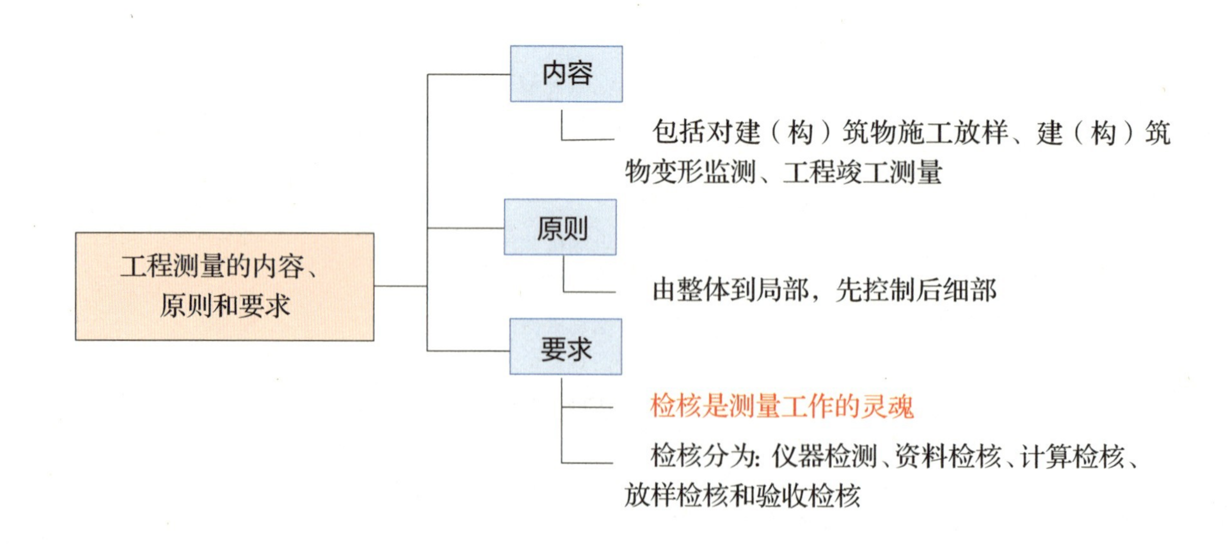

2．水准测量原理 [15 单选]

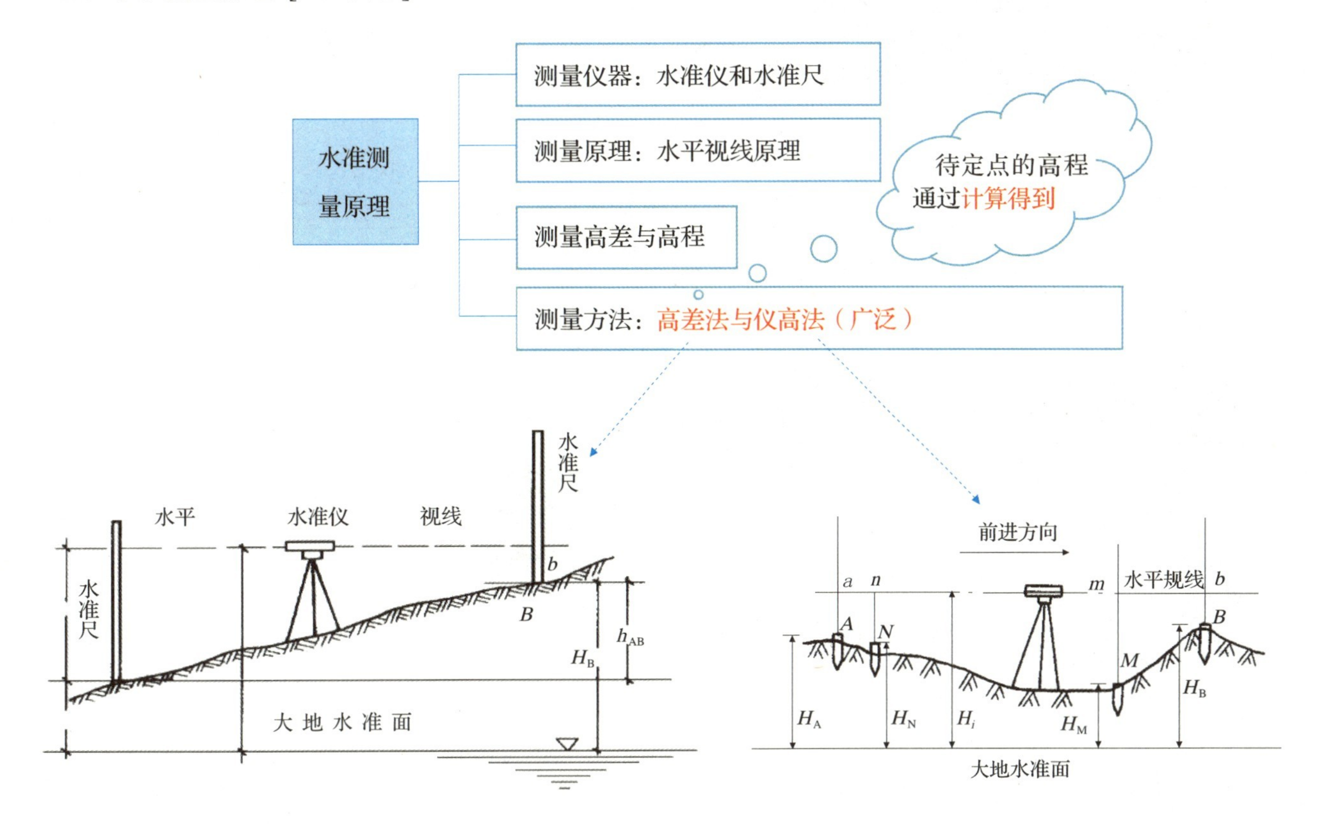

3．基准线测量原理 [16 单选]

概述	利用经纬仪和检定钢尺，根据两点成一直线原理测定基准线
测定待定位点的方法	水平角测量、竖直角测量
安装基准线的设置	平面安装基准线不少于纵、横两条
安装标高基准点的设置	相邻安装基准点高差应在 0.5mm 以内
沉降观测点的设置	观测点埋设后就开始进行沉降观测点第一次观测

4．工程测量的程序和方法

（1）工程测量的程序 [20 单选]

注意：此处容易考查排序题。

属于选择题考点，注意程序的排序，该知识点的出题形式有：
①在工程测量的基本程序中，××× 紧前或紧后的程序是（　）。
②机电安装工程测量的基本程序内容中，不包括（　）。

（2）高程控制测量

高程控制点布设的原则	测区的高程系统	宜采用国家高程基准
	高程测量的方法	水准测量法（常用）、电磁波测距三角高程测量法 口诀助记：搞（高）水电
高程控制点布设的方法	水准测量法的技术要求	一个测区及其周围至少应有 3 个水准点。 水准观测应在标石埋设稳定后进行
	设备安装过程中测量注意事项	最好使用一个水准点作为高程起算点

该知识点在过去的考试中考查过单选题，考核频次较低，在复习此处内容时掌握上表内容即可。

5．机电工程中常见的工程测量

（1）连续生产设备安装的测量 [13 单选]

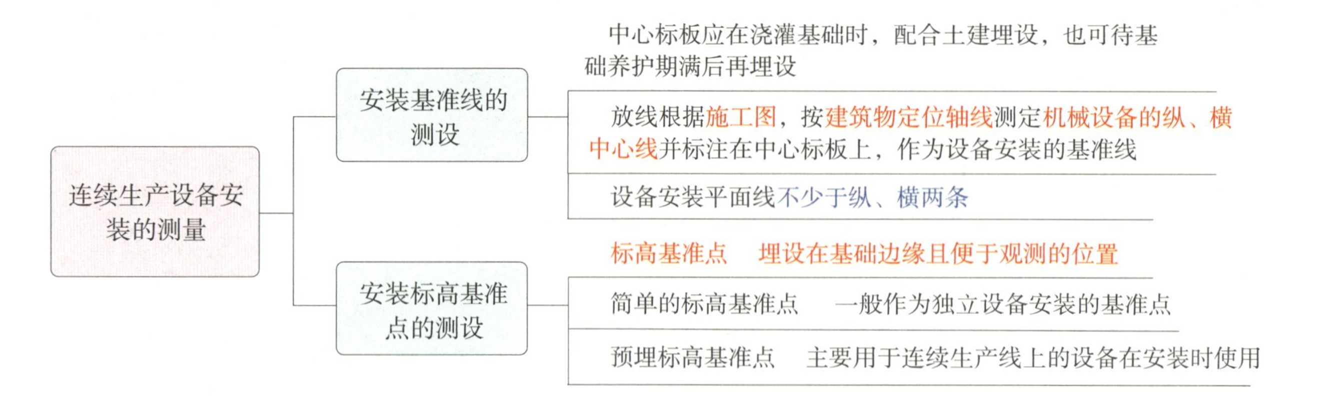

此处近几年考试中考查的是单选题，也可出一个案例小问，内容不难理解，直接记忆。

（2）管道工程的测量 [21 第一批多选、21 第二批多选、22 一天考三科多选、22 两天考三科多选]

管道工程测量的主要内容		中线测量、纵、横断面测量及施工测量
管道中线测量	主要工作内容	测设管道的主点（起点、终点和转折点）、标定里程桩和加桩
	主点测设	（1）根据控制点测设：极坐标法或交会法。 （2）根据地面上已有建筑物测设：给定坐标——直角坐标法；不给出坐标——图解法
	里程桩和加桩	（1）要钉加桩的地方：在 50m 之间地势变化处，在新建管线与旧管线、道路、桥梁、房屋等交叉处。 （2）可作为管线起点的情形：煤气、热力管道以供气方向作为起点，给水管道的水源处，排水管道下游出水口
管道工程施工测量	准备工作	熟悉设计图纸资料、勘察施工现场、绘制施测草图、确定施测精度 口助诀记：挥（绘）拳（确）看（勘）书（熟）
	地下管道放线测设	恢复中线、测设施工控制桩、槽口放线

提示：管道工程施工测量准备工作内容与地下管道放线测设内容可以混在一起出题。

此部分内容一般考查选择题，也可以出一个案例小问，标记颜色部分内容皆为该知识点的出题点。

（3）长距离输电线路钢塔架（铁塔）基础施工的测量 [17 单选]

（1）基础中心桩测设依据：根据起、止点和转折点及沿途障碍物的实际情况测设

（2）中心桩控制方法：十字线法或平行基线法

（3）钢尺量距丈量长度：20 ~ 80m

（4）一段架空送电线路测量视距长度：≤ 400m

电磁波测距仪

电磁波测距仪

（5）大跨越档距测量方法：电磁波测距法或解析法

打（大）垮（跨）波西（析）

此部分内容容易出选择题，建议记忆为主，不深入研究。

【考点 2】测量仪器的功能与使用（☆☆☆）

1．水准仪、经纬仪、全站仪的功能与使用

水准仪	用途	测量两点间高差，广泛用于控制、地形和施工放样等测量工作
	应用	（1）用于建筑工程测量控制网标高基准点的测设及厂房、大型设备基础沉降观察的测量。 （2）在设备安装工程项目施工中用于连续生产线设备测量控制网标高基准点的测设及安装过程中对设备安装标高的控制测量
经纬仪	用途	广泛用于控制、地形和施工放样等测量
	主要功能	测量水平角和竖直角
	应用	（1）用于测量纵向、横向中心线，建立安装测量控制网并在安装全过程进行测量控制。 （2）光学经纬仪主要应用于机电工程建（构）筑物建立平面控制网的测量以及厂房（车间）柱安装垂直度的控制测量
全站仪	用途	具有角度测量、距离（斜距、平距、高差）测量、三维坐标测量、导线测量、交会定点测量和放样测量
	应用	水平角测量；距离（斜距、平距、高差）测量；坐标测量；水平距离测量（主要应用于建筑工程平面控制网水平距离的测量及测设、安装控制网的测设、建安过程中水平距离的测量等）
小结：经纬垂直、水准标高、全站水平		

掌握三种测量仪器的用途及应用，此部分内容容易出选择题，直接记忆即可。

2. 其他测量仪器 [14 单选]

名称	图片	应用范围
电磁波测距仪		已广泛应用于控制、地形和施工放样等测量中，成倍地提高了外业工作效率和量距精度
激光准直仪		两者构造相近，用于沟渠、隧道或管道施工、大型机械安装、建筑物变形观测
激光指向仪		
激光准直（铅直）仪		（1）用于高层建筑、烟囱、电梯等施工过程中的垂直定位及以后的倾斜观测，精度可达 0.5×10^{-4}。 （2）主要应用于大直径、长距离、回转型设备同心度的找正测量以及高塔体、高塔架安装过程中同心度的测量控制
激光经纬仪		用于施工及设备安装中的定线、定位和测设已知角度
激光水准仪		准直导向
激光平面仪		适用于提升施工的滑模平台、网形屋架的水平控制和大面积混凝土楼板支模、灌注及抄平工作

主要掌握仪器的种类及应用，一般考查选择题，直接记忆即可。

2H312020 机电工程起重技术

【考点 1】主要起重机械与吊具的使用要求（☆☆☆☆☆）

本考点中，包括起重机械与吊具的分类、起重机械与吊具的使用要求，主要掌握的是后面一个知识点，在前面一个知识点中，主要熟悉一下起重机械的分类即可。大家在复习此处内容时，重点复习前述内容，其余内容在复习时间充裕时，浏览一遍即可，这样才能做到考查到此处内容时，做题有个印象。

1. 起重机械的分类 [22 一天考三科单选]

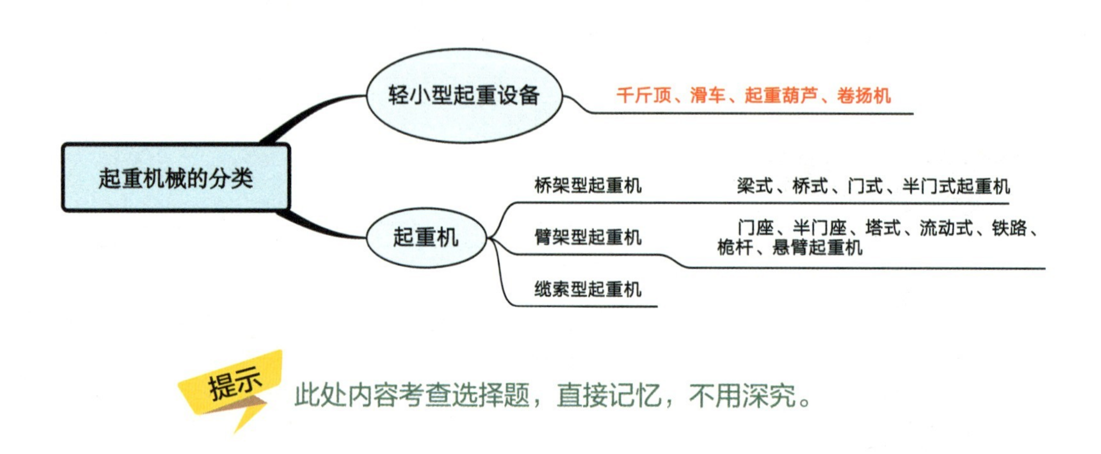

提示 此处内容考查选择题，直接记忆，不用深究。

2. 轻小型起重设备的使用要求

（1）千斤顶的使用要求 [14 单选]

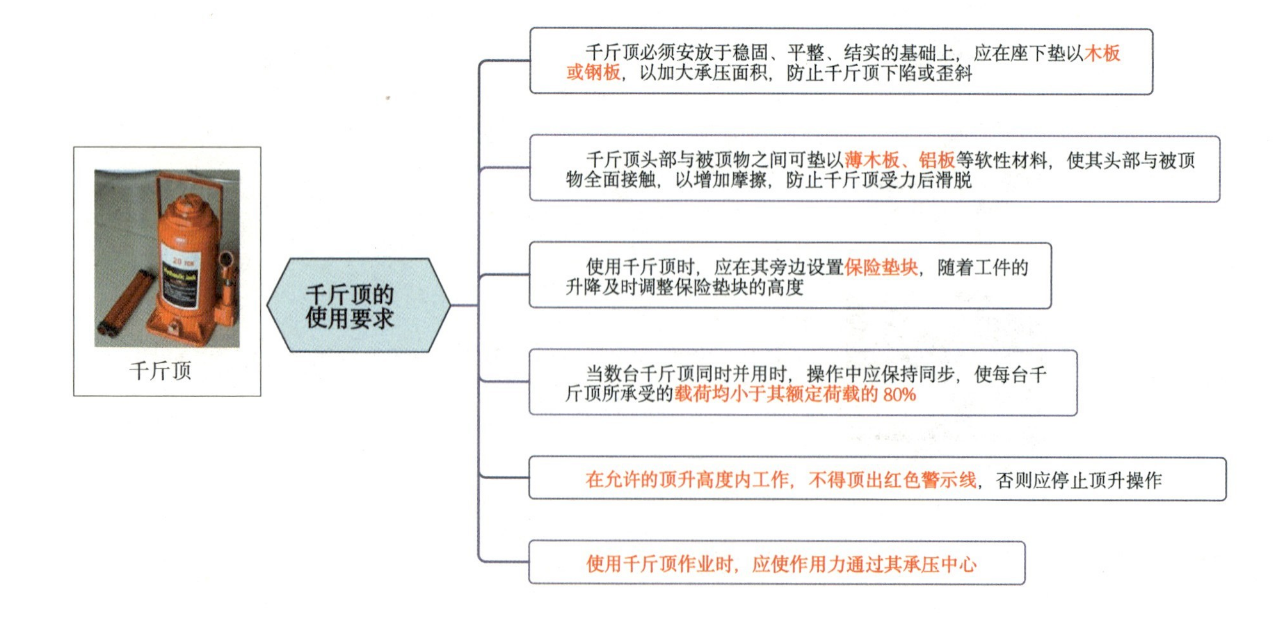

（2）卷扬机的使用要求 [21 第一批多选、22 两天考三科多选]

卷扬机的使用要求

卷扬机

- 一般采用电动慢速卷扬机。卷扬机的主参数为额定载荷，主要技术性能参数有：额定载荷、额定速度、钢丝绳直径及容绳量等。严禁超负荷使用卷扬机
- 安装在平坦、开阔、前方无障碍且离吊装中心稍远一些的地方。使用桅杆吊装时，卷扬机与桅杆之间的距离必须大于桅杆的长度
- 可用地锚、建筑物基础和重物施压等为锚固点。绑缚卷扬机底座的固定绳索应从两侧引出，以防底座受力后移动
- 由卷筒到第一个导向滑车的水平直线距离应大于卷筒长度的 25 倍，且该导向滑车应设在卷筒的中垂线上，以保证卷筒的入绳角小于 2°
- 钢丝绳应从卷筒底部放出，余留在卷筒上的钢丝绳不应少于 4 圈，以减少钢丝绳在固定处的受力。当在卷筒上缠绕多层钢丝绳时，应使钢丝绳始终顺序地逐层紧缠在卷筒上，最外一层钢丝绳应低于卷筒两端凸缘一个绳径的高度

提示　轻小型起重设备的使用要求中，还有起重滑车的使用要求、手拉葫芦的使用要求，这两个知识点在近几年考试中考查概率较低，这里就不阐述了，考生自行复习此处内容。

3．流动式起重机的使用要求

（1）流动式起重机的一般要求 [18 单选、20 多选]

① 单台起重机吊装的载荷：应小于其额定载荷。

② 吊臂与设备外部附件的安全距离：不应小于 500mm。

③ 起重机、设备与周围设施的安全距离：不应小于 500mm。

④ 起重机提升的最小高度应使设备底部与基础或地脚螺栓顶部安全距离：至少 200mm。

⑤ 两台起重机作主吊吊装时，吊重分配合理，单台起重机的载荷不宜超过相关起重规范规定的额定载荷比例。

⑥ 多台起重机械的操作应制定联合起升作业计划，还应包括仔细估算每台起重机按比例所搬运的载荷。基本要求是确保起升钢丝绳保持垂直状态。

（2）流动式起重机对地基的要求 [18 案例]

流动式起重机

对地基的要求

- 必须在水平坚硬地面上吊装
- 吊车的工作位置（包括吊装站位和行走路线）的地基应根据给定的地质情况或测定的地面耐压力为依据，采用合适的方法（一般施工场地的土质地面可采用开挖回填夯实的方法）进行处理
- 处理后的地面做耐压力测试

（3）履带式起重机使用要求 [20 多选]

履带式起重机使用要求

负载行走，应按说明书的要求操作，必要时应编制负载行走方案

作业人员应考试合格，取得《特种设备安全管理和作业人员证》

此处内容可以出选择题，也可以出案例题，要注意掌握。

提示 此部分内容还包括汽车起重机的使用要求，这几年考查概率较低，这里就不阐述了，考生自行复习此处内容。

4．吊索、卸扣、地锚使用要求 [21 第二批多选]

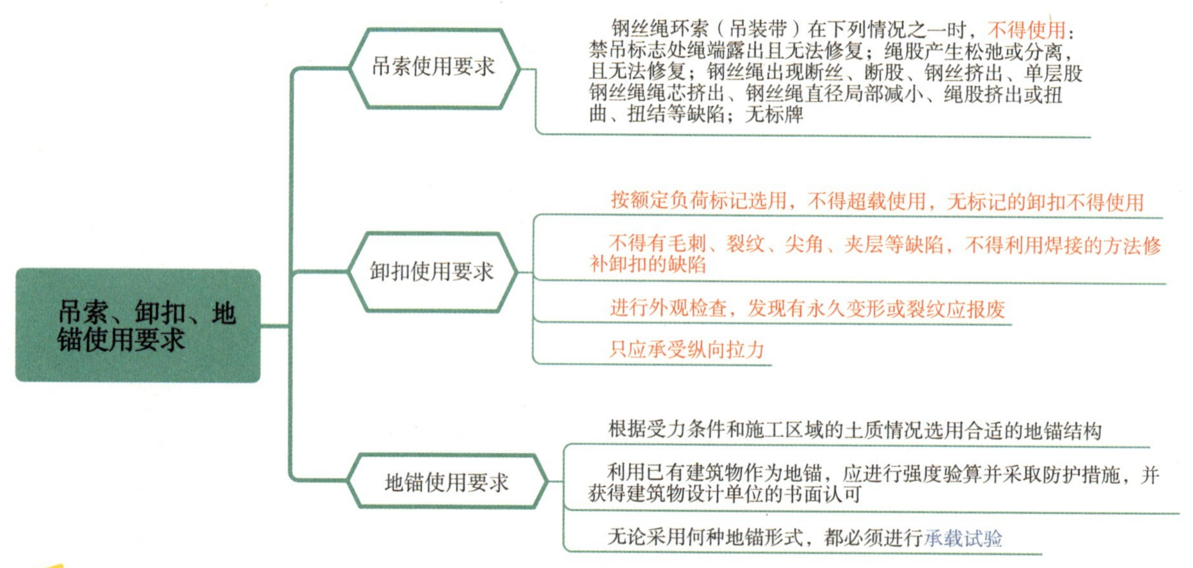

此部分内容可以考查选择题，也可以考查一个案例小问。

【考点 2】常用的吊装方法和吊装方案的选用要求（☆☆☆）

1．常用的吊装方法

（1）滑移法

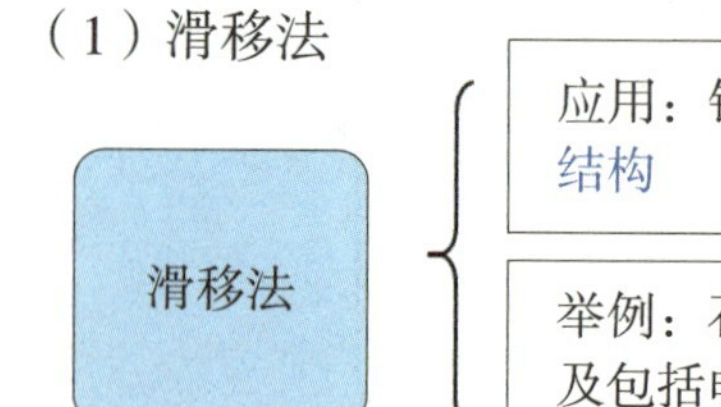

应用：针对自身高度较高、卧态位置待吊、竖立就位的高耸设备或结构

举例：石油化工厂中的塔类设备、火炬塔架等设备或高耸结构，以及包括电视发射塔、桅杆、钢结构烟囱塔架

（2）吊车抬送法

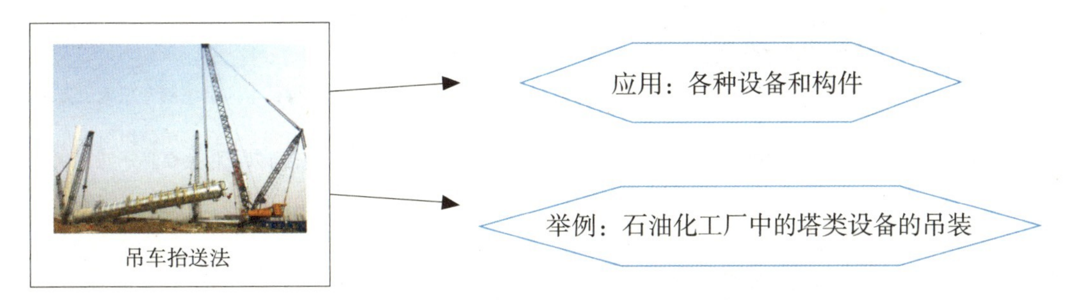

吊车抬送法

（3）旋转法（扳转法）

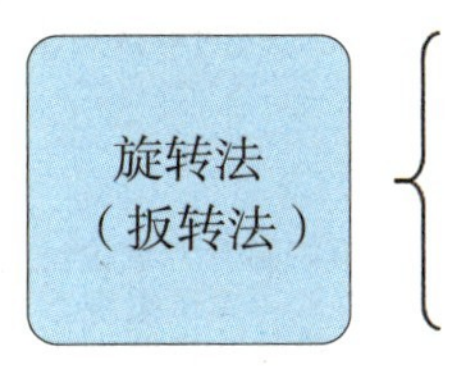

- 应用：针对特别高、重的设备和高耸塔架类结构的吊装
- 举例：石化厂吊装大型塔器类工艺设备、大型火炬塔架和构件

单主吊车扳转法吊装

（4）无锚点推吊法

①应用：适用于施工现场障碍物多，场地狭窄，周围环境复杂，设置缆风绳、锚点困难，采用大型桅杆难以进行吊装作业的基础在地面的高、重型设备或构件。

②举例：老厂扩建施工，典型工程（氮肥厂的排气筒、某毫秒炉初馏塔吊装）。

（5）集群液压千斤顶整体提升（滑移）吊装法

①应用：适用于大型设备与构件吊装。

②举例：大型屋盖、网架、钢天桥（廊）、电视塔钢桅杆天线等的吊装，大型龙门起重机主梁和设备整体提升，大型电视塔钢桅杆天线整体提升，大型机场航站楼、体育场馆钢屋架整体滑移。

（6）其他常用吊装方法

高空斜承索吊运法	应用：在超高空吊装中、小型设备、山区的上山索道（口助诀记：高空索道）
	举例：上海东方明珠高空吊运设备
万能杆件吊装法	应用：用于桥梁施工（口助诀记：万能桥）
液压顶升法	应用：多台液压设备均匀分布、同步作业
	举例：油罐的倒装、电厂发电机组安装

此部分内容只需记住用吊装方法的应用及举例，常考选择题，可以正反出题，建议直接记忆。

2．吊装方案管理要点 [15 单选、19 案例、21 第一批案例、21 第二批案例、22 一天考三科案例]

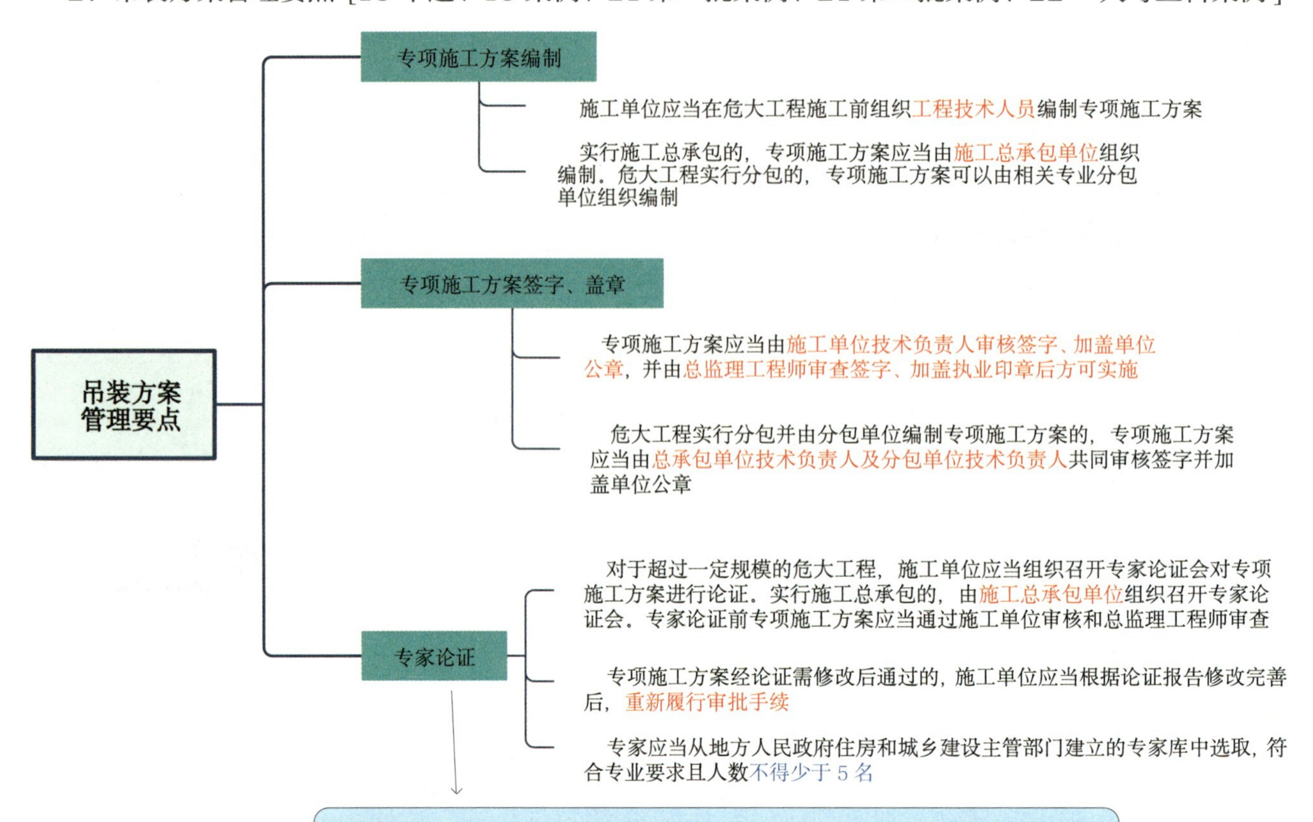

小结：回答吊装方案审批的步骤：（1）先判断有无总分包；（2）判断是危大工程还是超过一定规模的危大工程；（3）注意提问的是审核签字还是审批程序。

（1）该知识点考查案例题的频次较高，属于重点内容，考生要将上述内容重点记忆；也出过单选题，尤其是要注意专项施工方案的编制单位、审批单位、由谁签字与盖章等。

（2）在案例考试中一般会涉及是危大工程范围还是超过一定规模的危大工程范围的判断，危大工程范围、超过一定规模的危大工程范围在《住房城乡建设部办公厅关于实施〈危险性较大的分部分项工程安全管理规定〉有关问题的通知》里面有具体规定。因篇幅有限，就不在此进行详细赘述，该法规内容考生自行复习。

3．流动式起重机的参数及应用 [19 多选、22 两天考三科多选]

基本参数	（1）主要有最大额定起重量、最大工作半径（幅度）和最大起升高度。 （2）在特殊情况下，还需了解起重机的最大起重力矩、支腿最大压力、轮胎最大载荷、履带接地比压和抗风能力
特性曲线	（1）反映流动式起重机的起重能力随臂长、工作半径的变化而变化的规律和反映流动式起重机的起升高度随臂长、工作半径变化而变化的规律的曲线。 （2）大型吊车特性曲线已图表化：吊车各种工况下的作业范围（或起升高度 – 工作范围）图和载荷（起重能力）表等

续表

选用步骤	收集吊装技术参数	根据设备或构件的重量、吊装高度和吊装幅度收集吊车的性能资料，收集可能租用的吊车信息。吊装载荷包括设备重量、起重索具重量、载荷系数
	选择起重机	根据吊车的站位、吊装位置和吊装现场环境，确定吊车使用工况及吊装通道
	制定吊装工	根据吊装的工艺重量、吊车的站位、安装位置和现场环境、进出场通道等综合条件，按照各类吊车的外形尺寸和额定起重量图表，确定吊车的类型和使用工况。保证在选定工况下，吊车的工作能力涵盖吊装的工艺需求
	安全性验算	（1）验算在选定的工况下，吊车的支腿、配重、吊臂和吊具、被吊物等与周围建筑物的安全距离。 （2）多台吊车联合吊装时，决定其计算载荷的因素有：吊装载荷，不均衡载荷系数。 （3）单台起重机吊装的计算载荷应小于其额定载荷。 （4）两台起重机作为主吊吊装时，吊重应分配合理，单台起重机的载荷不超过其额定载荷的 80%，必要时应采取平衡措施。 （5）两台或两台以上流动式起重机做主吊抬吊同一工件，每台起重机的吊装载荷不得超过其额定起重能力的 75%
	确定起重机工况参数	按上述步骤进行优化，最终确定吊车工况参数

（1）基本参数、特性曲线一般考查选择题；
（2）选用步骤可以考查选择题，也可以考查案例题。

2H312030 机电工程焊接技术

【考点1】焊接工艺的选择与评定（☆☆☆）

1．焊接工艺的选择 [21 第二批多选、22 两天考三科多选]

焊接工艺内容	包括焊接准备、材料选用、焊接方法选定、焊接参数、操作要求
焊接准备	从事下列焊缝焊接工作的焊工，应当按照特种设备焊接操作人员考核细则考核合格，持有《特种设备安全管理和作业人员证》： （1）承压类设备的受压元件焊缝、与受压元件相焊的焊缝、受压元件母材表面堆焊； （2）机电类设备的主要受力结构（部）件焊缝、与主要受力结构（部）件相焊的焊缝； （3）熔入前两项焊缝内的定位焊缝
焊接方法	（1）A 级高压及以上锅炉（当 $P \geqslant 9.8$MPa 时），锅筒和集箱、管道上管接头的组合焊缝，受热面管子的对接焊缝、管子和管件的对接焊缝，结构允许时应当采用氩弧焊打底。 （2）球形储罐的焊接方法宜采用焊条电弧焊、药芯焊丝自动焊和半自动焊。 （3）铝及铝合金容器（管道）焊接方法应采用钨极氩弧焊、熔化极氩弧焊、等离子焊及通过试验可保证焊接质量的其他焊接方法。不用焊条电弧焊，一般也不采用气焊

焊接参数	（1）焊接时，为保证焊接质量而选定的各项参数（焊接电流、焊接电压、焊接速度、焊接线能量等）的总称。 （2）按焊缝结合形式，焊缝形式分为对接焊缝、角焊缝、塞焊缝、槽焊缝、端接焊缝五种。按施焊时焊缝在空间所处位置，焊缝形式分为平焊缝、立焊缝、横焊缝、仰焊缝四种。 （3）决定焊接线能量的主要参数就是焊接速度、焊接电流和电弧电压
操作要求	（1）焊接设备及辅助装备等应能保证焊接工作的正常进行和安全可靠，仪表应定期校验。 （2）对于需要预热的多层（道）焊焊件，其层间温度应不低于预热温度。焊接中断时，应控制冷却速度或采取其他措施防止其对管道产生有害影响。恢复焊接前，应按焊接工艺规程的规定重新进行预热。 （3）不得在焊件表面引弧或试验电流；在根部焊道和盖面焊道上不得锤击

上述知识点一般考查选择题，学习这部分内容时，考生熟悉一遍即可。

2．焊接工艺评定 [21 第一批多选]

（1）规范要求

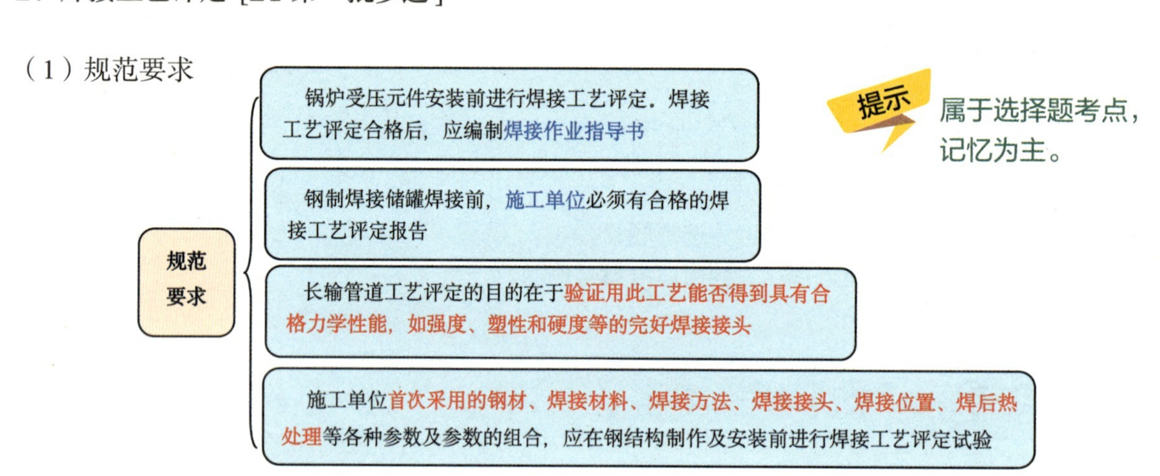

提示 属于选择题考点，记忆为主。

（2）焊接工艺评定标准的选用

工业管道（公用管道、锅炉、压力容器、起重机械）焊接工艺评定应在本单位进行。焊接工艺评定所用设备、仪表应处于正常状态，金属材料、焊接材料应符合相应标准，由本单位操作技能熟练的焊接人员使用本单位设备焊接试件。

（3）焊接工艺评定规则

提示 此部分既可以出选择题，也可以出案例题，但是一般常考选择题，建议理解＋记忆。

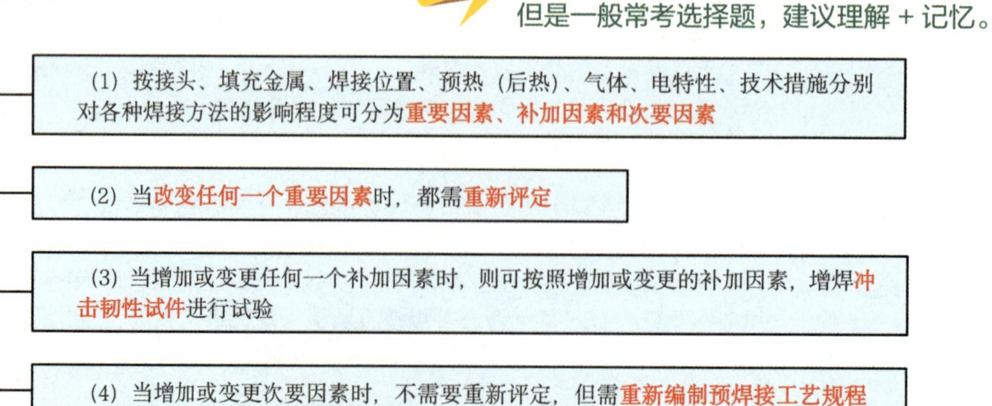

【考点 2】焊接质量的检测（☆☆☆）

1. 焊接质量检查方法

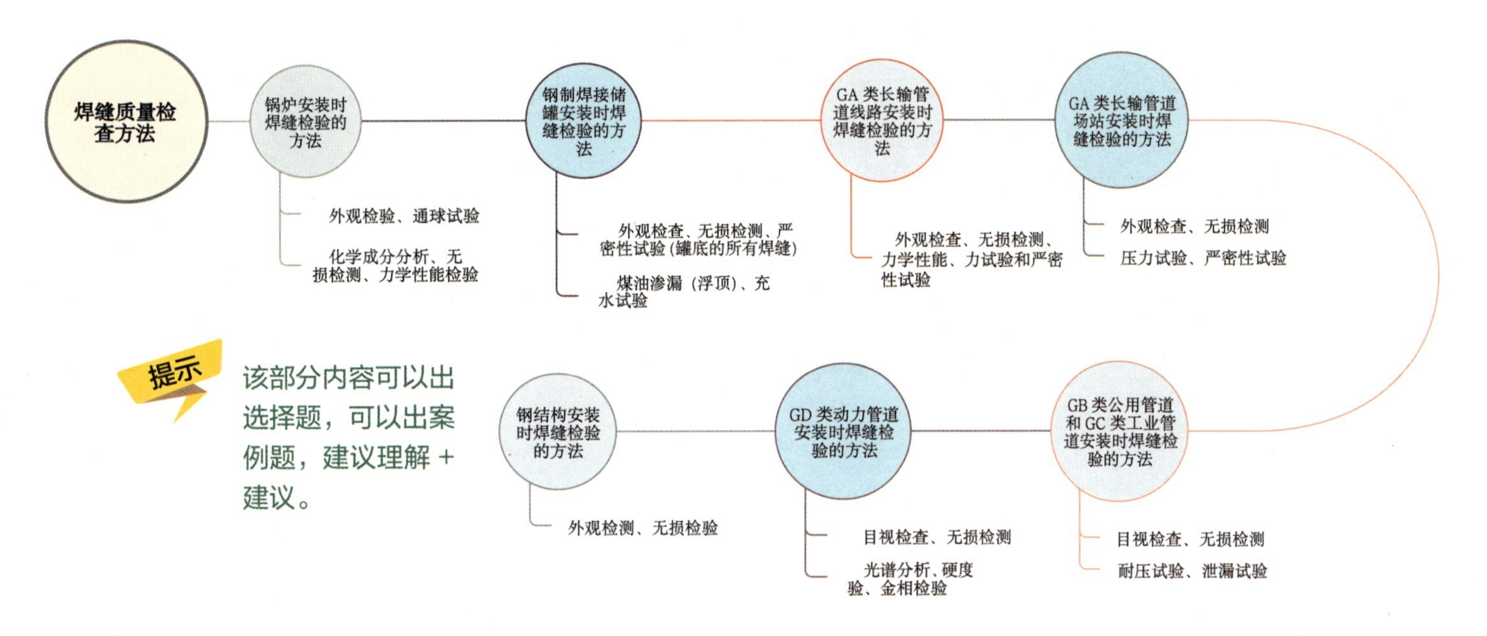

提示 该部分内容可以出选择题，可以出案例题，建议理解＋建议。

2. 焊接接头缺陷分类 [22 一天考三科多选]

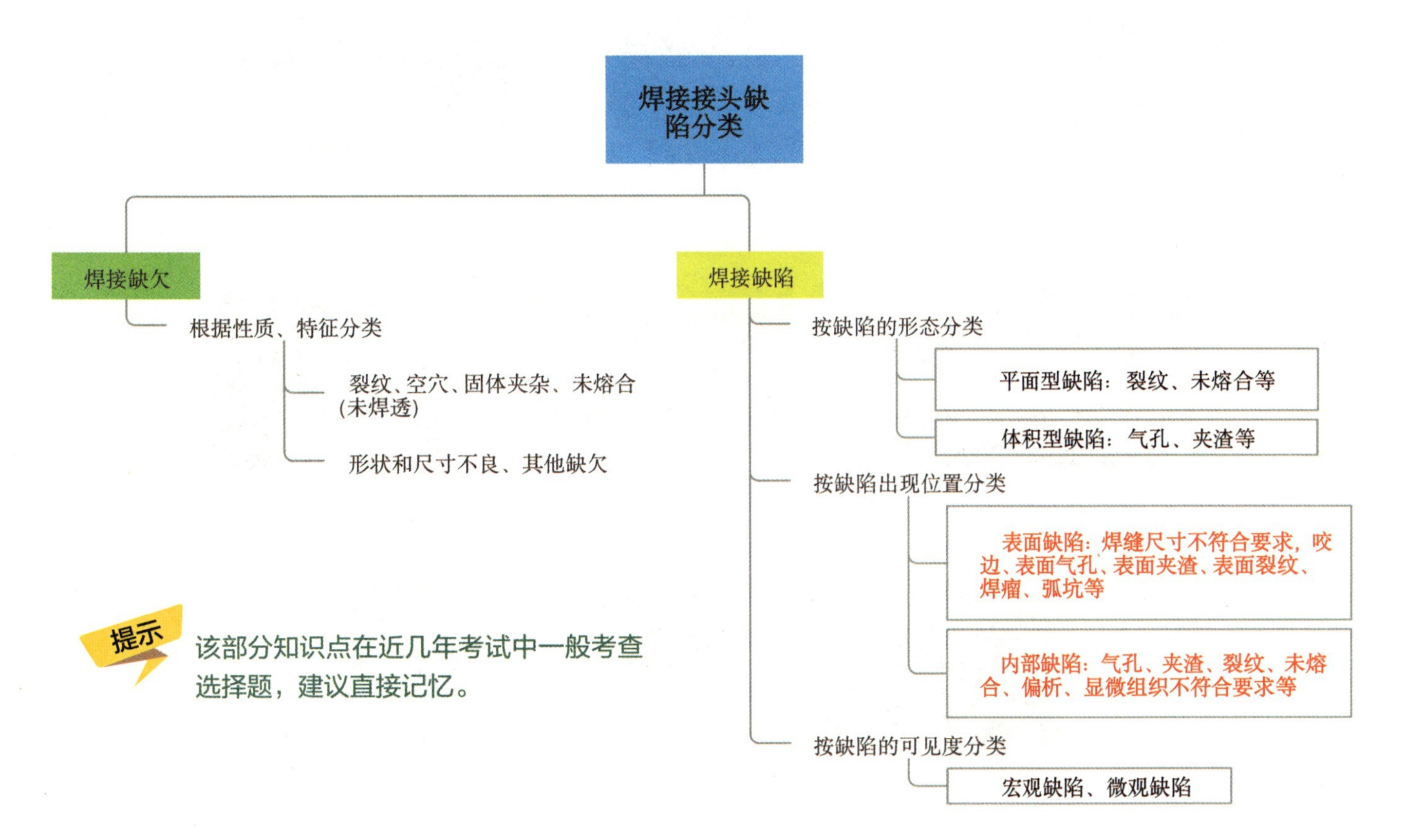

提示 该部分知识点在近几年考试中一般考查选择题，建议直接记忆。

3．焊接缺陷对焊接接头机械性能的影响 [22 一天考三科多选]

气孔	（1）降低塑性、焊缝弯曲和冲击韧性及疲劳强度。 （2）接头机械性能明显不良
夹渣	（1）呈棱角的不规则夹渣：降低接头的机械性能。 （2）焊缝中存在夹杂物：降低焊缝金属的塑性。 （3）焊缝中的金属夹渣：降低焊缝机械性能
未焊透	（1）降低焊缝机械强度。 （2）连续未焊透更是一种危险缺陷
未熔合	（1）一种虚焊，应力集中，极易开裂。 （2）是最危险的缺陷之一
裂纹	是焊缝中最危险的缺陷
形状缺陷	（1）有的会造成应力集中，产生裂纹。 （2）有的致使焊缝截面积减小

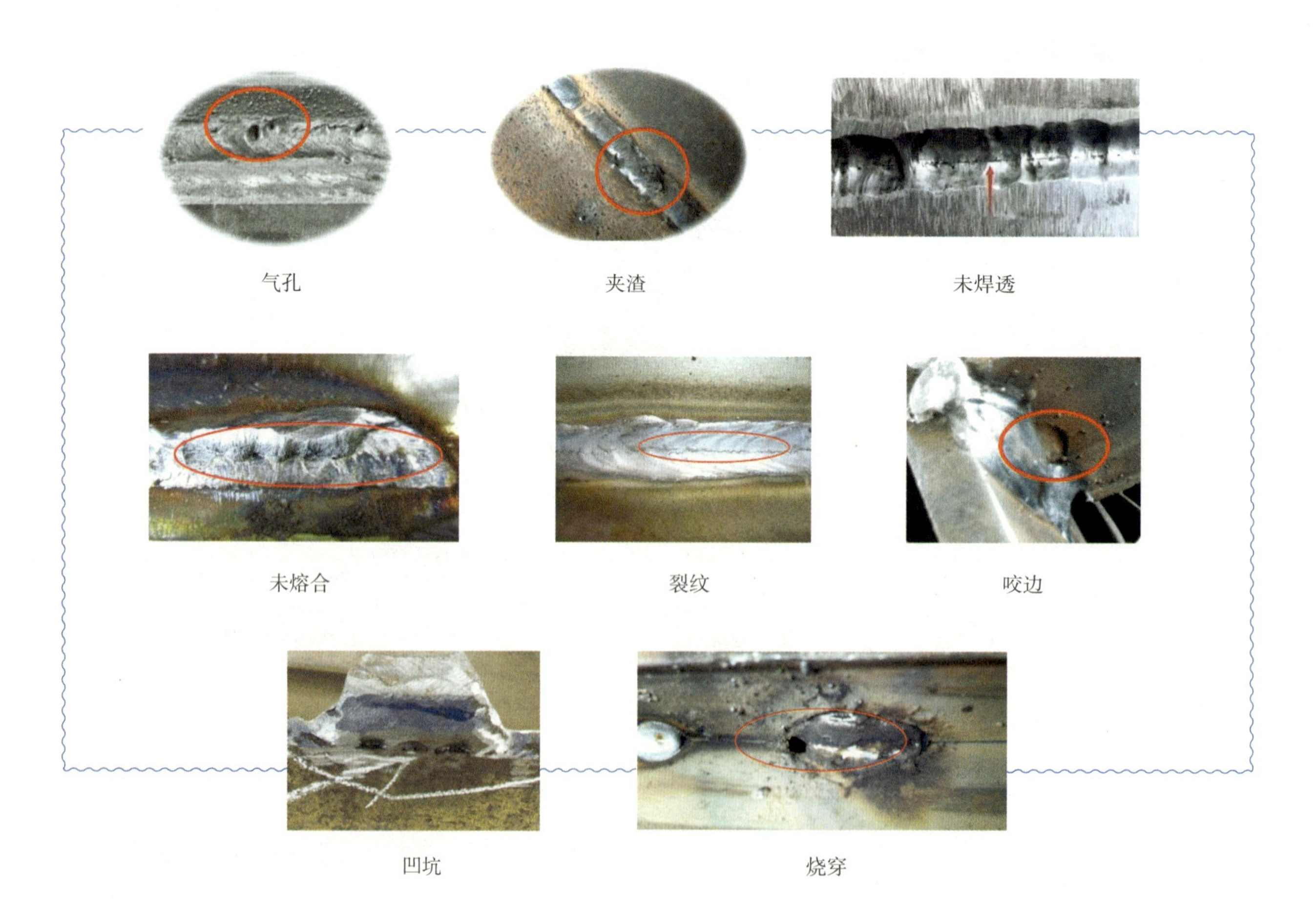

4．焊接检验

（1）焊接前、过程检验 [16 案例]

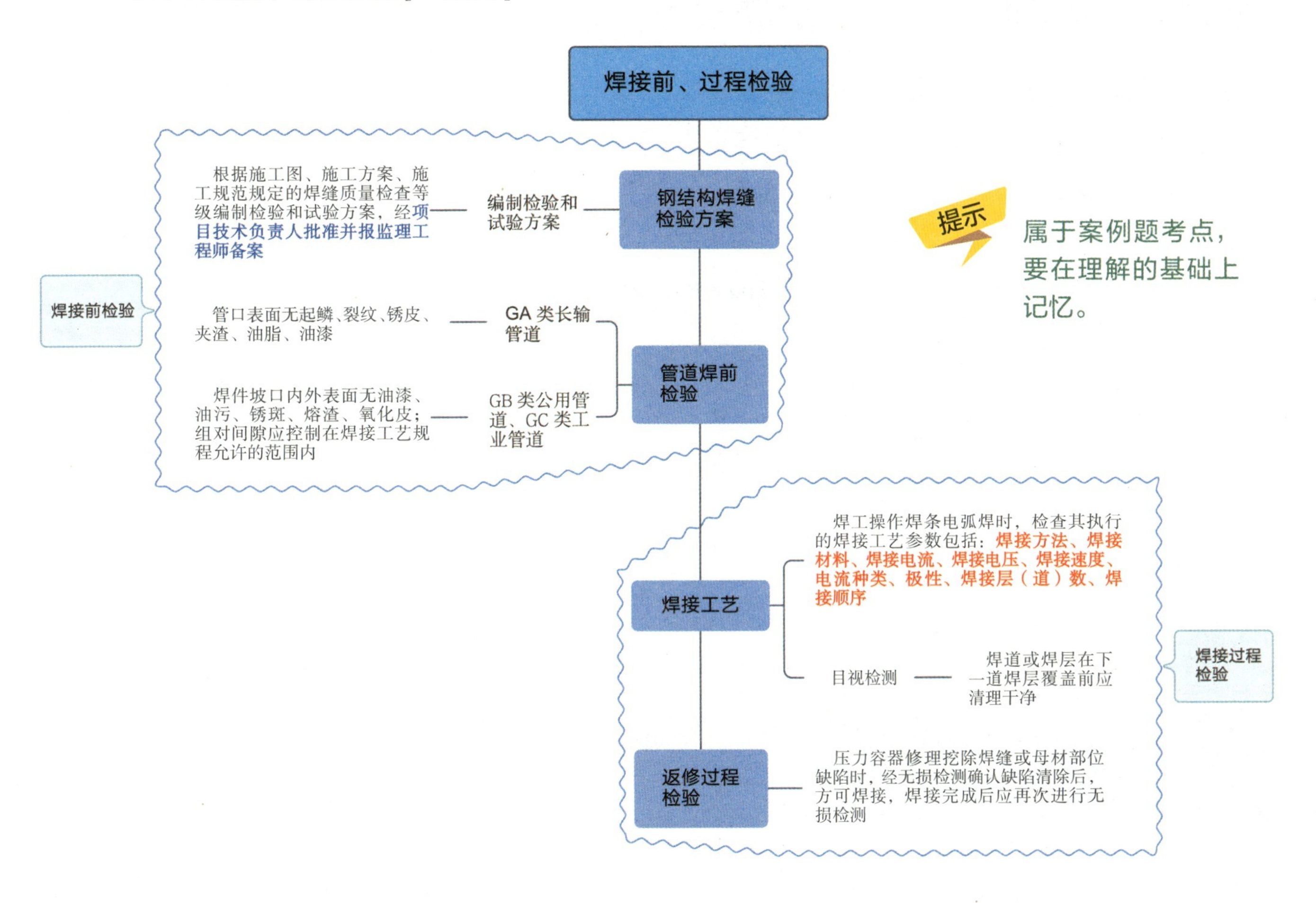

（2）焊接后检验 [14 案例]

目视（外观）	（1）焊缝应在焊接完后立即清除渣皮、飞溅物。 （2）直接目视，在待检表面 600mm 之内，提供足够观察空间，且检测视角不小于 30°
无损检测	（1）表面：磁粉、渗透，内部：射线、超声波。 （2）设计没有规定，应对全部焊缝的可见部分进行外观检查
热处理	（1）局部加热热处理，应检查和记录升温速度、降温速度、恒温温度和恒温时间、任意两测温点间的温差等参数和加热区域宽度。 （2）局部加热热处理的焊缝应进行硬度检验
强度试验	强度试验及严密性试验应在射线检测或超声波检测及热处理后进行
其他	焊接施工检查记录至少应包括：焊工资格认可记录、焊接检查记录、焊缝返修检查记录

属于案例题考点，需在理解的基础上记忆。

2H313000 工业机电工程安装技术

2H313010 机械设备安装工程施工技术

【考点 1】机械设备安装程序和要求（☆☆☆☆☆）

1．机械设备安装一般程序 [21 第二批案例]

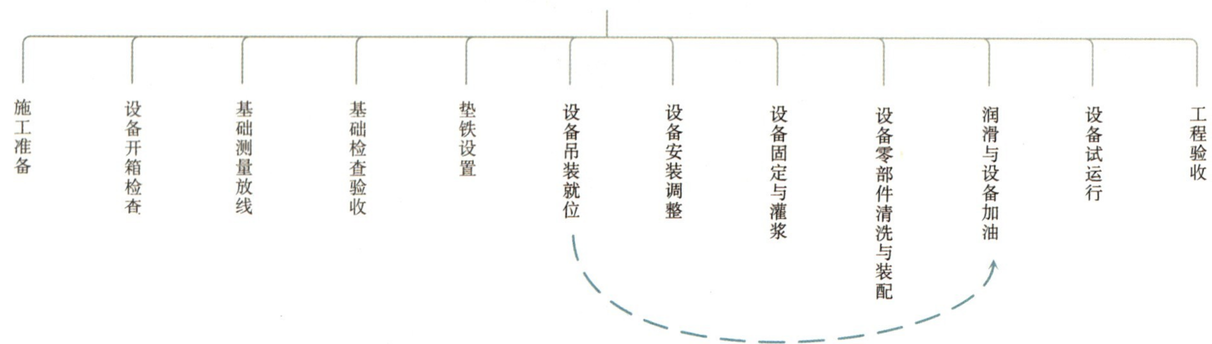

口助决记 真（准）想（箱）放点（垫）茶（查），就调浆，不（部）加食（试）盐（验）

此处画箭头内容，为本程序中容易出题的地方，要注意前后排序。

该部分知识点比较关键，建议在理解的基础上加强记忆，出题方式可以是选择题，比如排序题（考查紧前、紧后工序）；也可以是案例题，比如编制一套设备制定施工程序。

2．设备开箱检查 [22 一天考三科单选]

（1）参加单位：建设单位、监理单位、施工单位。

（2）设备开箱检查内容：

①箱号、箱数以及包装情况。

②设备名称、规格和型号，重要零部件需按标准进行检查验收。

③随机技术文件及专用工具。

④有无缺损件，表面有无损坏和锈蚀。

该知识点既是选择题考点，也是案例题考点（比如纠错类型的题目，建议在理解的基础上记忆）。

3．基础测量放线［14 单选、14 多选、22 两天考三科单选］

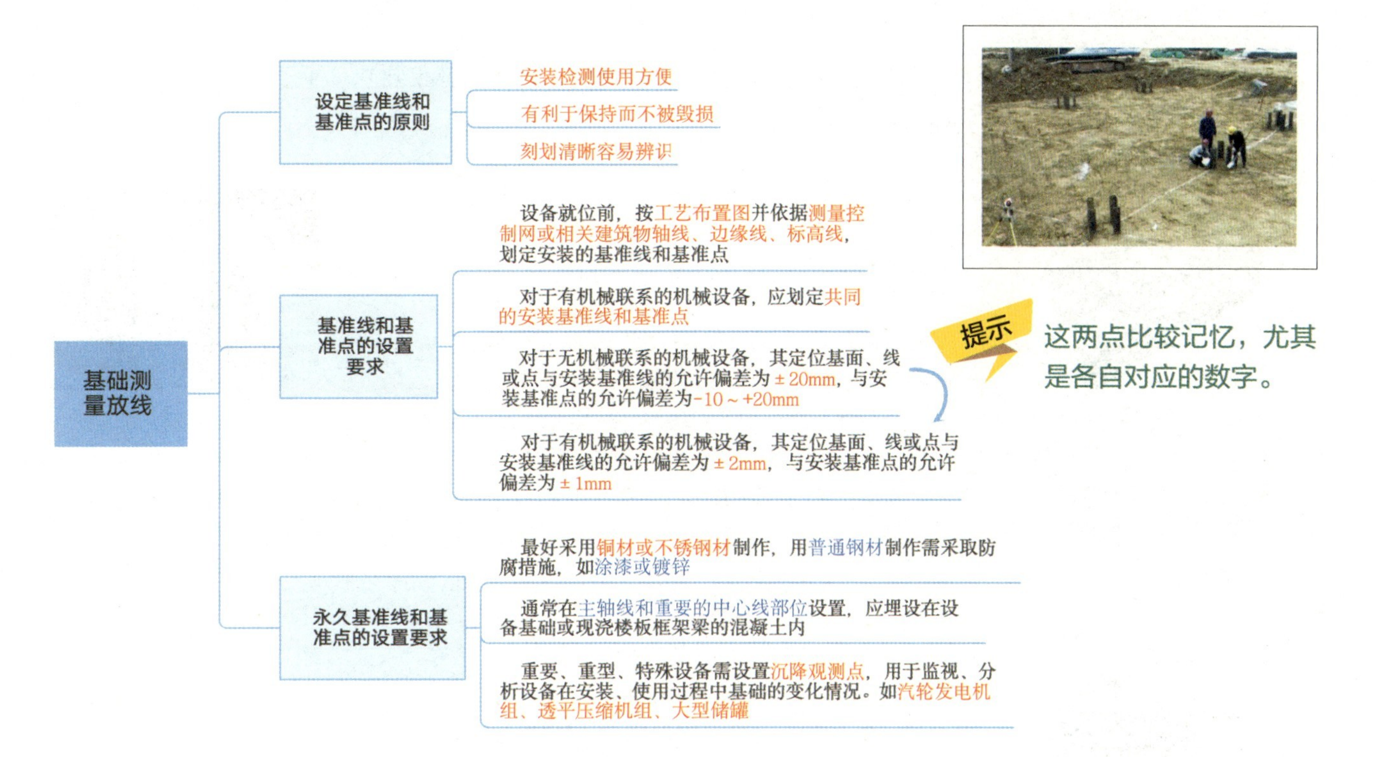

提示 选择题考点，直接记忆，无需深究。

4．基础检查验收

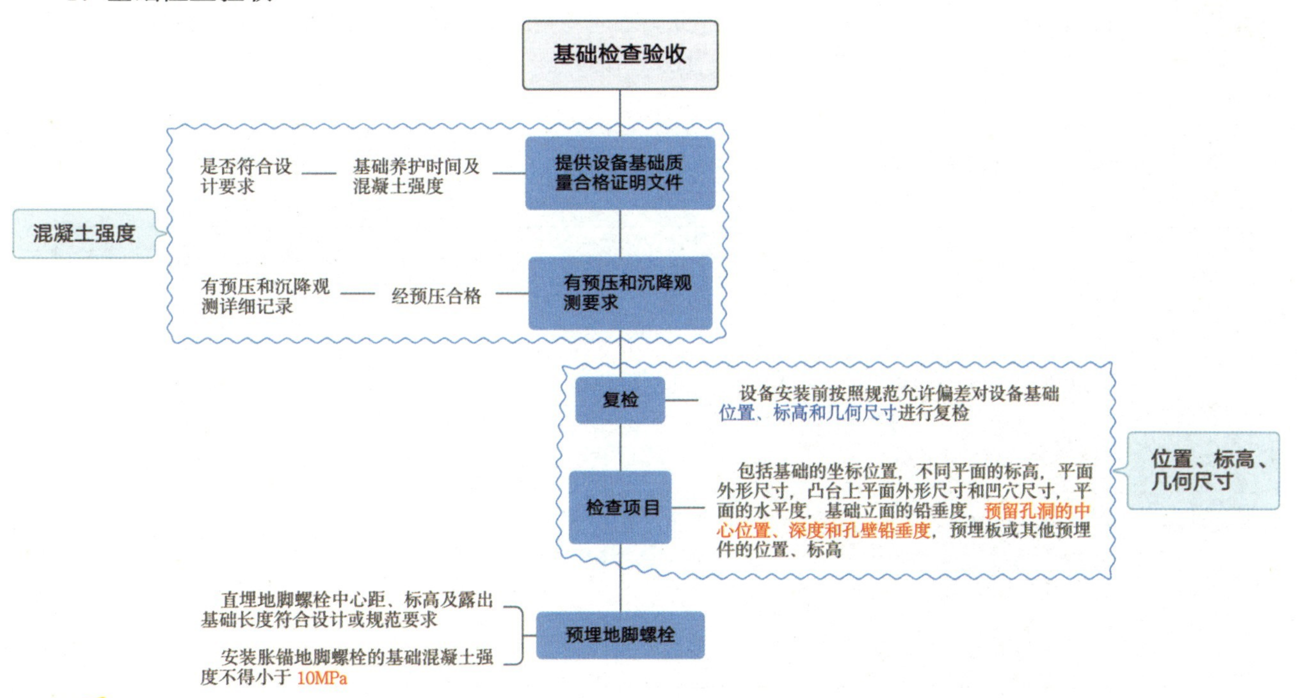

提示 该部分内容在以前的考试中出过考题，可出选择题，也可以出案例简答题。

5．垫铁的设置要求［15 多选、17 多选、21 第一批案例］

该部分内容中，历年考试的重点均是垫铁的设置要求，无垫铁施工要求几乎不考查，因此只需理解记忆垫铁的设置要求即可。

可调垫铁

平垫铁

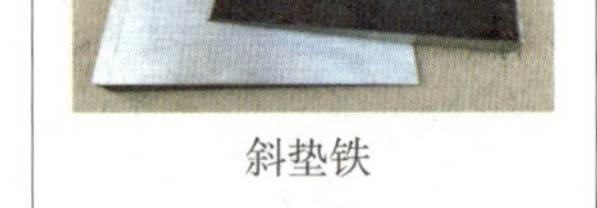

- 垫铁与设备基础之间应接触良好，每组垫铁应放置整齐平稳，接触良好
- 每个地脚螺栓旁边至少应有一组垫铁，并应设置在靠近地脚螺栓和底座主要受力部位下方
- 设备底座有接缝处的两侧，应各设置一组垫铁，每组垫铁的块数不宜超过 5 块
- 放置平垫铁时，厚的宜放在下面，薄的宜放在中间，垫铁的厚度不宜小于 2mm。设备调平后，每组垫铁均应压紧
- 垫铁端面应露出设备底面外缘，平垫铁宜露出 10 ~ 30mm，斜垫铁宜露出 10 ~ 50mm，垫铁组伸入设备底座底面的长度应超过设备地脚螺栓的中心
- 除铸铁垫铁外，设备调整完毕后各垫铁相互间用定位焊焊牢

斜垫铁

垫铁设置对于设备安装稳定性起关键性作业，上述内容应逐条记忆，尤其是数字要准确记忆。这部分内容为经典考点，可出选择题、案例题，比如纠错题。

6．设备找平、找正、找标高

找平	在设备精加工面上选择测点，用水平仪进行测量，通过调整垫铁高度将其调整到设计或规范规定的水平状态
找正	（1）安装中通过移动设备的方法：使设备以其指定的基线对准设定的基准线，包含对基准线的平行度、垂直度和同轴度要求，使设备的平面坐标位置沿水平纵横方向符合设计或规范要求。 （2）设备找正检测方法：钢丝挂线法、放大镜观察接触法、导电接触讯号法、高精度经纬仪测量法、精密全站仪测量法
找标高	通过调整垫铁高度，使设备的位置沿垂直方向符合设计或规范要求
测点	设计或设备技术文件指定的部位；设备的主要工作面；部件上加工精度较高的表面；零部件间的主要结合面；支承滑动部件的导向面；轴承座剖分面、轴颈表面、滚动轴承外圈；设备上应为水平或铅垂的主要轮廓面

该部分内容在过去的考试中一般考查选择题，理解 + 记忆。

7．设备灌浆

一次灌浆	设备粗找正后，对地脚螺栓预留孔进行的灌浆	
二次灌浆	设备精找正、地脚螺栓紧固、检测项目合格后对设备底座和基础间进行的灌浆	
设备灌浆料	细石混凝土、无收缩混凝土、微膨胀混凝土和其他灌浆料	

提示 该部分内容在过去的考试中一般考查选择题，理解+记忆。

8．零部件清洗与装配［16 多选、17 案例、20 年案例、21 第一批单选］

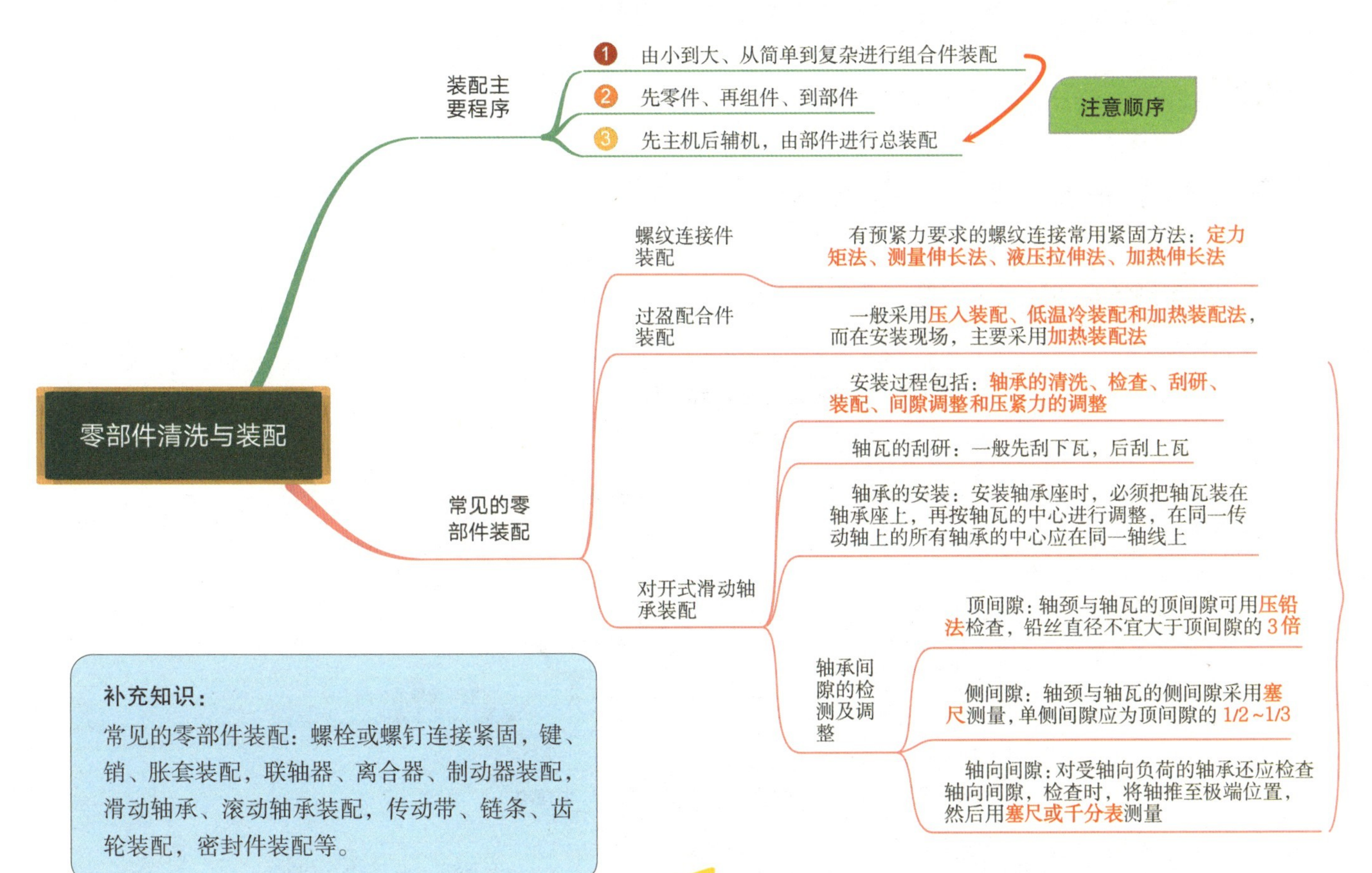

补充知识：
常见的零部件装配：螺栓或螺钉连接紧固，键、销、胀套装配，联轴器、离合器、制动器装配，滑动轴承、滚动轴承装配，传动带、链条、齿轮装配，密封件装配等。

重点掌握安装过程、轴承间隙的检测及调整，考查过选择题及案例题，理解的基础上记忆。

滑动轴承

滚动轴承

齿轮装配

胀套装配

联轴器

9．设备试运行及工程验收［19 单选］

设备试运行步骤	（1）安装后的调试。 （2）单体试运行：对单台设备进行全面考核，包括单体无负荷试运转和负荷试运转。运转的顺序是：先手动，后电动；先点动，后连续；先低速，后中、高速。 （3）无负荷联动试运行：按设计规定的联动程序进行或模拟进行。 （4）负荷联动试运行：全面考核设备安装工程的质量，考核设备的性能、生产工艺和生产能力，检验设计是否符合和满足正常生产的要求
工程验收	（1）验收程序按单体试运行、无负荷联动试运行和负荷联动试运行三个步骤进行。 （2）无负荷单体和联动试运行规程：由施工单位负责编制，并负责试运行的组织、指挥和操作，建设单位及相关方人员参加。 （3）负荷单体和联动试运行规程：由建设单位负责编制，并负责试运行的组织、指挥和操作，施工单位及相关方可依据建设单位的委托派人参加

选择题的考点，建议以记忆为主。

【考点 2】机械设备安装精度的控制（☆☆☆）

1．影响设备安装精度的因素［15 单选、18 单选、21 第二批案例］

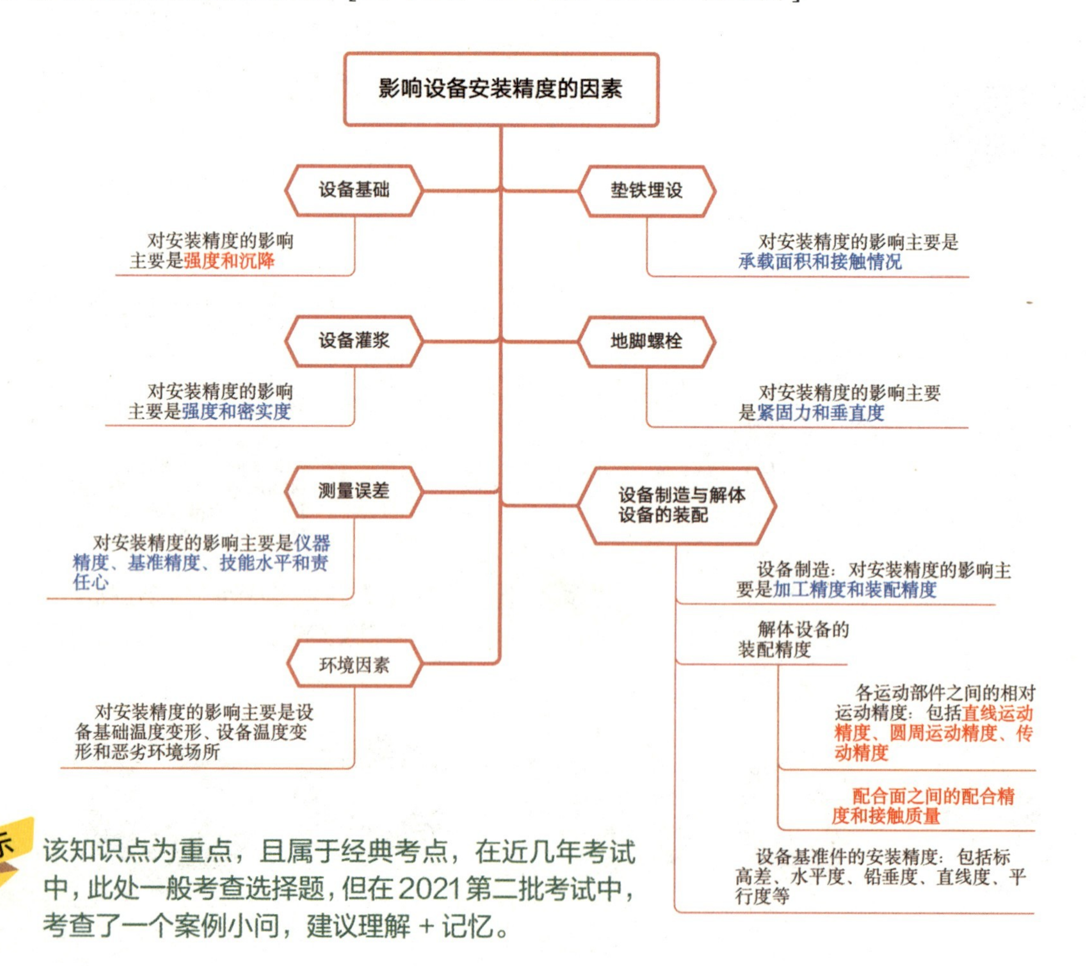

该知识点为重点，且属于经典考点，在近几年考试中，此处一般考查选择题，但在2021第二批考试中，考查了一个案例小问，建议理解＋记忆。

2．设备精度的控制 [13 单选、21 第一批单选]

修配法		必要时，为抵消过大的装配或安装累积误差，在适当位置利用补偿件进行调节或修配
安装精度的偏差控制	偏差控制要求	（1）有利于抵消设备附属件安装后重量的影响。 （2）有利于抵消设备运转时产生的作用力的影响。 （3）有利于抵消零部件磨损的影响。 （4）有利于抵消摩擦面间油膜的影响
	引起偏差的主要原因	（1）补偿温度变化所引起的偏差：调整两轴心径向位移时，运行中温度高的一端（汽轮机、干燥机）应低于温度低的一端（发电机、鼓风机、电动机），调整两轴线倾斜时，上部间隙小于下部间隙，调整两端面间隙时选择较大值，使运行中温度变化引起的偏差得到补偿。 （2）补偿受力所引起的偏差：带悬臂转动机构的设备，受力后向下和向前倾斜，安装时就应控制悬臂轴水平度的偏差方向和轴线与机组中心线垂直度的方向，使其能补偿受力引起的偏差变化。 （3）补偿使用过程中磨损所引起的偏差：设备运行时，这些间隙都会因磨损而增大，引起设备在运行中振动或冲击，安装时间隙选择调整适当，能补偿磨损带来的不良后果。 （4）相互补偿设备安装精度偏差：控制相邻辊道轴线与机组中心线垂直度偏差

该部分知识点在近几年考试中一般考查选择题，主要掌握上图知识点即可。

2H313020 电气安装工程施工技术

【考点 1】电气设备安装程序和要求（☆☆☆☆）

1．电气设备的施工程序

口助决记　祥云为兴建绿柱接收

（1）油浸式电力变压器施工程序 [17 案例]

开箱检查→二次搬运→设备就位→吊芯检查→附件安装→滤油、注油→交接试验→验收。

该知识点在过去考试中，均是考查的是案例题（考查过补充题、纠错题），在以后的考试中还会考查选择题，如排序题（紧前紧后工序等）。

（2）高压电器及成套配电设备的施工程序

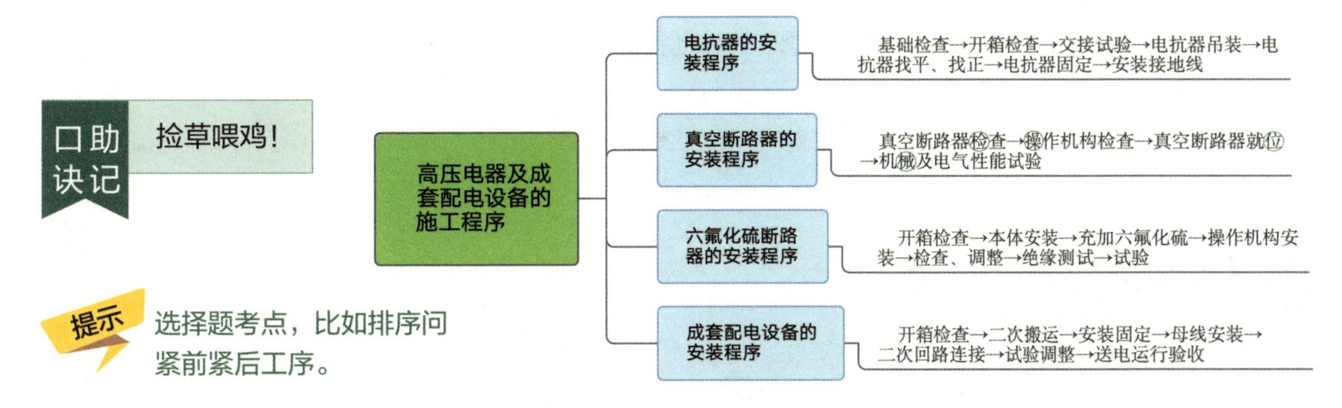

2．电气设备的安装要求［19 单选］

（1）电气设备和器材保管环境条件应具备防火、防潮、防尘等措施。

（2）电气设备安装用的紧固件应采用镀锌制品或不锈钢制品。

（3）绝缘油应经严格过滤处理，其电气强度及介质损失角正切值和色谱分析等试验合格后才能注入设备。

（4）接线端子的接触表面应平整、清洁、无氧化膜，并涂以电力复合脂。

镀锌制品

（5）互感器安装就位后，应该将各接地引出端子良好接地。暂时不使用的电流互感器二次线圈应短路后再接地。零序互感器安装时，要注意与周围的导磁体或带电导体的距离。

（6）断路器及其操作机构联动应无卡阻现象，分、合闸指示正确，开关动作正确可靠。

互感器

（7）成套配电设备的安装要求：

① 基础型钢露出最终地面高度宜为 10mm，但手车式柜体的基础型钢露出地面的高度应按产品技术说明书执行。基础型钢的两端与接地干线应焊接牢固。

② 柜体间及柜体与基础型钢的连接应牢固，不应焊接固定。

③ 成列安装柜体时，柜体安装允许偏差应符合规范要求。

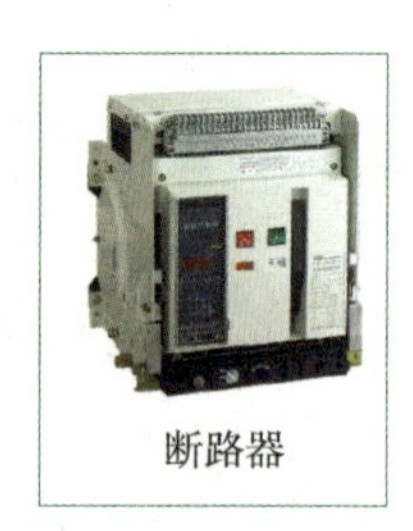

断路器

④ 柜体内设备、器件、导线、端子等结构间的连接需全面检查，松动处必须紧固。

⑤ 固定式柜、手车式柜和抽屉式柜的机械闭锁、电气闭锁应动作准确可靠，触头接触应紧密；抽屉单元和手车单元应能轻便灵活拉出和推进，无卡阻碰撞现象；二次回路连接插件应接触良好并有锁紧措施。

⑥ 手车单元接地触头可靠接地：手车推进时接地触头比主触头先接触，手车拉出时接地触头比主触头后断开。

⑦ 同一功能单元、同一种型式的高压电器组件插头的接线应相同，能互换使用。

此处内容在近几年考试中均考查的是选择题，建议直接记忆，不用深究。

3．电气设备交接试验内容［17 案例、21 第二批案例］

通常交接试验内容：交流耐压试验、直流耐压试验、绝缘油试验、测量绝缘电阻、测量直流电阻、泄漏电流测量、线路相位检查。

三试验、三测量、一检查

油浸电力变压器的交接试验内容	绝缘油试验，测量绕组连同套管的直流电阻，测量变压器绕组的绝缘电阻和吸收比，测量铁芯及夹件的绝缘电阻，检查所有分接的变比，检查三相变压器组别，非纯瓷套管试验，测量绕组连同套管的介质损耗因数，绕路连同套管交流耐压试验 21 第二批案例二第 3 问 问题：变压器交接试验还应补充哪些项目?
真空断路器的交接试验内容	测量绝缘电阻，测量每相导电回路电阻，交流耐压试验，测量断路器的分合闸时间，测量断路器的分合闸同期性，测量断路器合闸时触头弹跳时间，测量断路器的分合闸线圈绝缘电阻及直流电阻，测量断路器操动机构试验
六氟化硫断路器交接试验内容	测量绝缘电阻，测量每相导电回路电阻，交流耐压试验，测量断路器的分合闸时间，测量断路器的分合闸速度，测量断路器的分合闸线圈绝缘电阻及直流电阻，测量断路器操动机构试验，测量断路器内六氟化硫气体含水量
电力电缆的交接试验内容	测量绝缘电阻、交流耐压试验、测量直流电阻、直流耐压试验及泄漏电流测量、线路相位检查 17 案例四第 4 问问题：110kV 电力电缆交接试验时，还缺少哪几个试验项目?

此处内容为重要知识点，可以出选择题，也可以出案例题，建议理解 + 记忆。

4．电气设备交接试验注意事项 [22 一天考三科单选]

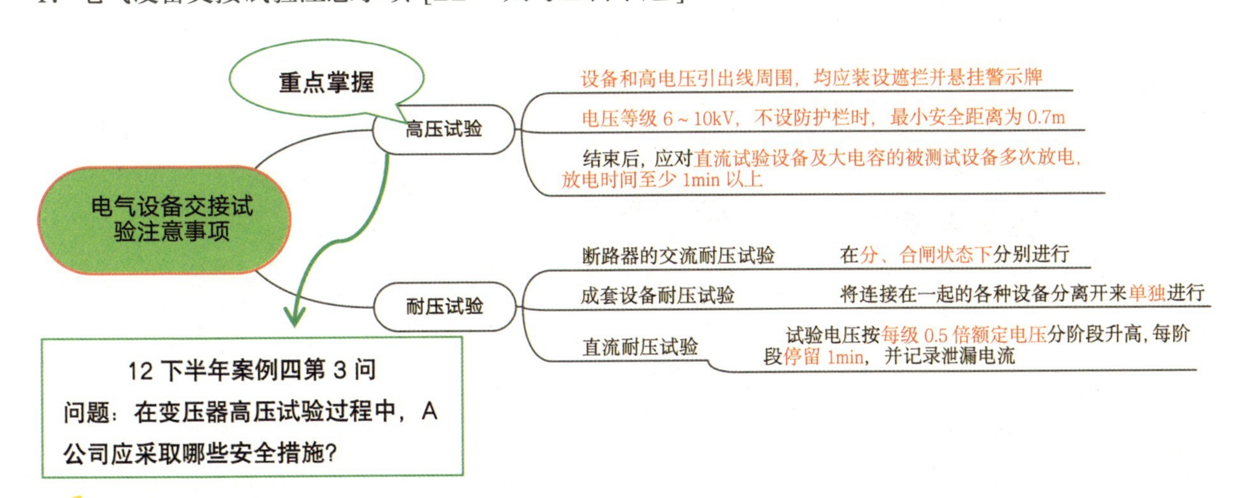

此处内容为重要知识点，在近几年考试中，基本上考的是高压试验注意事项，要特别注意掌握。该知识点可以出选择题，也可以出案例题，建议理解 + 记忆。

5．电气设备通电检查及调整试验

（1）通电检查及调整试验

① 要先进行二次回路通电检查，然后再进行一次回路通电检查。

②电流、电压互感器已经过电气试验，电流互感器二次侧无开路现象，电压互感器二次侧无短路现象。

③检查回路中的继电器和仪表等均经校验合格。

（2）受电步骤 [21 第二批单选]

①受电系统的二次回路试验合格，其保护整定值已按实际要求整定完毕。受电系统的设备和电缆绝缘合格。安全警示标志和消防设施已布置到位，消防设施能正常投用。

②按已批准的受电作业指导书，组织新建电气系统变压器高压侧接受电网侧供电，通过配电柜按先高压后低压、先干线后支线的原则逐级试通电。

③试通电后，系统工作正常，可进行试运行。

此处一般考查选择题，直接记忆即可。

6．电气设备供电系统试运行安全要求 [22 两天考三科单选]

（1）防止电气开关误动作的可靠措施。

“五防联锁”：

① 防止误合、误分断路器；

②防止带负荷分、合隔离开关；

③防止带电挂地线；

④防止带电合接地开关；

⑤防止误入带电间隔。

五房何姐挂断电（话）间离开

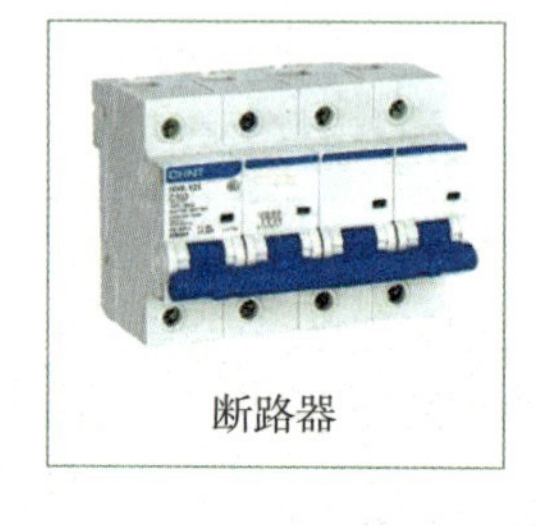
断路器

接地开关

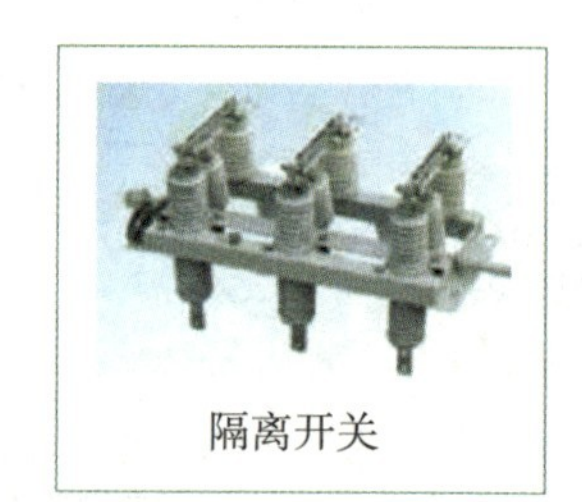
隔离开关

（2）试运行开始前再次检查一次、二次回路是否正确，带电部分挂好安全标示牌。

（3）按工程整体试运行的要求做好与其他专业配合的试运行工作。及时准确地做好各回路供电和停电，保证供电系统试运行的安全进行。

（4）供电系统试运行期间，送电、停电程序实行工作票制度。电气操作要实行唱票制度。

（5）电气操作人员应熟悉电气设备及其系统，必须经过专业培训，具备电工特种作业操作证资格，严格执行国家的安全作业规定，熟悉有关消防知识，能正确使用消防用具和设备，熟知人身触电紧急救护方法。

【考点 2】输配电线路的施工要求（☆☆☆☆☆）

1．电力架空线路的施工程序 [13 案例、22 两天考三科案例]

线路测量→基础施工→杆塔组立→放线架线→导线连接→线路试验→竣工验收检查。

这里较容易出题，注意排序

该知识点一般考查过案例题，考核形式包括：简答题、排序题，在理解的基础上记忆。

两处廉价干茶室

2．电杆线路的组成及材料要求

（1）电杆基础

底盘、卡盘用于木杆和水泥杆稳固；拉线盘用于拉线锚固。

电杆底盘

电杆卡盘

电杆拉线盘

此处容易出选择题，根据适用范围去选择相适应的电杆类型。

（2）电杆

①耐张杆：用于线路换位处及线路分段，承受断线张力和控制事故范围。

②转角杆：用于线路转角处，在正常情况下承受导线转角合力；事故断线情况下承受断线张力。

③终端杆：用于线路起止两端，承受线路一侧张力。

④分支杆：用于线路中间需要分支的地方。

⑤跨越杆：用于线路上有河流、山谷、特高交叉物等地方。

⑥直线杆：用在线路直线段上，支持线路垂直和水平荷载并具有一定的顺线路方向的支持力。

（3）架空导线

高压架空线的导线大都采用铝、钢或复合金属组成的钢芯铝绞线或铝包钢芯铝绞线，避雷线则采用钢绞线或铝包钢绞线。低压架空线的导线一般采用塑料铜芯线。

（4）横担、金具 [22 两天考三科案例]

①横担：是装在电杆上端，用来固定绝缘子架设导线的，有时也用来固定开关设备或避雷器等。横担主要是角钢横担、瓷横担等。

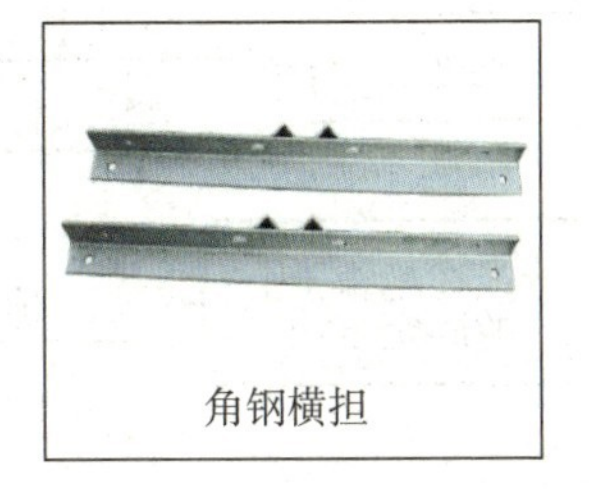

角钢横担

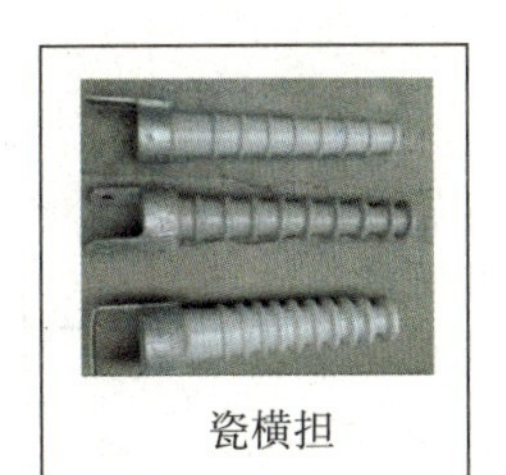

瓷横担

②金具：电杆、横担、绝缘子、拉线等的固定连接需用的一些金属附件称为金具，常用的有 M 字形抱铁、

U 字形抱箍、拉线抱箍、挂板、线夹、心形环等。

（5）绝缘子 [22 两天考三科案例]

①用来支持固定导线，使导线对地绝缘，并还承受导线的垂直荷重和水平拉力，绝缘子应有良好的电气绝缘性能和足够的机械强度。

②常用的绝缘子有针式绝缘子、蝶式绝缘子和悬式绝缘子。

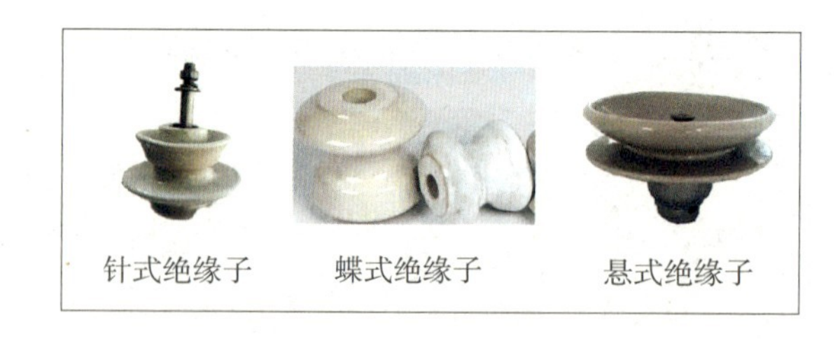

（6）拉线 [21 第一批单选]

①在架空线路中是用来平衡电杆各方向的拉力，防止电杆弯曲或倾倒，所以在承力杆（转角杆、终端杆）上均须装设拉线。

②常用的拉线有：普通拉线（尽头拉线）、转角拉线、人字拉线（两侧拉线）、高桩拉线（水平拉线）。

3．横担安装 [18 单选]

（1）直线金属横担可用 U 形螺栓固定到电杆上；耐张杆和转角杆横担可用两条直线横担组成，用四根穿心螺栓固定到电杆上。

（2）瓷横担安装：

①直立安装时，顶端顺线路歪斜不应大于 10mm。

②水平安装时，顶端宜向上翘起 5° ～ 15° 。

③全瓷式瓷横担的固定处应加软垫。

4．导线架设 [13 案例、20 多选、22 两天考三科案例]

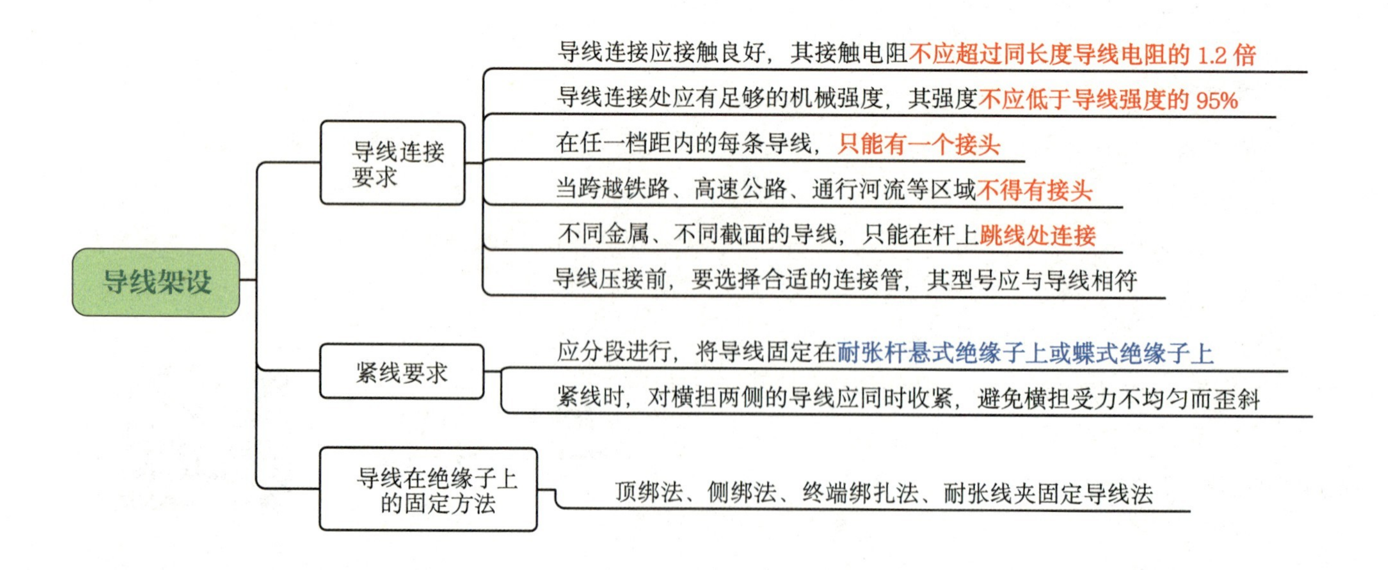

导线压接

跳线

提示 重点掌握导线连接要求，紧线要求、导线在绝缘子上的固定方法熟悉一遍即可。此处内容可以考查选择题，也可以考查案例题，建议理解 + 记忆。

5．电力架空线路试验 [20 多选]

（1）测量线路的绝缘电阻应不小于验收规范规定。

（2）检查架空线各相的两侧相位应一致。

（3）在额定电压下对空载线路的冲击合闸试验应进行 3 次。

（4）杆塔防雷接地线与接地装置焊接，测量杆塔的接地电阻值应符合设计的规定。

（5）用红外线测温仪，测量导线接头的温度。

6．现场临时用电架空线路的施工要求

电杆	宜采用钢筋混凝土杆或专用木杆
绝缘子选用	直线杆采用针式绝缘子；耐张杆、转角杆采用蝶式绝缘子
导线选择及连接	（1）导线必须采用绝缘导线。三相四线制线路的 N 线和 PE 线截面不小于相线截面的 50%，单相线路截面相同。铜线截面不小于 10mm^2，铝线截面不小于 16mm^2。 （2）动力、照明同一层横担架设时，导线面向负荷从左侧起算依次为 L1、N、L2、L3、PE

该部分知识点属于选择题考点，直接记忆即可。

7．电缆导管敷设的施工要求

保护管施工	（1）电缆保护管内径大于电缆外径的 1.5 倍。 （2）电缆引入和引出建筑物、隧道、沟道、电缆井等处，一般应采取防水套管；硬塑料管与热力管交叉时应穿钢套管；金属管埋地时应刷沥青防腐。 （3）电缆保护管宜敷设于热力管的下方
排管施工	（1）敷设电力电缆的排管孔径一般为 150mm。 （2）排管顶部至地面的距离：人行道为 500mm；一般地区为 700mm。 （3）在电缆排管直线距离超过 50m 处、排管转弯处、分支处都要设置排管电缆井。排管通向电缆井应有不小于 0.1% 的坡度，以便管内的水流入电缆井内。 （4）应采用铠装电缆，交流单芯电缆不得单独穿入钢管内

此处内容可以出选择题，也可以出案例题，理解 + 记忆。要注意上述数字规定，在考查案例题时，很有可能考查识图改错题。

8．电缆直埋敷设的要求［16 多选、19 案例］

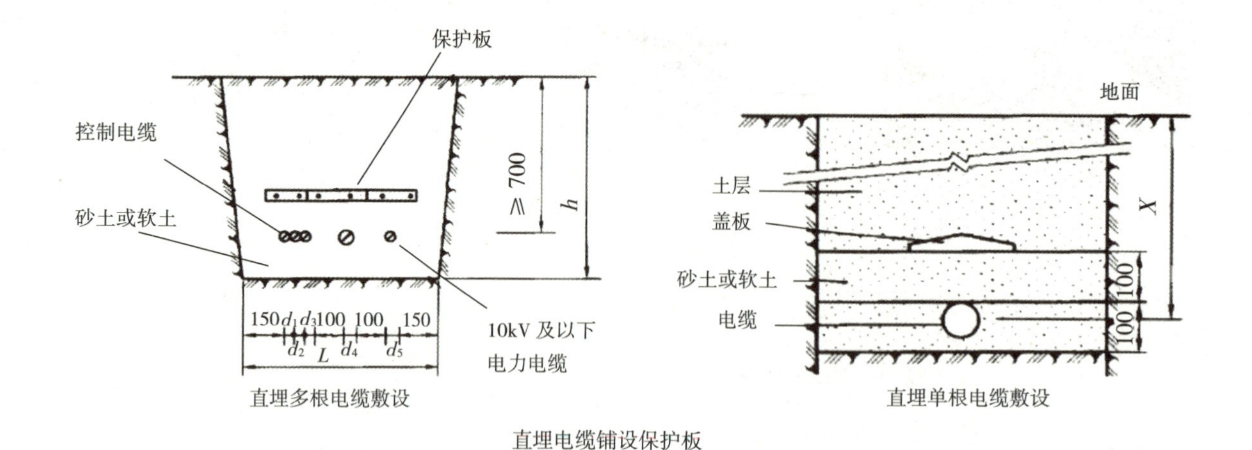

直埋电缆铺设保护板

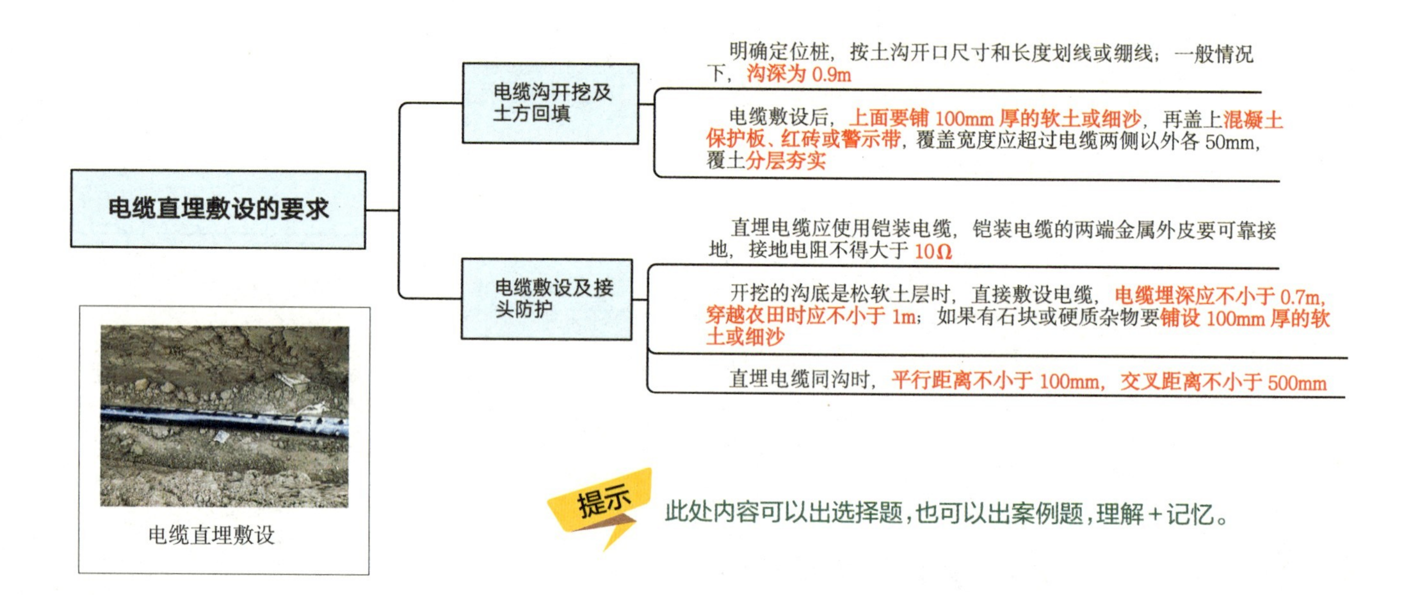

9．电缆桥架、沟、夹层或隧道内电缆敷设的要求

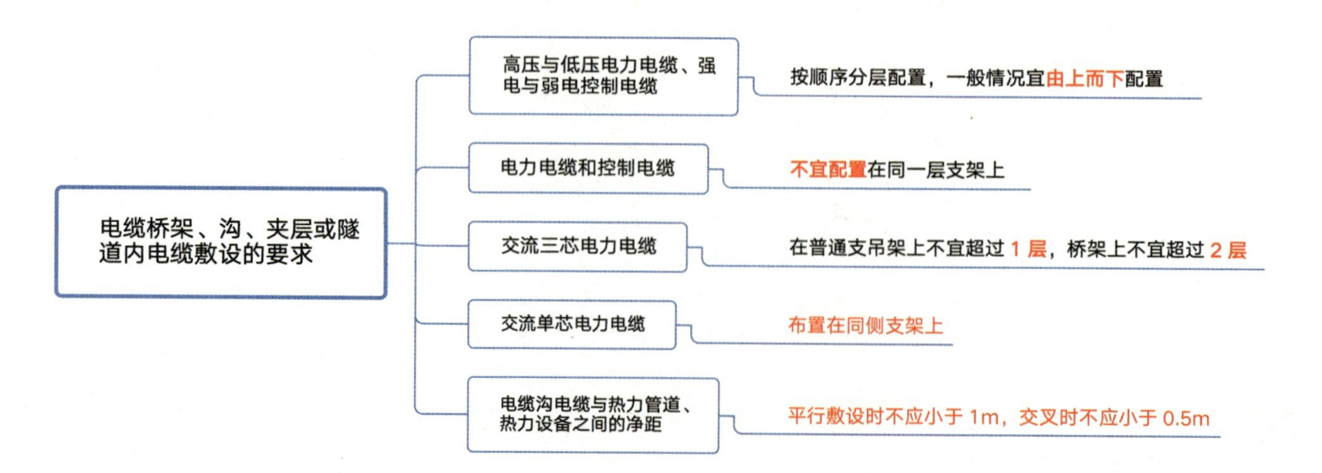

10. 电缆（本体）敷设的要求 [14 多选、17 多选、18 案例]

施工技术准备	（1）敷设前应按设计和实际路径计算每根电缆的长度，合理安排每盘电缆，减少电缆接头。 （2）封端严密，并做电气试验。6kV 以上的橡塑电缆，应做交流耐压试验或直流耐压试验及泄漏电流测试；1kV 及以下的橡塑电缆用 2500V 兆欧表测试绝缘电阻代替耐压试验
电缆施放要求	（1）电缆应从电缆盘上端拉出施放。 （2）人工施放时必须每隔 1.5 ~ 2m 放置滑轮一个，电缆从电缆盘上端拉出后放在滑轮上，再用绳子扣住向前拖拉，不得把电缆放在地上拖拉。 （3）用机械牵引敷设电缆时，应缓慢前进，一般速度不超过 15m/min，牵引头必须加装钢丝套。长度在 300m 以内的大截面电缆，可直接绑住电缆芯牵引
标志牌的装设	标志牌上应注明线路编号；当无编号时，应写明电缆型号、规格及起讫地点；并联使用的电缆应有顺序号
电缆的固定	水平敷设的电缆，在电缆首末两端及转弯、电缆接头的两端处固定；当对电缆间距有要求时，每隔 5 ~ 10m 处固定

此处内容可以出选择题，也可以出案例题，理解 + 记忆。

11. 电力电缆敷设线路施工的注意事项 [13 单选、14 多选、18 案例]

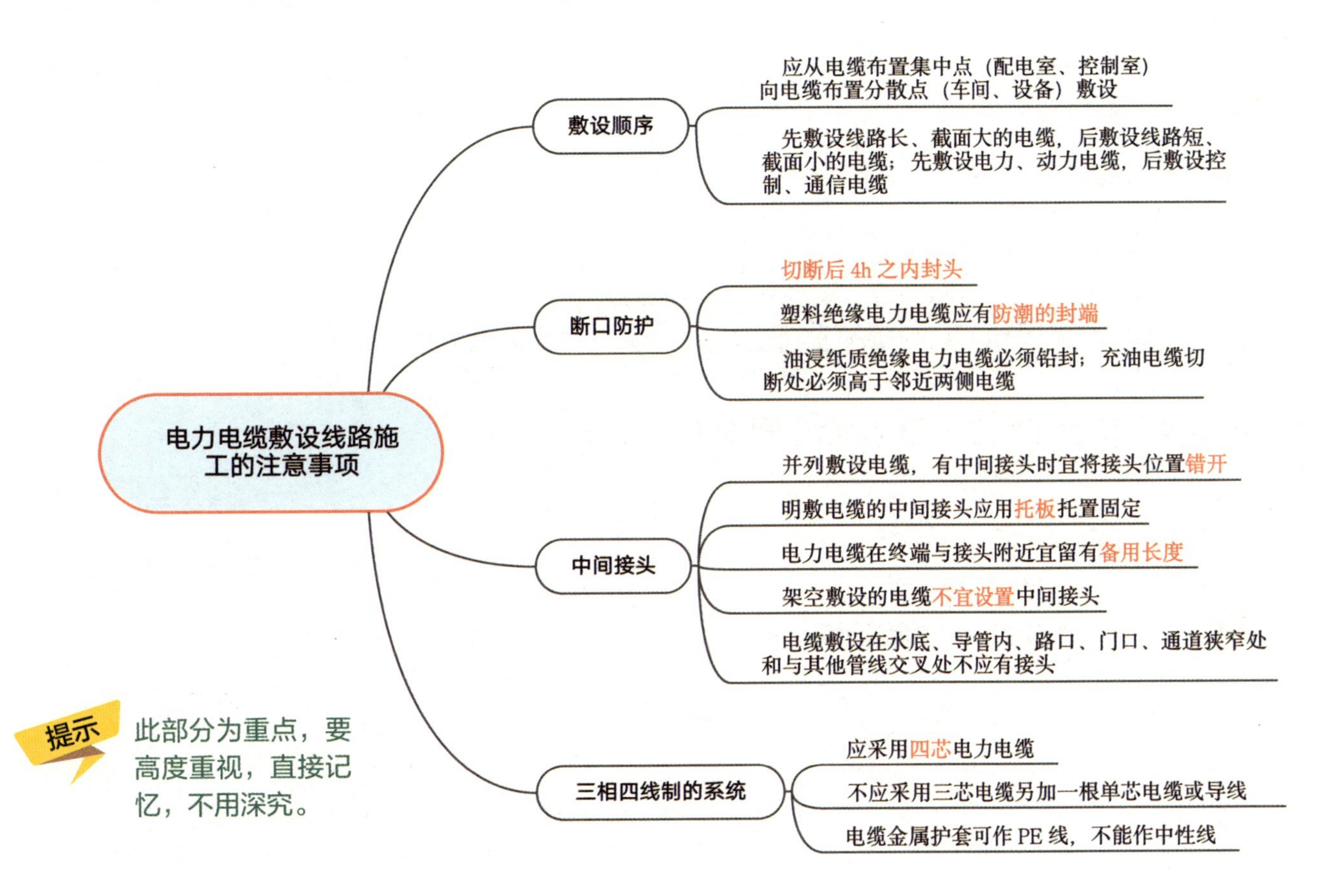

12．母线和封闭母线安装

（1）母线连接固定 [19 案例]

①母线在加工后并保持清洁的接触面上涂以电力复合脂。

②当母线平置时，螺栓应由下向上穿，在其余情况下，螺母应置于维护侧。

③螺栓连接的母线两外侧均应有平垫圈，相邻螺栓垫圈间应有 3mm 以上的净距，螺母侧应装有弹簧垫圈或锁紧螺母。

④母线的螺栓连接必须采用力矩扳手紧固。

⑤母线采用焊接连接时，母线应在找正及固定后，方可进行母线导体的焊接。

⑥母线与设备连接前，应进行母线绝缘电阻的测试，并进行耐压试验。

⑦金属母线超过 20m 长的直线段、不同基础连接段及设备连接处等部位，应设置热胀冷缩或基础沉降的补偿装置，其导体采用编织铜线或薄铜叠片伸缩节或其他连接方式。

⑧母线在支柱绝缘子上的固定方法有：螺栓固定、夹板固定和卡板固定。

⑨母线与设备端子间的搭接面应接触良好。铜质设备接线端子与铝母线连接应通过铜铝过渡段。

此处内容考查过识图改错题，要注意上述标注颜色字体的内容，为较容易出题的地方。

（2）封闭母线安装的要求

①封闭母线进场、安装前应做电气试验，绝缘电阻测试不小于 20MΩ；高压封闭母线必须做交流耐压试验，测试结果符合封闭母线产品技术说明书要求。

②封闭母线间连接，可采用搭接或插接器。

2H313030 管道工程施工技术

【考点 1】管道工程的施工程序和要求（☆☆☆☆☆）

1．工业管道的分类 [15 案例、22 一天考三科单选]

属于非重点内容，考生直接记忆，不用深究。

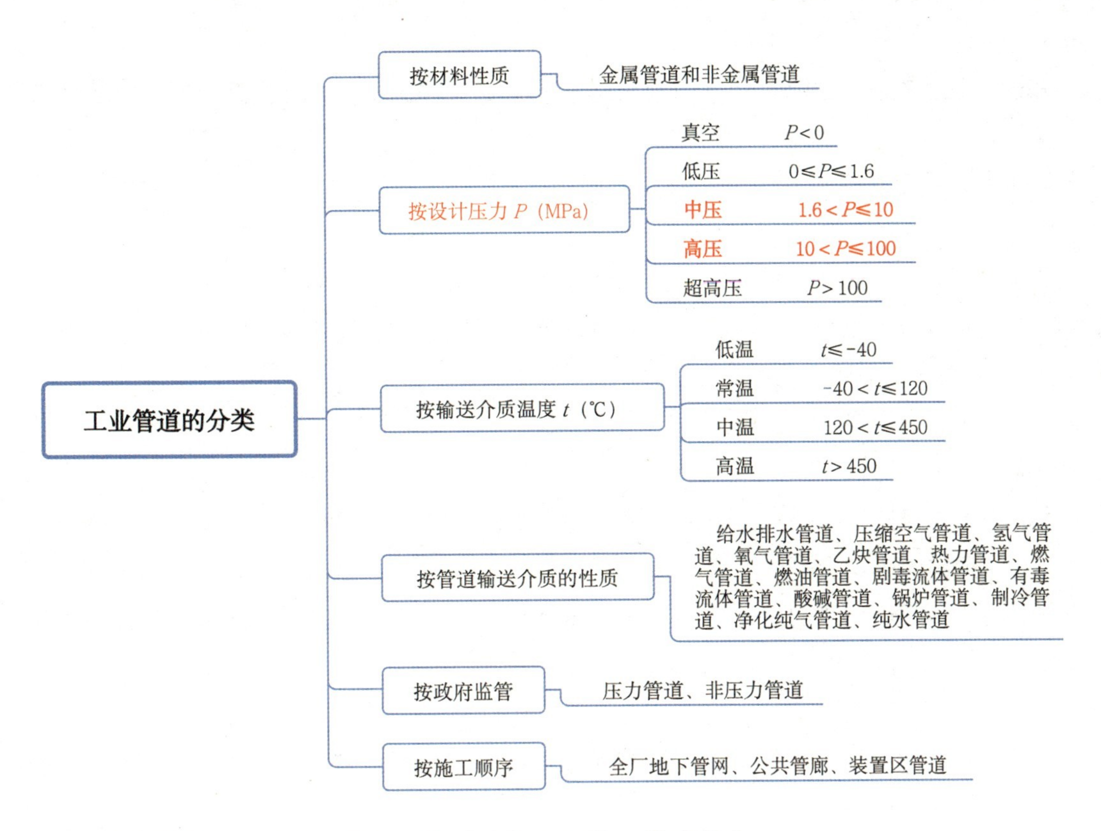

2. 工业管道的组成［19 多选、20 案例、21 第一批多选］

（1）管道组成件

包括管子、管件、法兰、密封件、紧固件、阀门、安全附件以及膨胀节、挠性接头、耐压软管、疏水器、过滤器、管路中的节流装置、仪表和分离器等。

（2）管道支承件

包括吊杆、弹簧支吊架、恒力支吊架、斜拉杆、平衡锤、松紧螺栓、支撑杆、链条、导轨、锚固件、鞍座、垫板、滚柱、托座、滑动支架、管吊、吊耳、卡环、管夹、U 形夹和夹板等。

该部分内容一般考查选择题，但是在 20 年考试中考查了一个案例小问（考查了分析判断类型的题目），直接记忆，不用深究。

3. 工业管道的施工程序

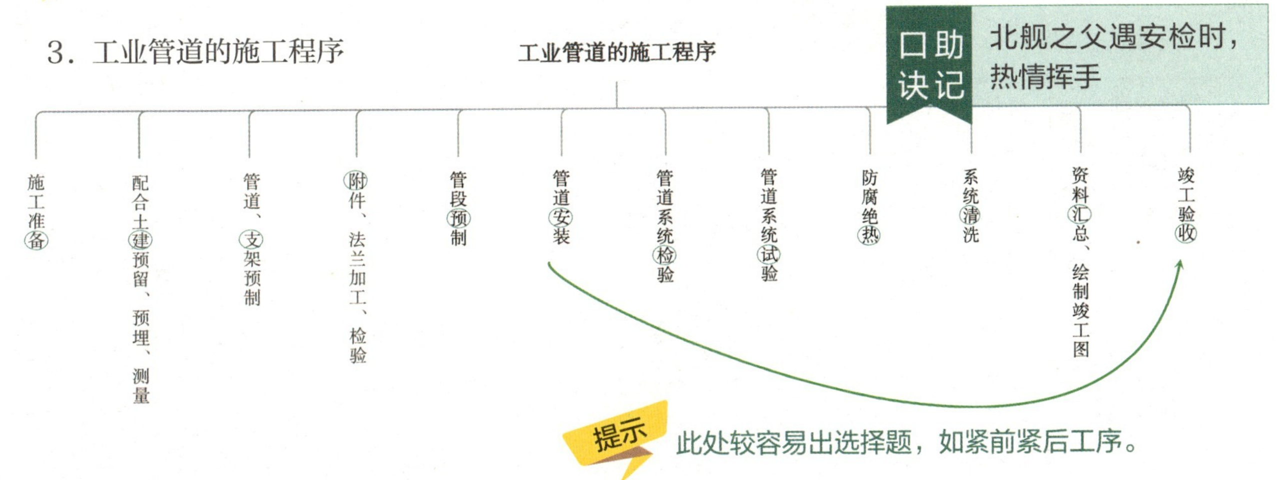

该部分知识点在过去的考试中考查过两次单选题，在以后的考试中也可能考查案例题，直接记忆即可。

4．管道施工前应具备的条件 [16 案例]

（1）施工图纸和相关技术文件应齐全，并已按规定程序进行设计交底和图纸会审。

（2）施工组织设计或施工方案已经批准，已有适宜齐全的焊接工艺评定报告，编制批准了焊接作业指导书，并已进行技术和安全交底。

（3）施工人员已按有关规定考核合格。

（4）已办理工程开工文件。

（5）用于管道施工的机械、工器具应安全可靠；计量器具应检定合格并在有效期内。

（6）针对可能发生的生产安全事故，编制批准了应急处置方案。

（7）压力管道施工前，应向工程所在地的市场监督管理部门办理书面告知，并应接受监督单位及检验机构的监督检验。

该部分内容可以抽出一个小点来考选择题，也可以在案例题中出简答题，建议理解 + 记忆，不用深究。

5．管道安装前的检验

（1）管道元件和材料的检验

①使用前应核对其材质、规格、型号、数量和标识，进行外观质量和几何尺寸的检查验收。

②当对性能数据或检验结果有异议时，在异议未解决之前，该批管道元件或材料不得使用。

③管道组成件的产品质量证明文件包括产品合格证和质量证明书。

④铬钼合金钢、含镍合金钢、镍及镍合金、不锈钢、钛及钛合金材料的管道组成件，应采用光谱分析或其他方法对材质进行复查。

⑤设计文件规定进行低温冲击韧性试验的管道元件或材料，进行晶间腐蚀试验的不锈钢、镍及镍合金的管道元件和材料，供货方应提供低温冲击韧性、晶间腐蚀性试验结果的文件，且试验结果不得低于设计文件的规定。

（2）阀门检验

提示 此处考查过案例分析改错题。

试验名称	壳体压力试验	密封试验
介质	洁净水（不锈钢阀门试验时，水中的氯离子含量不得超过 25ppm）	
试验压力	在 20℃时最大允许工作压力的 1.5 倍	在 20℃时最大允许工作压力的 1.1 倍
时间	试验持续时间不得少于 5min	
温度	试验介质温度应为 5 ~ 40℃，当低于 5℃时，应采取升温措施	
安全阀	按国家现行标准和设计文件的规定进行整定压力调整和密封试验	
	做好记录、铅封，出具校验报告	

管道安装前的检验是一个比较重要的知识点，可以考查选择题，也可以在案例题中出简答题，建议理解 + 记忆。

6. 管道加工 [22 一天考三科案例]

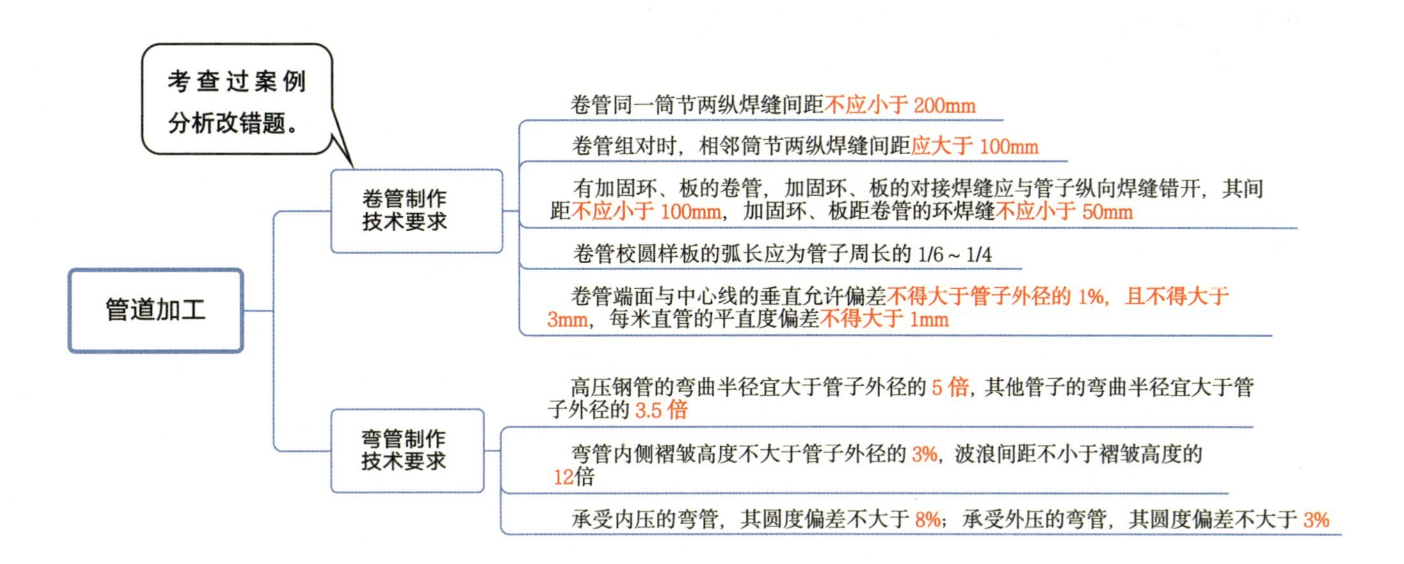

此处内容可以出选择题，也可以出案例题，理解 + 记忆。

7. 管道安装

此处容易考查选择题。

（1）管道安装前应具备的条件

①与管道有关的土建工程已检验合格，满足安装要求，并已办理交接手续。

②与管道连接的设备已找正合格，固定完毕。

③管道组成件和支承件等已检验合格。

④管子、管件、阀门等内部已清理干净，有特殊要求的管道内部质量已符合设计文件的规定。

⑤管道安装前应进行的脱脂、内部防腐或衬里等有关工序已完毕。

（2）管道安装相关要点 [13 多选、15 案例、21 第一批单选、21 第二批单选、22 一天考三科案例]

连接设备的管道安装	①管道与设备的连接应在设备安装定位并紧固地脚螺栓后进行，管道与动设备（如空压机、制氧机、汽轮机等）连接时，不得采用强力对口，使动设备承受附加外力。 ②管道与动设备连接前，应在自由状态下检验法兰的平行度和同心度。 ③管道系统与动设备最终连接时，应在联轴器上架设百分表监视动设备的位移。 ④管道安装合格后，不得承受设计以外的附加荷载。 ⑤管道试压、吹扫与清洗合格后，应对该管道与动设备的接口进行复位检查

伴热管安装	①应与主管平行安装，并应能自行排液。 ②不得直接点焊在主管上。对不允许与主管直接接触的伴热管，伴热管与主管之间应设置隔离垫。伴热管经过主管法兰、阀门时，应设置可拆卸的连接件
防腐蚀衬里管道安装	①衬里管道安装应采用软质或半硬质垫片。 ②衬里管道安装时，不应进行施焊、加热、碰撞或敲打
阀门安装	①阀门安装前，应按设计文件核对其型号，并应按介质流向确定其安装方向。 ②当阀门与管道以法兰或螺纹方式连接时，阀门应在关闭状态下安装。以焊接方式连接时，阀门应在开启状态下安装。对接焊缝底层宜采用氩弧焊，且应对阀门采取防变形措施。 ③安全阀安装应垂直安装，安全阀的出口管道应接向安全地点，进出管道上设置截止阀时，安全阀应加铅封，且应锁定在全开启状态
支、吊架安装	①无热位移的管道，其吊杆应垂直安装。有热位移的管道，其吊杆应偏置安装，吊点应设在位移的相反方向，并按位移值的 1/2 偏位安装。两根有热位移的管道不得使用同一吊杆。 ②固定支架应按设计文件的规定安装，并应在补偿装置预拉伸或预压缩之前固定。没有补偿装置的冷、热管道直管段上，不得同时安置 2 个及 2 个以上的固定支架。 ③导向支架或滑动支架的滑动面应洁净平整，不得有歪斜和卡涩现象。有热位移的管道，支架安装位置应从支承面中心向位移反方向偏移，偏移量应为位移值的 1/2，绝热层不得妨碍其位移。 ④弹簧支、吊架的弹簧高度，应按设计文件规定安装，弹簧应调整至冷态值，并做记录。弹簧的临时固定件，如定位销（块），应待系统安装、试压、绝热完毕后方可拆除
静电接地安装	①有静电接地要求的管道，当每对法兰或其他接头间电阻值超过 0.03Ω 时，应设导线跨接。 ②管道系统的接地电阻值、接地位置及连接方式按设计文件的规定，静电接地引线宜采用焊接形式。 ③有静电接地要求的不锈钢和有色金属管道，导线跨接或接地引线不得与管道直接连接，应采用同材质连接板过渡。 ④静电接地安装完毕后，必须进行测试，电阻值超过规定时，应进行检查与调整

连接设备的管道安装、阀门安装、支吊架安装，这些知识点既可以出选择题，也可以出案例题；其余是选择题考点，建议理解 + 记忆。

【考点 2】管道系统试验和吹洗要求（☆☆☆☆☆）

1. 管道系统试验类型 [15 案例]

主要有压力试验、泄漏性试验、真空度试验。

2．压力试验

（1）压力试验的规定 [13 单选、20 多选]

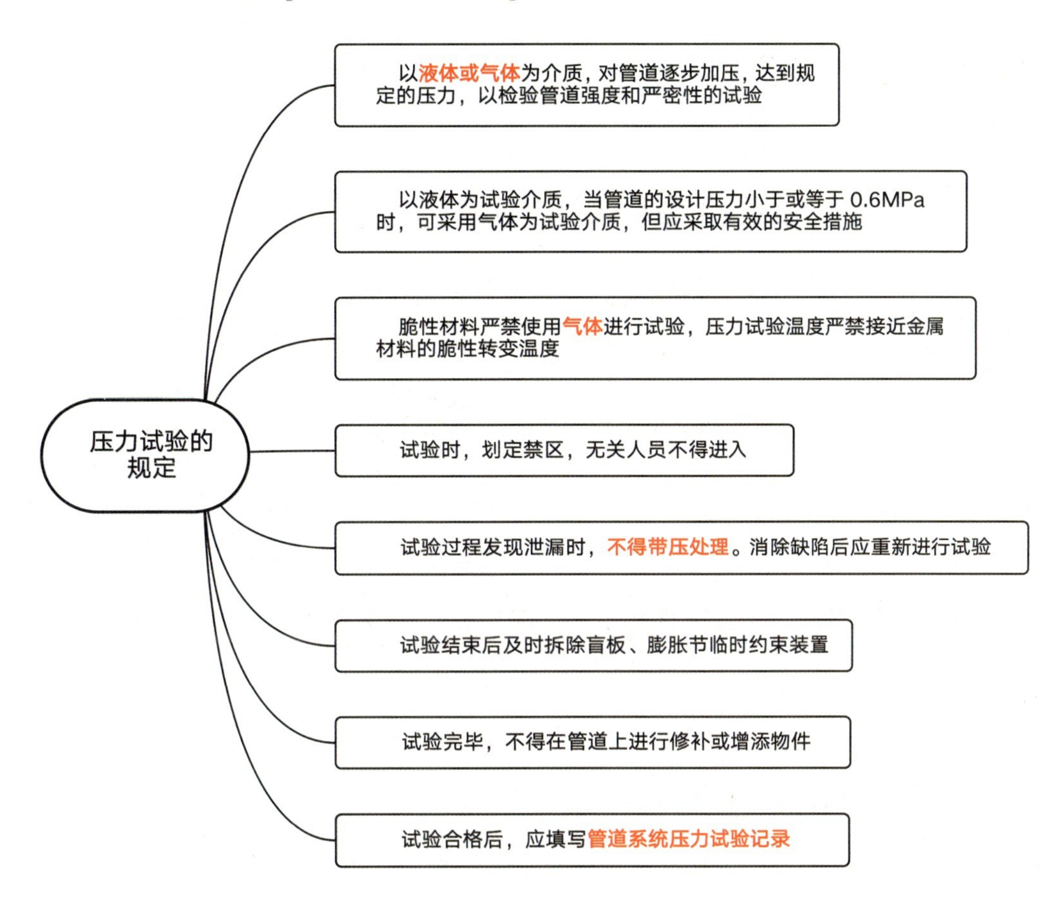

（2）压力试验前应具备的条件 [13 案例、15 案例、17 多选、22 一天考三科案例]

①试验范围内的管道安装工程除防腐、绝热外，已按设计图纸全部完成，安装质量符合有关规定。

②焊缝及其他待检部位尚未防腐和绝热。

③管道上的膨胀节已设置临时约束装置。

④试验用压力表已校验，并在有效期内，其精度不得低于 1.6 级，表的满刻度值应为被测最大压力的 1.5 ~ 2 倍，压力表不得少于 2 块。

⑤符合压力试验要求的液体或气体已备齐。

⑥管道已按试验的要求进行加固。

⑦待试管道与无关系统已用盲板或其他措施隔离。

⑧待试管道上的安全阀、爆破片及仪表元件等已拆下或已隔离。

⑨试验方案已批准，并已进行技术安全交底。

⑩在压力试验前，相关资料已经建设单位和有关部门复查。

资料包括：管道元件的质量证明文件、管道组成件的检验或试验记录、管道加工和安装记录、焊接检查记录、检验报告和热处理记录、管道轴测图、设计变更及材料代用文件。

(1)上述知识点可以考查选择题，也可以在案例题中出简答题、识图改错题，建议理解 + 记忆。

(2)压力试验中压力试验替代的规定、液压试验实施要点及气压试验实施要点在近几年考试中考查频次较低，考生在复习此部分内容时熟悉一下相关内容即可。

3．泄漏性试验 [14 多选、16 多选、18 单选、22 两天考三科单选]

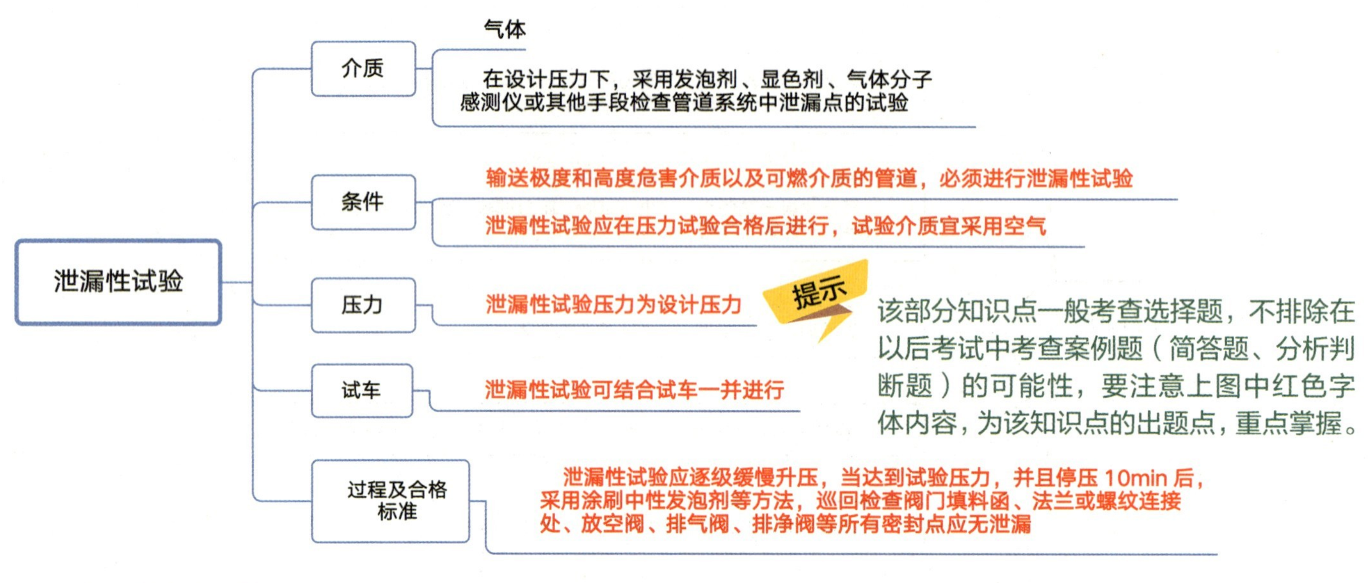

4．真空度试验

(1)真空系统在压力试验合格后，还应按设计文件规定进行 24h 的真空度试验。

(2)真空度试验按设计文件要求，对管道系统抽真空，达到设计规定的真空度后，关闭系统，24h 后系统增压率不应大于 5%。

要注意该知识点中的数字规定，为该知识点的出题点。

5．管道吹扫与清洗的一般规定

(1)管道吹扫与清洗方法应根据对管道的使用要求、工作介质、系统回路、现场条件及管道内表面的脏污程度确定。

(2)吹扫与清洗的顺序应按主管、支管、疏排管依次进行。

6．水、空气、蒸汽、油冲洗实施要点

(1)水冲洗实施要点 [15 多选、20 案例]

介质	应使用洁净水。冲洗不锈钢、镍及镍合金钢管道，水中氯离子含量不得超过 25ppm
流速	水冲洗流速不得低于 1.5m/s，冲洗压力不得超过管道的设计压力

续表

冲洗排放管的截面积	水冲洗排放管的截面积不应小于被冲洗管截面积的 60%，排水时不得形成负压
合格标准	连续冲洗，以排出口的水色和透明度与入口水目测一致为合格。冲洗合格后，及时将管内积水排净，应及时吹干

（2）空气冲洗实施要点

①宜利用生产装置的大型空压机或大型储气罐进行间断性吹扫。吹扫压力不得大于系统容器和管道的设计压力，吹扫流速不宜小于 20m/s。（注意这几种方式的速度）

②吹扫忌油管道时，气体中不得含油。吹扫过程中，当目测排气无烟尘时，应在排气口设置贴有白布或涂刷白色涂料的木制靶板检验，吹扫 5min 后靶板上无铁锈、尘土、水分及其他杂物为合格。

（3）蒸汽吹扫实施要点

条件	吹扫前，管道系统的绝热工程应已完成
流速	以大流量蒸汽进行吹扫，流速不小于 30m/s，吹扫前先行暖管、及时疏水，检查管道热位移
吹扫顺序	应按加热→冷却→再加热的顺序循环进行，并采取每次吹扫一根、轮流吹扫的方法

（4）油清洗实施要点

①润滑、密封、控制系统的油管道，应在机械设备及管道酸洗合格后，系统试运转前进行油冲洗。不锈钢油系统管道宜采用蒸汽吹净后进行油清洗。

②应采用循环的方式进行。每 8h 应在 40 ~ 70℃内反复升降油温 2 ~ 3 次，并及时更换或清洗滤芯。

③管道油清洗后采用滤网检验。

④油清洗合格后的管道，采取封闭或充氮保护措施。

该部分内容可以考查选择题，也可以案例题（简答题、分析判断题），直接记忆。

2H313040 动力和发电设备安装技术

【考点 1】汽轮发电机设备的安装技术要求（☆☆☆☆）

1．汽轮发电机系统设备（三机三器三泵）

齐发力，你养家，给空姐

主要包括：汽轮机、发电机、励磁机、凝汽器、除氧器、加热器、给水泵、凝结水泵和真空泵等。

2．汽轮机的分类和组成

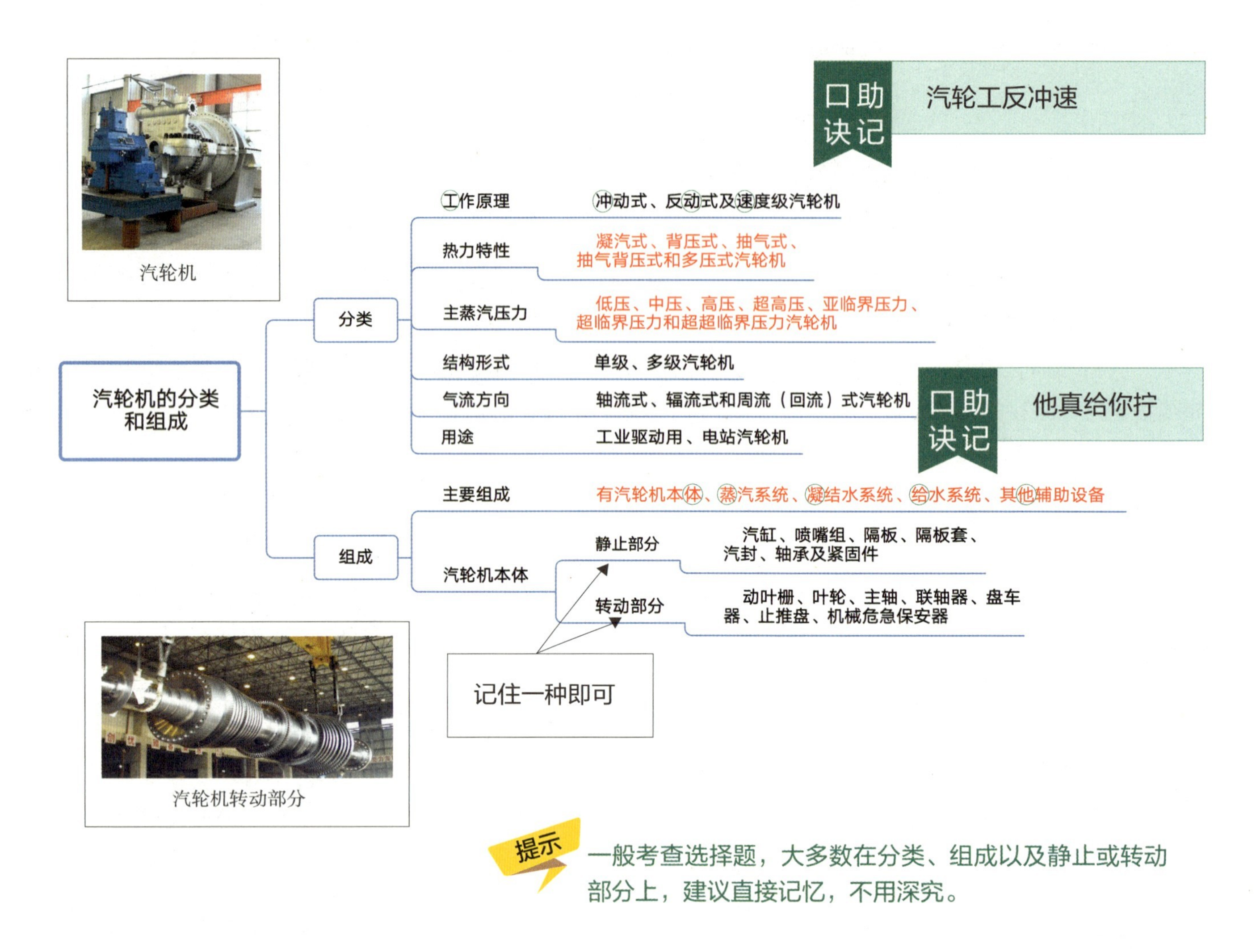

汽轮机

汽轮机转动部分

提示 一般考查选择题，大多数在分类、组成以及静止或转动部分上，建议直接记忆，不用深究。

3．发电机类型和组成［13 多选］

分类	原动机	汽轮、水轮、柴油、风力、燃气轮发电机
	冷却方式	外冷式、内冷式发电机
	冷却介质	气冷、气液冷和液冷
	结构形式	旋转磁极式和旋转电枢式
组成	定子	机座、定子铁心、定子绕组、端盖（不动的）
	转子	转子锻件、励磁绕组、护环、中心环和风扇

4．汽轮机安装程序（略看）

主要程序由基础和设备的验收、汽轮机本体的安装和其他系统安装三部分组成。

5．工业小型汽轮机的安装技术要求［14 案例］

安装质量控制点	基础检验，划线垫铁安装	复查基础的标高、平面尺寸、孔洞尺寸，保证基础表面平整，无缺陷及垫铁位置合理
	台板、汽缸、轴承座安装	汽缸纵横中心线，设备安装标高等；二次灌浆的强度、密实情况，确保上下部件联结和受热膨胀不致受阻；设备精找正、找平和联轴器对中后，设备底部与基础之间的灌浆强度
	调节油、润滑油系统	保证油系统无泄漏，油管敞口应采用封闭措施，确保内部管道清洁、畅通，并无振动现象。油质经过化验检查合格
主要设备的安装技术要点	转子安装技术要点	（1）转子吊装：应使用由制造厂提供并具备出厂试验证书的专用横梁和吊索，否则应进行 200% 的工作负荷试验（时间为 1h）。 （2）转子测量应包括：轴颈椭圆度和不柱度的测量、转子跳动测量（径向、端面和推力盘瓢偏）、转子弯曲度测量 口助决记：不愿调完 提示 此处内容在 2014 年案例中考查了一个补充类型题目：汽轮机转子还应有哪些测量?
	汽缸扣盖安装技术要点 提示 此处内容在 2014 年案例中考查了一个简答类型题目：写出上下缸体连接的正确安装工序。	（1）扣盖工作从下汽缸吊入第一个部件开始至上汽缸就位且紧固连接螺栓为止，全程工作应连续进行，不得中断。 （2）汽轮机正式扣盖之前，应将内部零部件全部装齐后进行试扣，以便对汽缸内零部件的配合情况全面检查。 （3）试扣前应用压缩空气吹扫汽缸内各部件及其空隙，确保汽缸内部清洁无杂物、结合面光洁，并保证各孔洞通道部分畅通，需堵塞隔绝部分应堵死。 （4）试扣空缸要求在自由状态下间隙符合制造厂技术要求；按冷紧要求紧固 1/3 螺栓后，从内外检查 0.05mm 塞尺不入。 （5）试扣检验无问题后，在汽缸中分面均匀抹一层涂料，方可正式扣盖。汽缸紧固一般采用冷紧，对于高压高温部位大直径汽缸螺栓，使用冷紧方法不能达到设计要求的扭矩，而应采用热紧进行紧固。紧固之后再盘动转子，听其内部应无摩擦和异常声音。 （6）汽轮机安装完毕，辅机部分试运合格，调速保护系统静止位置调整好后，即可进行汽轮机的试启动，汽轮机第一次启动需要按照制造厂的启动要求进行，合格后完成安装

此部分是重点内容，可以出选择题，也可以出案例题，在理解的基础上记忆。

6．电站汽轮机的安装技术要求［15 单选］

此部分是重点内容，考点较多，可以出选择题，也可以出案例题，建议理解的基础上记忆。

口助决记：垃圾之家

（1）低压缸组合安装技术要点

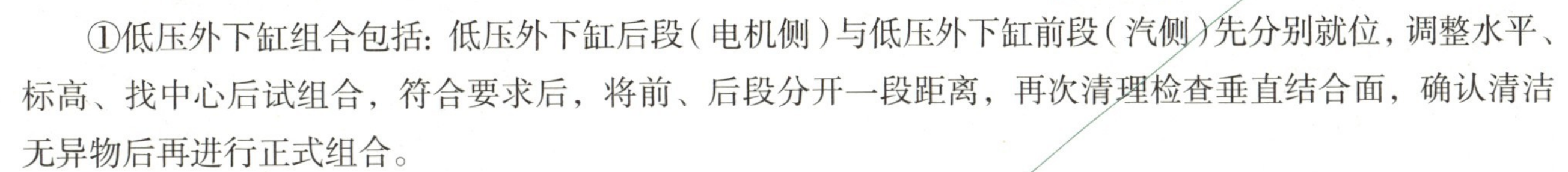

①低压外下缸组合包括：低压外下缸后段（电机侧）与低压外下缸前段（汽侧）先分别就位，调整水平、标高、找中心后试组合，符合要求后，将前、后段分开一段距离，再次清理检查垂直结合面，确认清洁无异物后再进行正式组合。

组合时汽缸找中心的基准可以用激光、拉钢丝、假轴、转子等。目前多采用拉钢丝法。

②低压外上缸组合包括：先试组合，以检查水平、垂直结合面间隙，符合要求后正式组合。

视频之争

③低压内缸组合包括：当低压内缸就位找正、隔板调整完成后，低压转子吊入汽缸中并定位后，再进行通流间隙调整。

（2）高、中压缸安装技术要点

①汽轮机高、中压缸是整体到货，现场不需要组合装配。但在汽缸就位前要测量汽缸前后轴封处的径向间隙、汽缸前后缸体基准面与转子凸肩之间的定位尺寸，并以制造厂家的装配记录校核，以检查缸内的转子在运输过程中是否有移动，确保通流间隙不变。

②高压缸或中压缸，目前多数采用上猫爪搁置在轴承支承面上的支承形式。这种形式的下半汽缸下部设置有就位、找中时用的支承面。在轴承已初步完成找中之后，下半汽缸即可利用这些支承面将汽缸支承起来，进行就位、找中。

（3）轴系对轮中心的找正

①轴系对轮中心找正

主要是对高中压对轮中心、中低压对轮中心、低压对轮中心和低压转子—电转子对轮中心的找正。

②在轴系对轮中心找正：

要以低压转子为基准；

多次复查找正

此处可以考查简答类型、补充类型的案例题。

凝汽器灌水前	轴系初找
凝汽器灌水后	汽缸扣盖前的复找，基础二次灌浆前的复找，基础二次灌浆后的复找，轴系联结时的复找

小结：

多次复查找正的内容在一级建造师考试中考查过案例题，大致考查过的题型如下：

（1）16 年考查了一个案例小问：针对 330MW 机组轴系调整，钳工班组还应在哪些工序阶段多次对轮中心进行复查和找正？

（2）17 年考查了一个案例小问：汽轮机轴系对轮中心找正除轴系联结时的复找外还包括哪些找正？

7. 发电机安装程序

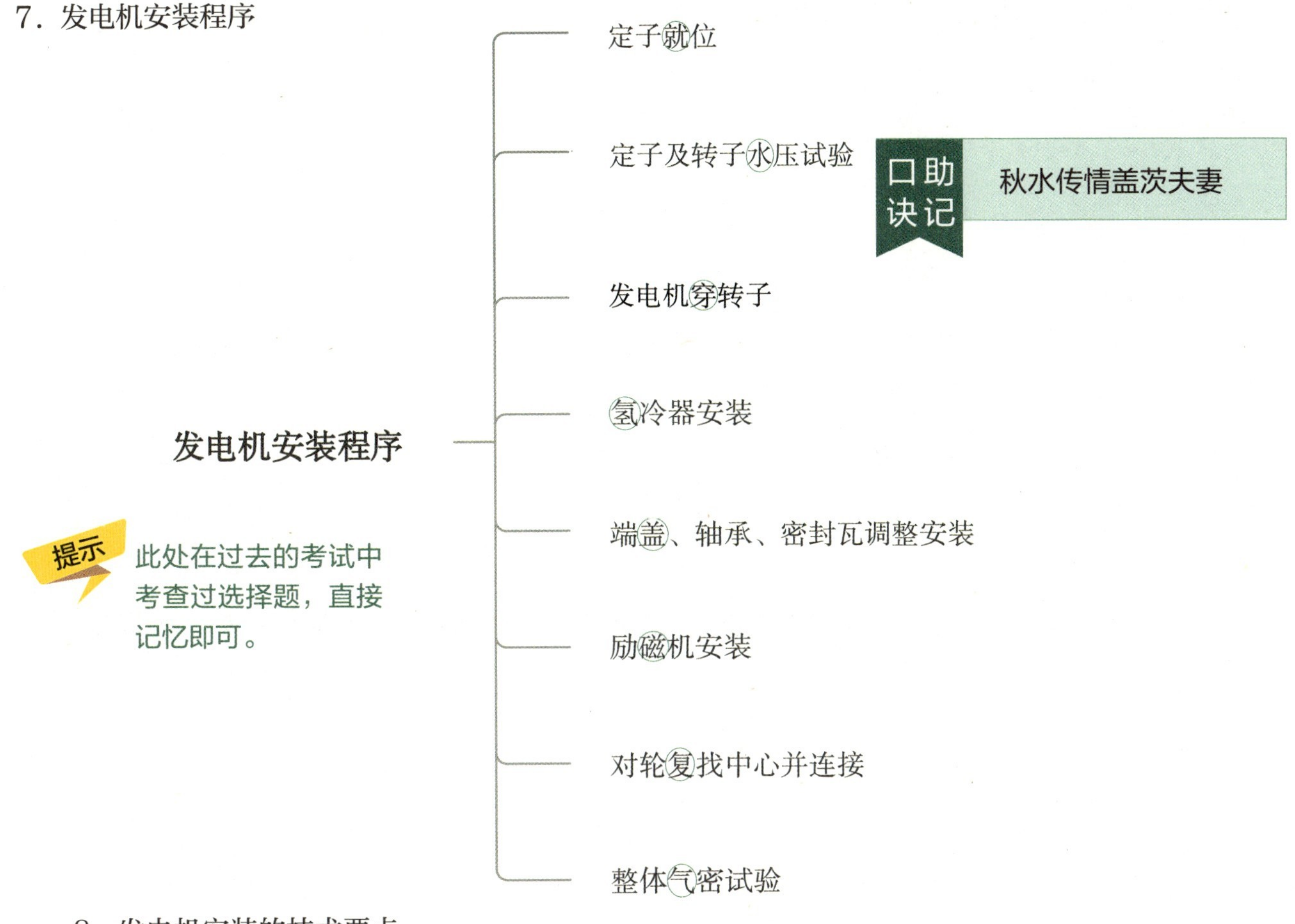

8. 发电机安装的技术要点

发电机定子吊装技术要点	定子的吊装	发电机定子吊装通常采用液压提升装置吊装、专用吊架吊装和行车改装系统吊装三种方案
	定子的就位	提升至发电机定子最低点超过既定标高后，开动行车大车机构行至定子中心线与就位中心线重合，缓缓将定子落于基础上
发电机转子安装技术要点	单独气密性试验	发电机转子穿装前进行单独气密性试验。待消除泄漏后，应再经漏气量试验，试验压力和允许漏气量应符合制造厂规定
	发电机转子穿装	（1）穿装工作：必须在完成机务（如支架、千斤顶、吊索等服务准备工作）、电气与热工仪表的各项工作后，会同有关人员对定子和转子进行最后清扫检查，确信其内部清洁，无任何杂物并经签证后方可进行。 （2）穿装方法常用的方法有滑道式方法、接轴的方法、用后轴承座作平衡重量的方法、用两台跑车的方法等

此部分是考点较多，一般出选择题，直接记忆，不用深究。

【考点 2】锅炉设备的安装技术要求（☆☆☆☆）

1．锅炉的分类及组成 [22 两天考三科案例]

分类	用途	供热、工业、电站、船用及机车锅炉
	锅炉出口工质压力（P）	低压锅炉：P < 3.8MPa 中压锅炉：3.8MPa ≤ P < 5.4MPa 高压锅炉：5.4MPa ≤ P < 16.7MPa 亚临界锅炉：16.7MPa ≤ P < 22.1MPa 超临界锅炉：22.1MPa ≤ P < 27.0MPa 超超临界锅炉：P ≥ 27.0MPa 或额定出口温度≥ 590℃的锅炉
	燃烧方式	火床、火室、旋风、直流、流化床燃烧锅炉
	出厂形式	整装、散装锅炉 **注意：此处在 22 年两天考三科的真题试卷中考查简答类型的案例题：锅炉按出厂形式分为哪几类？**
组成	本体设备	（1）锅：由汽包（汽水分离器及储水箱）、下降管、集箱（联箱）、水冷壁、过热器、再热器、气温调节装置、排污装置、省煤器及其连接管路的汽水系统组成。【此处这几个带有器字的易混淆】 （2）炉：由炉膛（钢架）、炉前煤斗、炉排（炉箅）、分配送风装置、燃烧器、烟道、空气预热器、除渣机等组成
	锅炉辅助设备	主要有燃料供应系统设备、送引风设备、汽水系统设备、除渣设备、烟气净化设备、仪表和自动控制系统设备等

炉膛

燃烧器

水冷壁

过热器

省煤器

汽包

2. 汽包、汽水分离器及储水箱、水冷壁的结构及其作用

此部分内容一般出选择题，直接记忆，不用深究。

汽包	结构	用钢板焊制成的圆筒形容器，由筒体和封头两部分组成
	作用	（1）是自然循环锅炉的一个主要部件，同时又是将锅炉各部分受热面，如下降管、水冷壁、省煤器和过热器等连接在一起的构件。 （2）储热能力可以提高锅炉运行的安全性；在负荷变化时，可以减缓气压变化的速度，保证蒸汽品质
汽水分离器及储水箱	结构	近年国内大型电站的锅炉通常选用超临界或超超临界的直流锅炉，汽水分离器及储水箱是直流锅炉的重要设备，汽水分离器为筒身结构，内设消旋器和阻水装置，储水箱结构为筒身结构，内设阻水装置
	作用	汽水分离器作用是进行汽水分离，分离出的水进入储水箱，分离出的蒸汽进入低温过热器
水冷壁	结构	是锅炉主要的辐射蒸发受热面，一般分为管式水冷壁（是连接锅筒与集箱、布置在炉墙内侧的一排光管，小容量中、低压锅炉多采用）和膜式水冷壁（主要由管子加焊扁钢和由扎制的肋管拼焊两种形式，大容量高温高压锅炉一般均采用）两种
	作用	（1）吸收炉膛内的高温辐射热量以加热工质，并使烟气得到冷却，以便进入对流烟道的烟气温度降低到不结渣的温度，可以保护炉墙，从而炉墙结构可以做得轻一些、薄一些。 （2）在蒸发同样多水的情况下，采用水冷壁比采用对流管束节省钢材

3. 锅炉系统安装施工程序 [18 单选]

基础和材料验收→钢架组装及安装→汽包安装（汽水分离器及储水箱）→集箱安装→水冷壁安装→空气预热器安装→省煤器安装→低温过热器及低温再热器安装→高温过热器及高温再热器安装→刚性梁安装→本体管道安装→阀门安装→水压试验→吹灰设备安装→燃烧器、油枪、点火枪的安装→烟道、风道的安装→风压试验→炉墙施工→烘炉、煮炉（化学清洗）→蒸汽吹扫→试运行。

提示 此处一般考查选择题，如紧前紧后工序的考查。

4. 整装锅炉安装 [16 单选、20 多选]

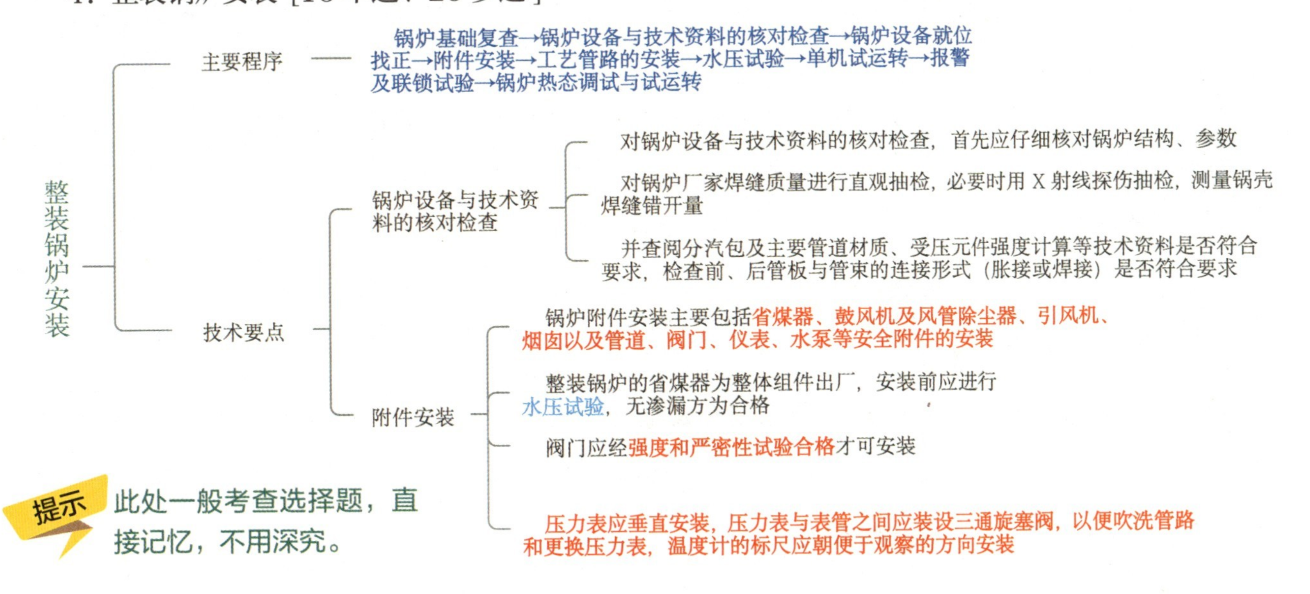

提示 此处一般考查选择题，直接记忆，不用深究。

5．散装锅炉安装 [22 一天考三科案例]

散装锅炉本体的安装程序	设备的清点检查和验收→基础验收→基础放线→设备搬运及起重吊装→钢架及梯子平台的安装→汽包安装→锅炉本体受热面的安装→尾部受热面的安装→本体管道安装→水压试验→燃烧设备的安装→附属设备安装→热工仪表保护装置安装
汽包安装施工程序	汽包的划线→汽包支座的安装（汽包吊环的安装）→汽包的吊装→汽包的找正 口助决记：汽包城，限制环保证
汽包的安装技术要点	卸车、翻身转正、吊装、就位、安装附件、找正
受热面安装的技术要点	（1）受热面管子应进行通球试验，合金材质应进行光谱复查。 （2）使用胀接工艺的受热面管，安装前要对管子进行 1 ：1 的放样校管，管口进行退火处理。 （3）使用焊接工艺的受热面，应严格执行焊接工艺评定，受热面组件吊装选择好中心和吊装方法，确定好绑扎位置，不得将绳子捆在管束上，防止吊装时管子变形和损伤

此处在以前考试中考核频次较低，在以后的考试中会加大考核力度，需记忆。

6．电站锅炉主要设备的安装技术要点 [13 单选、14 单选、21 第一批案例、21 第二批单选]

锅炉钢架安装	施工程序	基础检查划线→柱底板安装、找正→立柱、垂直支撑、水平梁、水平支撑安装→整体找正→高强度螺栓终紧→平台、扶梯、栏杆安装→顶板梁安装
	安装找正的方法	主要是用拉钢卷尺检查立柱中心距离和大梁间的对角线长度；用经纬仪检查立柱垂直度；用水准仪检查大板梁水平度和挠度，板梁挠度在板梁承重前、锅炉水压前、锅炉水压试验上水后及放水后、锅炉整套启动前进行测量
锅炉本体受热面安装	安装一般程序	设备清点检查→光谱检查→通球试验→联箱找正划线→管子就位对口和焊接 口助决记：点球找对光 提示：此处可以考查选择题，如紧前紧后工序；可以考查简答类型的案例题，如 21 第一批案例真题考查的问题：锅炉受热面安装一般程序是什么？
	受热面安装技术要点	（1）锅炉受热面组合场地：是根据设备组合后体积、重量以及现场施工条件来决定的。 （2）锅炉受热面组合形式：是根据设备的结构特征及现场的施工条件来决定的。组件的组合形式包括直立式和横卧式。 ①直立式组合：优点在于组合场占用面积少，便于组件的吊装；缺点在于钢材耗用量大，安全状况较差。 ②横卧式组合：优点就是克服了直立式组合的缺点；不足在于占用组合场面积多，且在设备竖立时，若操作处理不当则可能造成设备变形或损伤
	组件吊装顺序	水冷壁上部组件及管排吊装→水冷壁中部组件及管排吊装→炉膛上部过热器组件及管排吊装→炉膛出口水平段过热器或再热器组件及管排吊装→尾部包墙过热器组件及管排吊装→尾部低温再热器、低温过热器、省煤器吊装

此部分考点较多，一般出选择题，直接记忆，不用深究。

7．电站锅炉安装质量控制要点 [22 一天考三科单选]

（1）钢结构安装质量控制

安装前应确认高强度螺栓连接点安装方法，临时螺栓、定位销数量符合规程要求。

每层构架安装结束后检查柱垂直度、柱子之间间距并做记录，对高强度螺栓连接质量按规程全面检查确认合格。

钢结构安装后按规程复测柱垂直度和柱间距、大板梁水平度和挠度等是否合格并做好验收记录，检查所有高强度螺栓连接点终紧质量。

确认除制造厂代表同意而缓装的构架之外所有钢结构已安装完毕，并经必要的加强后才允许大件吊装。

（2）锅炉受热面安装质量控制

锅炉受热面系统应整体水压试验合格。

汽包锅炉一次汽试验压力为汽包设计压力的 1.25 倍；直流锅炉水压试验压力为过热器出口设计压力的 1.25 倍，且不小于省煤器进口设计压力的 1.1 倍；再热器试验压力为再热器进口设计压力的 1.5 倍。试验水质应使用除盐水，pH 值在 10.5 以上，氯离子含量小于 0.2mg/L。

此处一般考查选择题，上述标注颜色字体内容为该知识点的出题点，直接记忆，不用深究。

8．锅炉热态调试与试运转

烘炉		目的是使锅炉砖墙能够缓慢地干燥，在使用时不致损裂
煮炉及化学清洗	煮炉的要求	最好在烘炉的后期，与烘炉同时进行。 煮炉时间一般为 2 ～ 3d
	化学清洗的范围	（1）过热蒸汽出口压力为 9.8MPa 及以上的锅炉本体应进行化学清洗。 （2）清洗的设备包括省煤器、汽包、水冷壁（汽水分离器）、省煤器至少、汽包（或汽水分离器）连接管道下降管等水系统管道及设备
	化学清洗的要求	（1）锅炉的残余垢量应小于 30g/m^2。 （2）清洗后设备表面形成良好的钝化保护膜。 （3）锅炉化学清洗后至锅炉点火应不超过 20d，超过 20d，应采取保养保护措施
蒸汽管路的冲洗与吹洗		锅炉吹管的临时管道系统应由具有设计资质的单位进行设计；在排汽口处加装消声器，锅炉吹管范围应包括减温水管系统和锅炉过热器、再热器及过热蒸汽管道吹洗。吹洗过程中，至少有一次停炉冷却（时间 12h 以上）
锅炉试运行		（1）锅炉试运行必须是在烘炉煮炉合格的前提下进行。 （2）在试运行时使锅炉升压：在锅炉启动时升压应缓慢，升压速度应控制，尽量减小壁温差以保证锅筒的安全工作

此处一般考查选择题，掌握上述标注颜色字体内容即可。

【考点 3】光伏与风力发电设备的安装技术要求（☆☆☆）

1．太阳能与风力发电设备的组成 [19 多选、21 第一批单选]

太阳能发电设备	分类	太阳能发电设备包括光伏发电、光热发电。光热发电又分为槽式光热发电、塔式光热发电两种
	组成	（1）光伏发电设备组成：光伏支架、光伏组件、汇流箱、逆变器、电气设备。光伏支架包括跟踪式支架、固定支架和手动可调支架等。 （2）光热发电设备组成：集热器设备、热交换器、汽轮发电机。 ①槽式光热发电的集热器由集热器支架（驱动塔架、支架）、集热器（驱动轴、悬臂、反射镜、集热管、集热管支架、管道支架等）及集热器附件等组成。 ②塔式光热发电的集热设备由定日镜、吸热器钢架和吸热器设备等组成
风力发电设备	分类	风力发电设备按照安装的区域可分为陆地风力发电和海上风力发电
	组成	一般由多台风机组成，每台风机构成一个独立的发电单元，风力发电设备主要包括塔筒、机舱、发电机、轮毂、叶片、电气设备

此处一般考查选择题，主要考查其组成，太阳能发电设备组成、风力发电设备组成可以互为干扰选项。

2．太阳能与风力发电设备的安装程序 [22 两天考三科多选]

（1）光伏发电设备的安装程序

施工准备→基础检查验收→设备检查→光伏支架安装→光伏组件安装→汇流箱安装→逆变器→电气设备安装→调试→验收。

（2）光热发电设备的安装程序

①槽式光热发电设备安装程序

施工准备→基础检查验收→设备检查→集热器支架安装→集热器及附件安装→换热器及管道系统安装→汽轮发电机设备安装→电气设备安装→调试→验收。

②塔式光热发电设备安装程序

施工准备→基础检查验收→设备检查→定日镜安装→吸热器钢结构安装→吸热器及系统管道安装→换热器及系统管道安装→汽轮发电机设备安装→电气设备安装→调试→验收。

③风力发电设备的安装程序

施工准备→基础环平台及变频器、电器柜→塔筒安装→机舱安装→发电机安装→叶片与轮毂组合→叶轮安装→其他部件安装→电气设备安装→调试试运行→验收。

此处一般考查选择题，要注意上述施工程序中标准字体颜色内容，往往就在这些地方命题。

3．风力发电设备安装技术要求

安装前应制定风力发电风机的专项施工方案。

（1）基础环：在基础上安装基础环，固定螺栓使用力矩扳子紧固，达到厂家资料的要求。

（2）塔筒安装：塔筒分多段供货，现场根据塔筒重量、尺寸以及安装高度选择吊车的吊装工况。按照由下至上的吊装顺序进行塔筒的安装。塔筒结合面法兰清理打磨干净，塔筒就位紧固后塔筒法兰内侧的间隙应小于 0.5mm。

（3）机舱安装：使用主吊机械吊装机舱就位。之后安装风速仪、风向仪支架、航空灯、额头及空冷风机罩。

（4）叶轮安装：先将轮毂固定在组合支架上与三个叶片进行组合，之后使用吊装机械吊装组合后的叶轮组件，吊装中叶片与吊绳间进行防护。

2H313050 静置设备及金属结构的制作与安装技术

【考点 1】静置设备的制作与安装技术要求（☆☆☆☆）

1．钢制焊接常压容器制作技术及验收要求 [22 一天考三科单选]

（1）制作技术

制作方式	可采取制造厂生产，也可采取现场制作
制作技术	（1）法兰面应垂直于接管或圆筒的主轴中心线。法兰的螺栓通孔应与壳体主轴线或铅垂线跨中布置。有特殊要求时，应在图样上注明。 （2）焊接工艺评定报告、焊接工艺规程、施焊记录及焊工的识别标记，应保存 3 年。 （3）返修次数、部位和返修情况应记入容器的质量证明书。 （4）除另有规定，容器对接焊接接头需进行局部射线或超声检测，检测长度不得少于各条焊接接头长度的 10%。局部无损检测应优先选择 T 形接头部位。 （5）容器制造完成后，应按图样要求进行盛（充）水试验、液压试验、气压试验、气密性试验或煤油渗漏试验等。 （6）试验液体一般采用水，需要时也可采用不会导致危险的其他液体。试验气体一般采用干燥、洁净的空气，需要时也可采用氮气或其他惰性气体。 （7）试验时应采用两块经检定合格的，且量程相同的压力表，压力表的量程为试验压力的 2 倍左右、试验用压力表的精度等级宜采用 1.0 级。 （8）在图样允许的情况下或经监理单位同意，可以用煤油渗漏试验代替盛水试验

（2）验收要求

①容器出厂质量证明文件应包括三部分：产品合格证；容器说明书；质量证明书。

②容器铭牌内容应包括：制造单位名称；制造单位对该容器产品的编号；制造日期；设计压力；试验压力；设计温度；容器重量。

上述内容一般考查选择题，掌握上述标注颜色字体内容即可。

2．压力容器安装技术 [21 第一批单选]

塔式容器	到货状态	到货状态分为整体到货、分段到货、分片到货
	开箱检验	塔式容器设备安装前，应按照装箱单核对检查设备或半成品、零部件的数量和外观质量，符合设计要求方可验收
	基础验收	复测基础定位轴线，基础标高等尺寸并对表面进行处理，应符合要求。基础混凝土强度不得低于设计强度的 75%，有沉降观测要求的，应设有沉降观测点。确认安装基准线，有明显标识
	整体安装程序	施工准备→吊装就位→找平找正→灌浆抹面→内件安装→检查封闭
卧式容器		（1）设备两侧水平方位线作为安装标高和水平度测量的基准。 （2）卧式设备滑动端基础预埋板的上表面应光滑平整，不得有挂渣、飞溅物。混凝土基础抹面不得高出预埋板的上表面。检验方法：用水准仪、水平尺现场测量
钢制球形储罐（简称球罐）	散装法	（1）适用于各种规格形式的球罐组装，是目前国内应用最广泛、技术成熟的方法。 （2）施工程序为：施工准备→支柱上、下段组装→赤道带安装→下温带安装→下寒带安装→上温带安装→上寒带安装→上、下极安装→调整及组装质量总体检查
	分带法	宜用于公称容积不大于 2000m^3 的球罐组装
	焊接顺序	（1）焊接程序原则：先焊纵缝，后焊环缝；先焊短缝，后焊长缝；先焊坡口深度大的一侧，后焊坡口深度小的一侧。 （2）焊条电弧焊时，焊工应对称分布、同步焊接，在同等时间内超前或滞后的长度不宜大于 500mm。焊条电弧焊的第一层焊道应采用分段退焊法。多层多道焊时，每层焊道引弧点宜依次错开 25 ～ 50mm
	焊后热处理	球形罐根据设计图样要求、盛装介质、厚度、使用材料等确定是否进行焊后整体热处理。球形罐焊后热处理应在压力试验前进行

压力容器安装技术这部分内容只要掌握上述知识点皆可，尤其是上述标注字体颜色的内容。其余内容可以略看。

3．储罐制作与安装技术

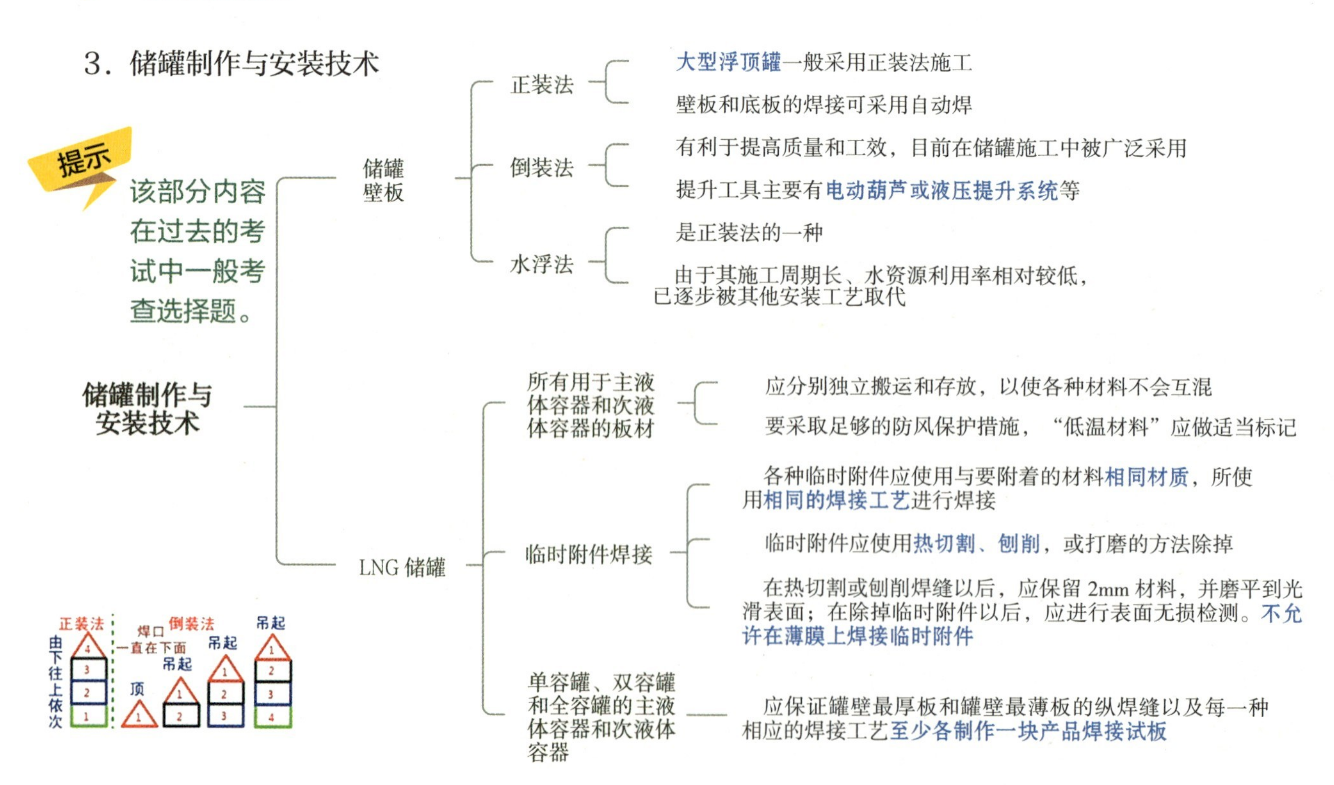

4. 气柜分类、制作与安装技术 [22 两天考三科单选]

分类	低压湿式气柜	湿式气柜是设置水槽、用水密封的气柜，包括直升式气柜（导轨为带外导架的直导轨）和螺旋式气柜（导轨为螺旋形）。可按照活动塔节分为单节气柜和多节气柜
	干式气柜（干式柜）	密封形式为非水密封，具有活塞密封结构的储气设备，其储气压力是由活塞钢构、密封装置、导轮和活塞配重等的自重产生的。目前，国内主要有多边稀油密封气柜、圆筒形稀油密封气柜和橡胶膜密封气柜几类
制作与安装技术	材料	材料应具有产品质量证明书原件或复印件，复印件上应有经销商质量检验专用印章；材料的标志应清晰
	样板或样杆	预制、组装和检验过程中所使用的样板或样杆板上标出正反面及所代表构件的名称、部位和规格。经施工单位质量管理部门鉴定合格后，应按计量器具管理要求进行管理

上述内容一般考查选择题，掌握上述标注颜色字体内容即可。

5. 压力容器产品焊接试件要求 [13 单选、14 多选]

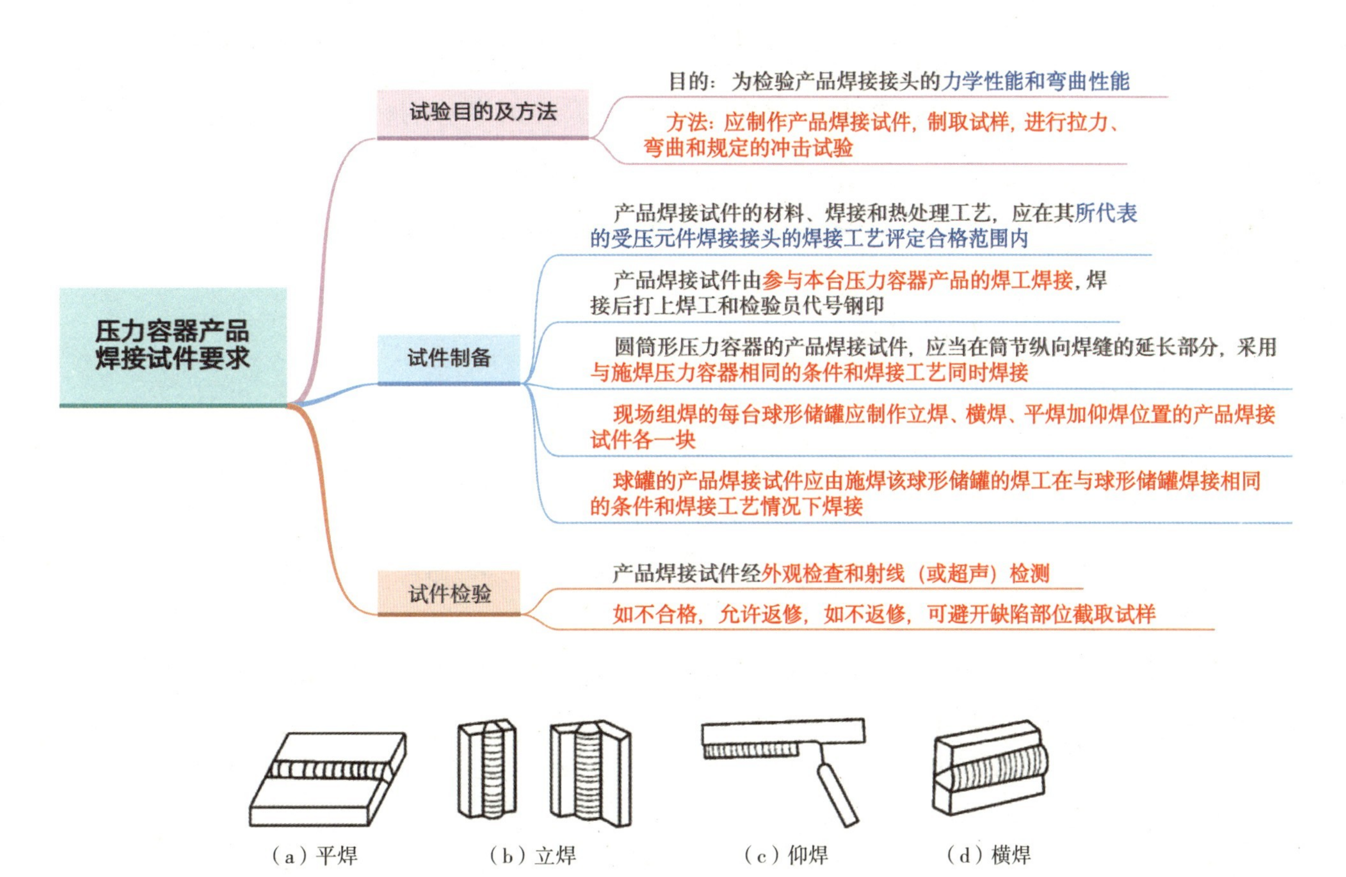

上述内容为传统热门考点，一般考查选择题，建议直接记忆，无需深究。

6．大型储罐底板三层搭接焊缝检测

（1）底板三层钢板重叠部分的搭接接头焊缝、罐底板对接焊缝与壁板的“T”形焊缝的根部焊道焊完后，在沿三个方向各 200mm 范围内，应进行渗透检测。

（2）全部焊完后，应进行渗透检测或磁粉检测。

7．储罐的充水试验 [16 案例、18 单选、20 多选、21 单选]

基本要求	（1）储罐建造完毕，应进行充水试验。并应检查：罐底严密性，罐壁强度及严密性，固定顶的强度、稳定性及严密性，浮顶及内浮顶的升降试验及严密性，浮顶排水管的严密性等。 （2）进行基础的沉降观测
充水试验前应具备条件	所有附件及其他与罐体焊接的构件，应全部完工，并检验合格；所有与严密性试验有关的焊缝，均不得涂刷油漆
试验介质及充水	（1）一般情况下，充水试验采用洁净水；特殊情况下，如采用其他液体充水试验，必须经有关部门批准。 （2）对不锈钢罐，试验用水中氯离子含量不得超过 25mg/L。试验水温均不低于 5℃。 （3）充水试验中应进行基础沉降观测。如基础发生设计不允许的沉降，应停止充水，待处理后，方可继续进行试验。充水和放水过程中，应打开透光孔，且不得使基础浸水

上述内容为高频考点，可以考查选择题，也可以考查案例题，理解的基础上记忆。

8．几何尺寸检验要求 [18 案例]

（1）球罐

①球罐焊后几何尺寸检查内容包括：壳板焊后的棱角检查，两极间内直径及赤道截面的最大内直径检查，支柱垂直度检查。

②零部件安装后的检查，包括人孔、接管的位置、外伸长度、法兰面与管中心轴线垂直度检查。

（2）储罐

①储罐罐体几何尺寸检查内容包括：罐壁高度偏差，罐壁垂直度偏差，罐壁焊缝棱角度和罐壁的局部凹凸变形，底圈壁板内表面半径偏差。

②罐底、罐顶焊接后检查内容包括：罐底焊后局部凹凸变形，浮顶局部凹凸变形，固定顶的成型及局部凹凸变形。

上述内容可以考查选择题，也可以考查案例题，理解的基础上记忆。

【考点 2】钢结构的制作与安装技术要求（☆☆☆）

1．钢结构制作

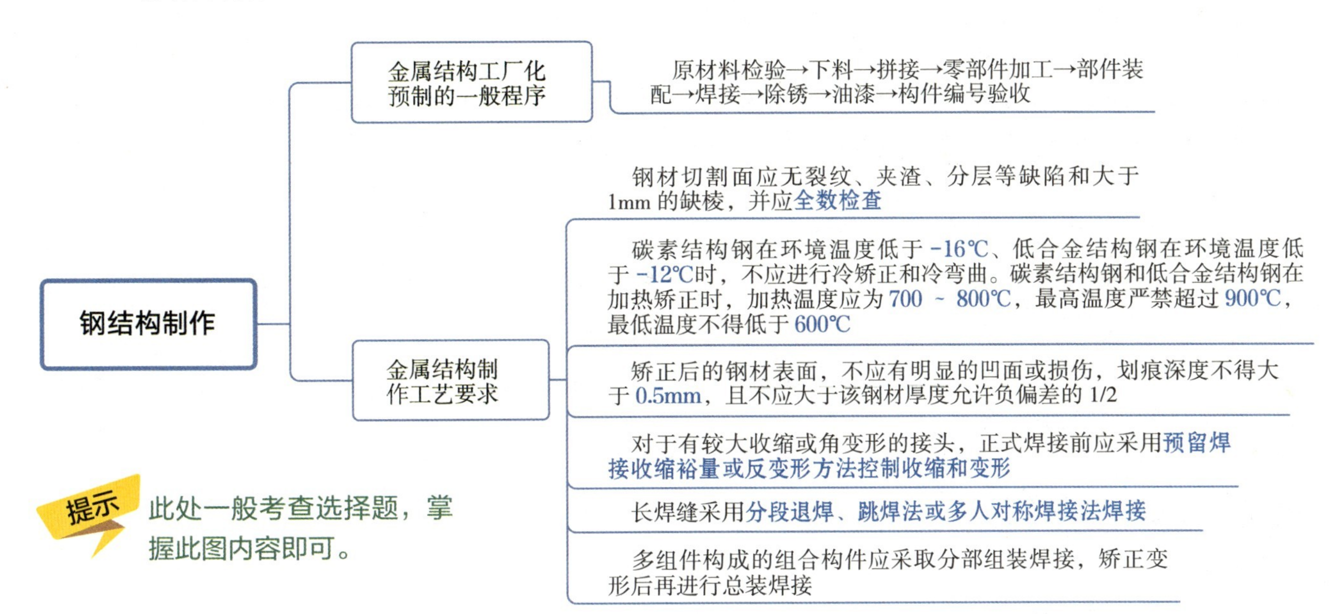

2．金属结构安装一般程序［19 多选、21 第二批单选］

钢结构安装一般的主要环节	（1）基础验收与处理； （2）钢构件复查； （3）钢结构安装； （4）涂装（防腐涂装和/或防火涂装）
工业钢结构安装程序	构件检查→基础复查→钢柱安装→支撑安装→梁安装→平台板（层板、屋面板）安装→围护结构安装 口诀助记：够付出质量评委

上述内容一般考查选择题，直接记忆。

3．钢结构紧固连接要求

一般规定	当高强度螺栓连接节点按承压型连接或张拉型连接进行强度设计时，可不进行摩擦面抗滑移系数的试验。高强度大六角头螺栓连接副扭矩系数抽样复验、扭剪型高强度螺栓连接副紧固轴力（预拉力）抽样复检，按规定进行
高强度螺栓连接的要求	高强度螺栓连接处的摩擦面可根据设计抗滑移系数的要求选择处理工艺，抗滑移系数应符合设计要求。采用手工砂轮打磨时，打磨方向应与受力方向垂直，且打磨范围不应小于螺栓孔径的4倍

4．钢构件组装和钢结构安装要求 [21 第一批案例]

（1）焊接 H 型钢的翼缘板拼接缝和腹板拼接缝的间距，不宜小于 200mm；翼缘板拼接长度不应小于 600mm；腹板拼接宽度不应小于 300mm，长度不应小于 600mm。

此处在 21 第一批真题试卷中考查了识图改错题（题目为：请指出 H 型钢拼接有哪些做法不符合安装要求？正确做法是什么？），要对上述数字理解并记忆。

（2）吊车梁和吊车桁架安装就位后不应下挠。

（3）多节柱安装时，每节柱的定位轴线应从地面控制轴线直接引上，不得从下层柱的轴线引上，避免造成过大的积累误差。

（4）钢网架结构总拼完成后及屋面工程完成后应分别测量其挠度值，且所测的挠度值不应超过相应设计值的 1.15 倍。

其余内容在历年考试中均考查的是单选题，重点记忆上述（2）（3）（4）中标注的红色字体内容即可。

2H313060 自动化仪表工程安装技术

【考点 1】自动化仪表工程安装程序和要求（☆☆☆）

1．自动化仪表安装的施工准备

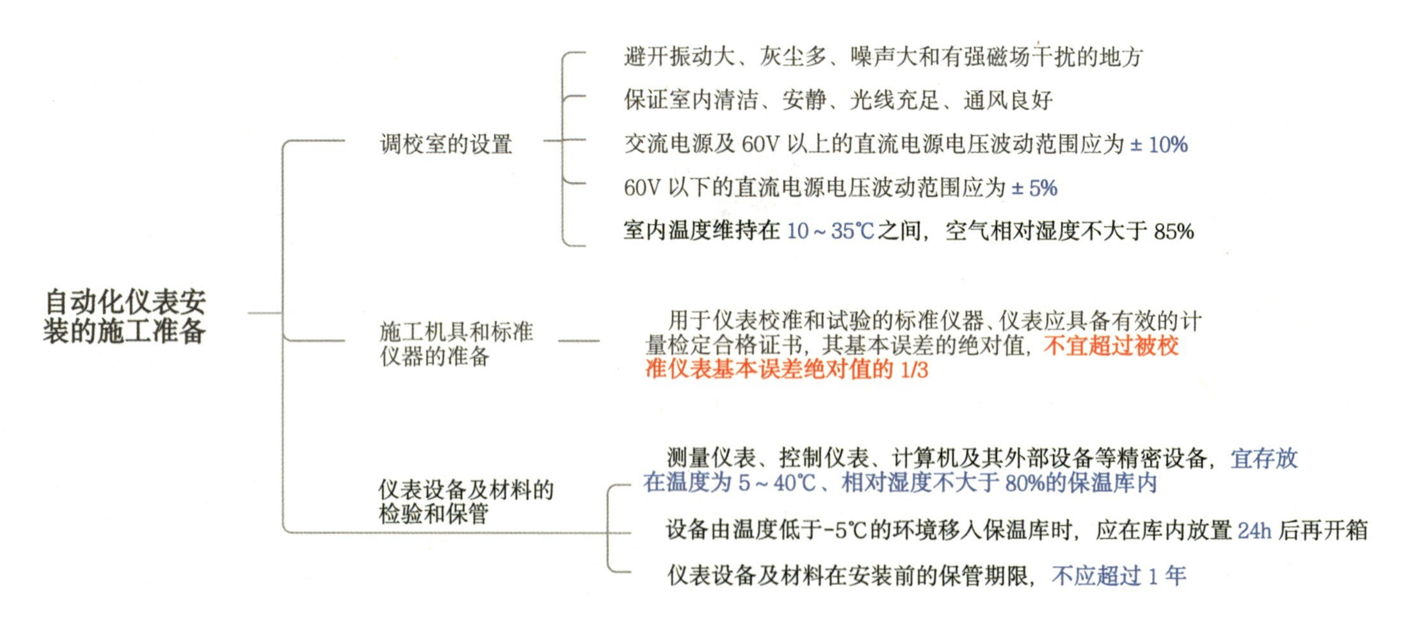

此处一般考查选择题，掌握此图内容即可。

2．自动化仪表安装主要施工程序［16 单选、20 单选］

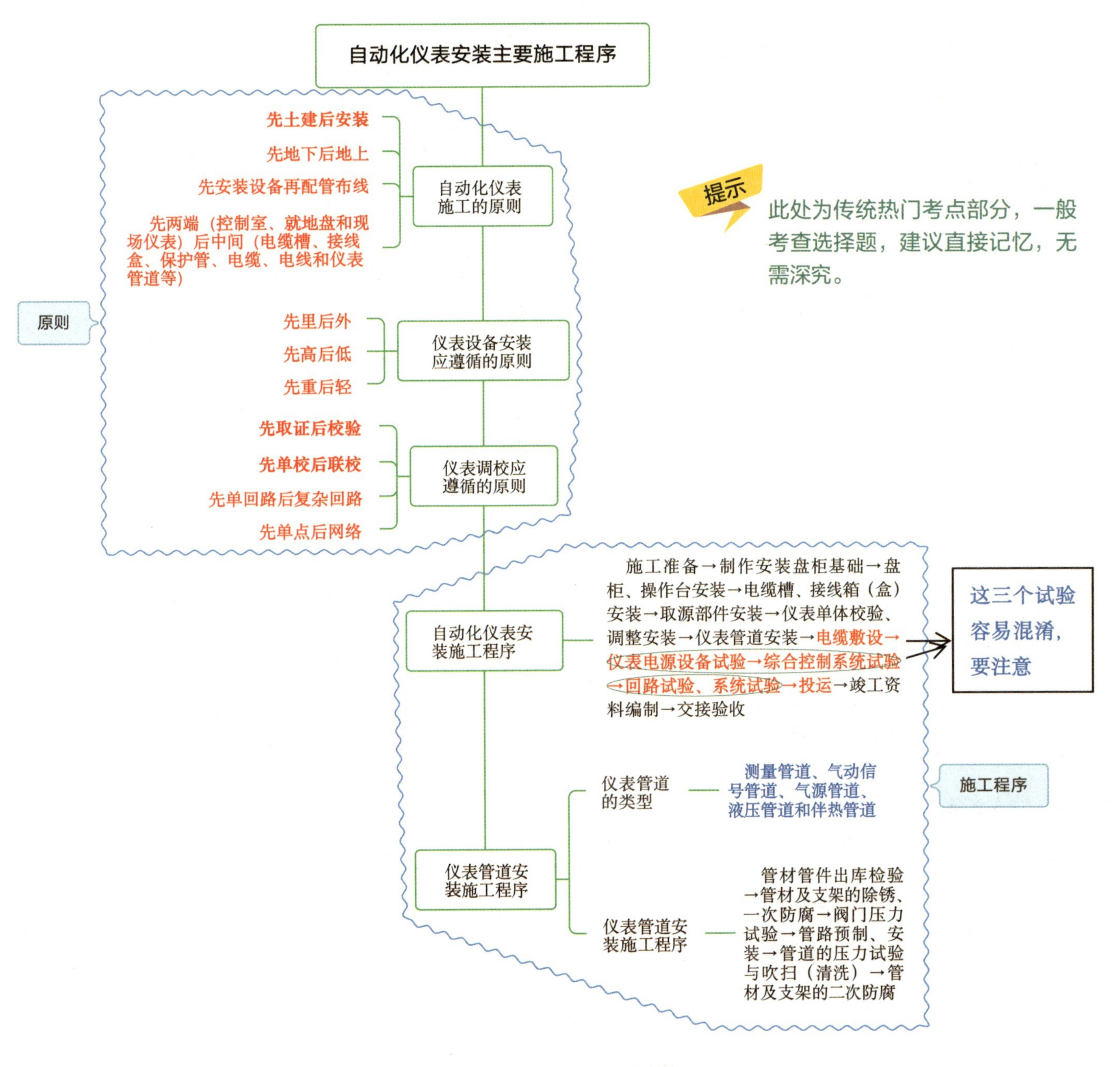

3．自动化仪表安装施工内容［18 单选］

中央控制室安装	主要工作内容：盘、柜、操作台型钢基础制作安装；盘、柜、操作台安装；控制室接地系统、控制仪表安装；综合控制系统设备安装；仪表电源设备安装与试验；内部卡件测试；综合控制系统试验；回路试验和系统试验（包括检测回路试验、控制回路试验、报警系统、程序控制系统和联锁系统的试验）
交接验收	（1）仪表工程的回路试验和系统试验进行完毕，即可开通系统投入运行。 （2）仪表工程连续 48h 开通投入运行正常后，即具备交接验收条件

【考点 2】自动化仪表设备的安装技术要求（☆☆☆☆☆）

1．自动化仪表设备的安装要求 [14 单选、21 第一批单选、21 第二批单选]

仪表设备安装的一般规定	（1）设计文件规定需要脱脂的仪表，应经脱脂检查合格后安装。 （2）直接安装在管道上的仪表，宜在管道吹扫后安装，当必须与管道同时安装时，在管道吹扫前应将仪表拆下。 （3）直接安装在设备或管道上的仪表在安装完毕应进行压力试验。 （4）仪表接线箱（盒）应采取密封措施，引入口不宜朝上
温度检测仪表安装	（1）测温元件安装在易受被测物料强烈冲击的位置，应按设计文件规定采取防弯曲措施。 （2）压力式温度计的温包必须全部浸入被测对象中。 （3）在多粉尘的部位安装测温元件，应采取防止磨损的措施。 （4）表面温度计的感温面与被测对象表面应紧密接触，并应固定牢固。 （5）温度检测仪表的测温元件应安装在能准确反映被测对象温度的部位
压力检测仪表安装	（1）测量低压的压力表或变送器的安装高度，宜与取压点的高度一致。 （2）测量高压的压力表安装在操作岗位附近时，宜距操作面 1.8m 以上，或在仪表正面加保护罩。 （3）现场安装的压力表，不应固定在有强烈振动的设备或管道上
流量检测仪表安装	（1）节流件必须在管道吹洗后安装。节流件安装方向，必须使流体从节流件的上游端面流向节流件的下游端面，孔板的锐边或喷嘴的曲面侧迎着被测流体的流向。 （2）质量流量计应安装于被测流体完全充满的水平管道上。测量气体时，箱体管应置于管道上方，测量液体时，箱体管应置于管道下方，在垂直管道中的流体流向应自下而上。 （3）电磁流量计安装，应符合以下规定：流量计外壳、被测流体和管道连接法兰之间应等电位接地连接；在垂直的管道上安装时，被测流体的流向应自下而上，在水平的管道上安装时，两个测量电极不应在管道的正上方和正下方位置；流量计上游直管段长度和安装支撑方式应符合设计文件规定
物位检测仪表安装	（1）浮筒液位计的安装应使浮筒呈垂直状态，处于浮筒中心正常操作液位或分界液位的高度。 （2）用差压计或差压变送器测量液位时，仪表安装高度不应高于下部取压口。 （3）超声波物位计的安装应符合下列要求：不应安装在进料口的上方；传感器宜垂直于物料表面；在信号波束角内不应有遮挡物；物料的最高物位不应进入仪表的盲区
成分分析和物性检测仪表安装	（1）被分析样品的排放管应直接与排放总管连接，总管应引至室外安全场所，其集液处应有排液装置。 （2）可燃气体检测器和有毒气体检测器的安装位置应根据所检测气体的密度确定，其密度大于空气时，检测器应安装在距地面 200 ~ 300mm 处，其密度小于空气时，检测器应安装在泄漏区域的上方

压力式温度计

压力表

电磁流量计

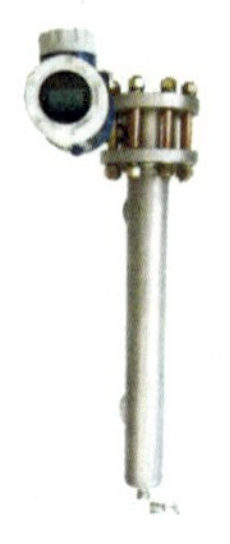

浮筒液位计

该部分内容可考点较多，一般考查选择题，直接记忆即可。

2. 自动化仪表取源部件的安装要求 [13 单选、15 单选、17 单选、18 案例、19 单选、21 第二批案例、22 两天考三科单选]

项目		要求
取源部件安装的一般规定		(1)取源部件的安装，应在工艺设备制造或工艺管道预制、安装的同时进行。 (2)安装取源部件的开孔与焊接必须在工艺管道或设备的防腐、衬里、吹扫和压力试验前进行。 (3)在高压、合金钢、有色金属的工艺管道和设备上开孔时，应采用机械加工的方法。 (4)在砌体和混凝土浇筑体上安装的取源部件应在砌筑或浇筑的同时埋入，当无法做到时，应预留安装孔。 (5)安装取源部件时，不应在焊缝及其边缘上开孔及焊接。 (6)当设备及管道有绝热层时，安装的取源部件应露出绝热层外。 (7)取源部件安装完毕后，应与设备和管道同时进行压力试验
温度取源部件的安装要求	安装位置	(1)要选在介质温度变化灵敏和具有代表性的地方。 (2)不宜选在阀门等阻力部件的附近和介质流束呈现死角处以及振动较大的地方
	与管道安装要求	(1)温度取源部件与管道垂直安装时，取源部件轴线应与管道轴线垂直相交。 (2)在管道的拐弯处安装时，宜逆着物料流向，取源部件轴线应与管道轴线相重合。 (3)与管道呈倾斜角度安装时，宜逆着物料流向，取源部件轴线应与管道轴线相交 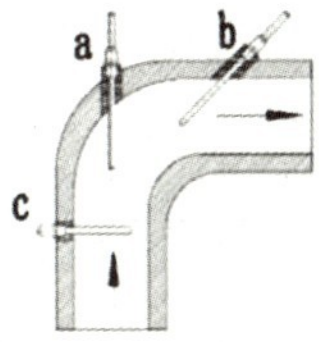 温度取源部件安装
压力取源部件与管道安装要求	在水平和倾斜的管道上的安装要求	(1)当测量气体压力时，取压点的方位在管道的上半部。 (2)测量液体压力时，取压点的方位在管道的下半部与管道的水平中心线成 0° ～ 45° 夹角的范围内。 (3)测量蒸汽压力时，取压点的方位在管道的上半部，或者下半部与管道水平中心线成 0° ～ 45° 夹角的范围内 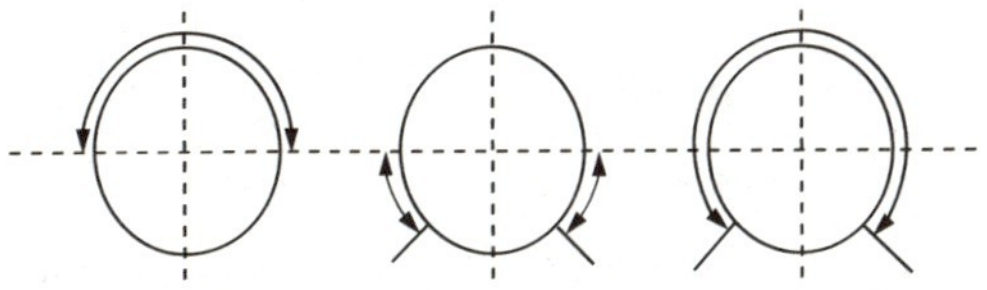 测气体压力　测液体压力　测蒸汽压力 压力取源部件取压点位置示意图
	压力取源部件与温度取源部件在同一管段上时的要求	压力取源部件应安装在温度取源部件的上游侧 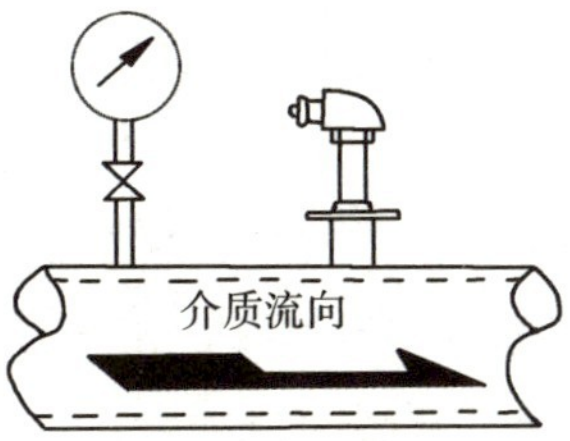 介质流向 压力取源部件安装

续表

流量取源部件与管道的安装要求	（1）在上、下游直管段的最小长度范围内，不得设置其他取源部件或检测元件。 （2）采用均压环取压时，取压孔应在同一截面上均匀设置，且上、下游取压孔的数量应相等。 （3）流量取源部件上、下游直管段的最小长度，应符合设计文件的规定。 （4）直管段内表面应清洁，无凹坑和凸出物。 （5）节流装置在水平和倾斜的管道上时，取压口的方位应符合下列要求： ①当测量气体流量时，取压口应在管道的上半部。 ②测量液体流量时，取压口在管道的下半部与管道水平中心线成0° ~ 45° 角的范围内。 ③测量蒸汽时，取压口在管道的上半部与管道水平中心线成0° ~ 45° 角的范围内 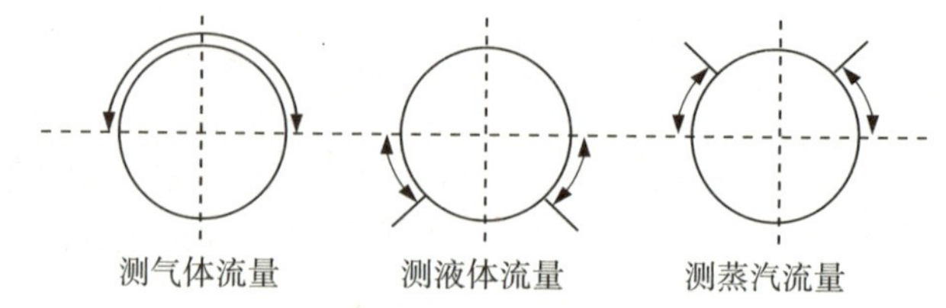 流量取源部件安装取压点示意图

该部分内容可考点较多，一般考查选择题，偶尔考查案例题（如简答类型、分析判断类型的案例小问），直接记忆即可。

3．仪表试验 [22 一天考三科单选]

（1）仪表在安装和使用前应进行检查、校准和试验。仪表安装前的校准和试验应在室内进行。

（2）仪表工程在系统投用前应进行回路试验。仪表回路试验的电源和气源宜由正式电源和气源供给。

（3）设计文件规定禁油和脱脂的仪表在校准和试验时，必须按其规定进行。

（4）用于仪表校准和试验的标准仪器仪表，应具备有效的计量检定合格证明，其基本误差的绝对值不宜超过被校准仪表基本误差绝对值的 1/3。在选择试验用的标准仪器仪表时，至少应保证其准确度比被校准仪表高一个等级。

（5）温度检测仪表的校准试验点不应少于 2 点。

（6）压力、差压变送器除了应进行输入输出特性试验和校准，其准确度应符合设计文件的规定，输入输出信号范围和类型应与铭牌标识、设计文件规定一致，并应与显示仪表配套。还应按设计文件和使用要求进行零点、量程调整和零点迁移量调整。

（7）浮筒式液位计可采用干校法或湿校法校准。

（8）电源设备的带电部分与金属外壳之间的绝缘电阻，当采用 500V 兆欧表测量时，不应小于 5MΩ。

（9）综合控制系统在回路试验和系统试验前应在控制室内对系统本身进行试验。试验项目应包括组成系统的各操作站、工程师站、控制器、个人计算机和管理计算机、总线和通信网络等设备的硬件和软件的有关功能试验。综合控制系统的试验应按批准的试验方案进行。

（10）检测回路的试验应符合下列要求：在检测回路的信号输入端输入模拟被测变量的标准信号，回路的显示仪表部分的示值误差，不应超过回路内各单台仪表允许基本误差平方和的平方根值。

（11）综合控制系统可先在控制室内与现场线路相连的输入输出端为界进行回路试验，再与现场仪表连接进行整个回路的试验。

2H313070 防腐蚀与绝热工程施工技术

【考点 1】防腐蚀工程施工技术要求（☆☆☆）

1. 防腐蚀方法

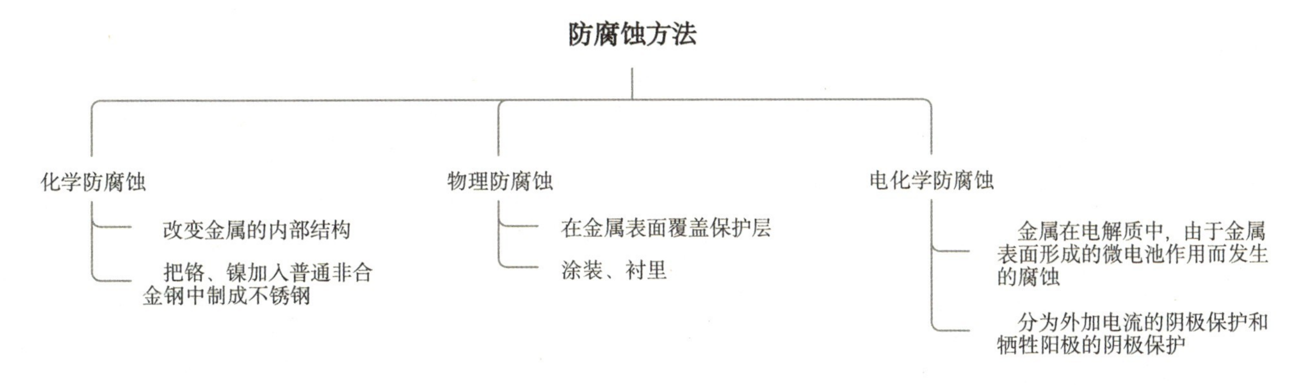

2. 防腐蚀施工技术 [21 第二批单选、22 两天考三科单选]

该部分内容可考点较多，一般考查选择题，直接记忆即可。

表面处理	表面处理的方法	（1）在涂装前，表面处理的方法有机械处理、化学处理、电化学处理、脱脂、电化学脱脂、除锈、修正、酸洗、火焰清理、喷射处理等。常用方法有工具清理、机械处理、喷射或抛射处理。 （2）机械处理包括：喷射、抛丸等。 （3）化学处理包括：脱脂、化学脱脂、浸泡脱脂、喷淋脱脂、超声波脱脂、转化处理。 （4）工具清理包括：手工、动力。手动工具包括钢丝刷、粗砂纸、铲刀、刮刀或类似手工工具。动力工具包括旋转钢丝刷、电动砂轮或除锈机等。 （5）喷射处理包括：干喷射、湿喷射、喷砂、喷丸、喷粒。 （6）转化处理包括：磷化、铬酸盐钝化、钝化
	施工技术要点	（1）钢材表面的锈蚀程度分别以 A、B、C 和 D 四个锈蚀等级表示，文字描述如下：A 级：大面积覆盖着氧化皮而几乎没有铁锈的钢材表面；B 级：已发生锈蚀，并且氧化皮已开始剥落的钢材表面；C 级：氧化皮已因锈蚀而剥落，或者可以刮除，并且在正常视力观察下可见轻微点蚀的钢材表面；D 级：氧化皮已因锈蚀而剥落，并且在正常视力观察下可见普遍发生点蚀的钢材表面。 （2）工具处理等级分为 St2 级、St3 级两级；喷射处理质量等级分为 Sa1 级、Sa2 级、Sa2.5 级、Sa3 级四级
涂装	涂装方法（了解即可）	（1）涂装方法有：手工刷漆、喷涂、电泳涂装、自泳涂装、浸涂、淋涂、搓涂、帘涂、辊涂等。其中手工刷漆、辊涂、喷涂是现场常用的涂装方法。 （2）喷涂方法分为：空气喷涂、高压无气喷涂、加热喷涂、静电喷涂、粉末静电喷涂、火焰喷涂、自动喷涂
	涂装技术要求	（1）涂料进场时，除供料方提供的产品质量证明文件外，尚应提供涂装的基体表面处理和施工工艺等要求。产品质量证明文件应包括：产品质量合格证；质量技术指标及检测方法；材料检测报告或技术鉴定文件。 （2）施工环境温度宜为 5 ~ 30℃，相对湿度不大于 85%，或涂覆的基体表面温度比露点温度高 3℃

续表

防腐工程施工安全技术	涂装作业防护措施	（1）工艺过程的有害、危险因素、有毒有害物质名称、数量和最高允许浓度。 （2）防护措施。 （3）故障情况下的应急措施。 （4）安全技术操作要求。 （5）不得选用禁止或限制使用的涂装工艺论证资料
	配置消防灭火器具	涂装作业场所应按规定配置相应的消防灭火器具，设置安全标志，由专人负责管理
	有限空间作业安全措施	（1）办理作业批准手续；划出禁火区；设置警戒线和安全警示标志。 （2）分离或隔绝非作业系统，清除内部和周围易燃物。 （3）设置机械通风
	火灾事故的危险源辨识	危险因素如下： （1）可燃物质：来源有有机溶剂、废料、漆垢、漆尘。 （2）着火源：来源有明火（火焰、火星、灼热）、摩擦冲击、电器火花、静电放电、雷电、化学能、日光聚集。 （3）其他：来源有增加燃烧可能性

【考点2】绝热工程施工技术要求（☆☆☆）

1．绝热层施工技术要求［21第一批单选、22一天考三科单选］

接缝	（1）绝热层施工时，同层应错缝，上下层应压缝，其搭接的长度不宜小于100mm。 （2）水平管道的纵向接缝位置，不得布置在管道垂直中心线45°范围内。 （3）绝热层各层表面均应做严缝处理。干拼缝应采用性能相近的矿物棉填塞严密。 （4）伸缩缝及膨胀间隙的留设要求： ①设备或管道采用硬质绝热制品时，应留设伸缩缝。 ②两固定管架间水平管道绝热层的伸缩缝，至少应留设一道。 ③立式设备及垂直管道，应在支承件、法兰下面留设伸缩缝。 ④弯头两端的直管段上，可各留一道伸缩缝；当两弯头之间的间距较小时，其直管段上的伸缩缝可根据介质温度确定仅留一道或不留设。 ⑤球形容器的伸缩缝，必须按设计规定留设。当设计对伸缩缝的做法无规定时，浇注或喷涂的绝热层可用嵌条留设。 ⑥伸缩缝留设的宽度，设备宜为25mm，管道宜为20mm。 ⑦保温层的伸缩缝，应采用矿物纤维毡条、绳等填塞严密，并应捆扎固定。高温设备及管道保温层的伸缩缝外，应再进行保温。 ⑧保冷层的伸缩缝，应采用软质绝热制品填塞严密或挤入发泡型粘结剂，外面应用50mm宽的不干性胶带粘贴密封。 ⑨保冷层的伸缩缝外应再进行保冷；多层绝热层伸缩缝的留设：中、低温保温层的各层伸缩缝，可不错开；保冷层及高温保温层的各层伸缩缝，必须错开，错开距离应大于100mm

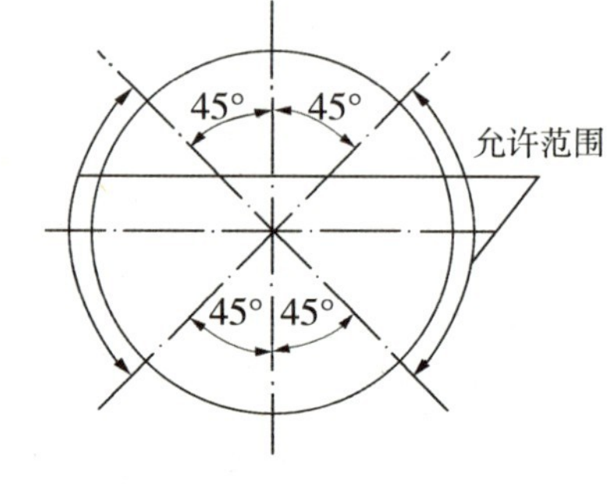

纵向接缝位置

续表

捆扎法施工	（1）捆扎间距：对硬质绝热制品不应大于 400mm；对半硬质绝热制品不应大于 300mm；对软质绝热制品宜为 200mm。 （2）每块绝热制品上的捆扎件不得少于两道。不得采用螺旋式缠绕捆扎。 （3）立式设备或垂直管道的绝热层采用硬质、半硬质绝热制品施工时，应从支承件开始，自下而上拼装，保温应采用镀锌铁丝或包装钢带进行环向捆扎，保冷应采用不锈钢丝或不锈钢带进行环向捆扎

该部分内容可考点较多，一般考查选择题，直接记忆即可。

2．防潮层施工技术要求

（1）室外施工不宜在雨雪天或阳光暴晒中进行。防潮层外不得设置钢丝、钢带等硬质捆扎件。

（2）玻璃纤维布复合胶泥涂抹结构：立式设备和垂直管道的环向接缝，应为上下搭接。卧式设备和水平管道的纵向接缝位置，应在两侧搭接，并应缝口朝下。粘贴的方式，可采用螺旋形缠绕法或平铺法。

3．保护层施工技术要求 [18 单选、19 单选]

金属保护层施工	一般要求	（1）金属保护层的接缝可选用搭接、咬接、插接及嵌接的形式。金属保护层纵向接缝可采用搭接或咬接；环向接缝可采用插接或搭接。室内的外保护层结构，宜采用搭接形式。 （2）垂直管道或设备金属保护层的敷设，应由下而上进行施工，接缝应上搭下
	设备绝热保护层	（1）立式设备、垂直管道或斜度大于 45° 的斜立管道上的金属保护层，应分段将其固定在支承件上。 （2）静置设备和转动机械的绝热层，其金属保护层应自下而上进行敷设。环向接缝宜采用搭接或插接，纵向接缝可咬接或搭接，搭接或插接尺寸应为 30 ~ 50mm
	管道绝热保护层	（1）管道金属保护层的纵向接缝，当为保冷结构时，应采用金属抱箍固定，间距宜为 250 ~ 300mm；当为保温结构时，可采用自攻螺钉或抽芯铆钉固定，间距宜为 150 ~ 200mm，间距应均匀一致。 （2）管道三通部位金属保护层的安装，支管与主管相交部位宜翻边固定，顺水搭接。垂直管与水平直通管在水平管下部相交，应先包垂直管，后包水平管；垂直管与水平直通管在水平管上部相交，应先包水平管，后包垂直管 管道三通外保护层结构
非金属保护层施工技术要求		（1）当在管道、弯头和特殊部位用真空铝复合防护材料和铝箔玻璃钢薄板等复合材料进行保护层施工时，下料应准确，缝隙处宜采用密封胶带固定。 （2）当采用玻璃钢、铝箔复合材料及其他复合保护层分段包缠时，其接缝可采用专用胶带粘贴密封

该部分内容可考点较多，一般考查选择题，直接记忆即可。

4. 绝热工程施工安全技术

个人防护要求	绝热工程的施工人员应按规定佩戴安全帽、安全带、工作服、工作鞋、防护镜等防护用品。 对接触有毒及腐蚀性材料的操作人员，必须佩戴防护工作服、防护（防毒）面具、防护鞋、防护手套等
特殊作业施工要求	（1）绝热施工中经常接触到具有毒性的物品、材料，施工时应戴口罩、防护面具或防毒面具及防护鞋、防护手套等。 （2）绝热工程在施工中使用的粘结剂、密封剂、耐磨剂、溶剂或洗净剂等具有易燃特点，施工中无论在储存、搬运或使用时，均应远离火源

2H313080 炉窑砌筑工程施工技术

【考点 1】炉窑砌筑工程的施工程序和要求（☆☆☆）

1. 耐火材料按化学特性分类 [14 单选]

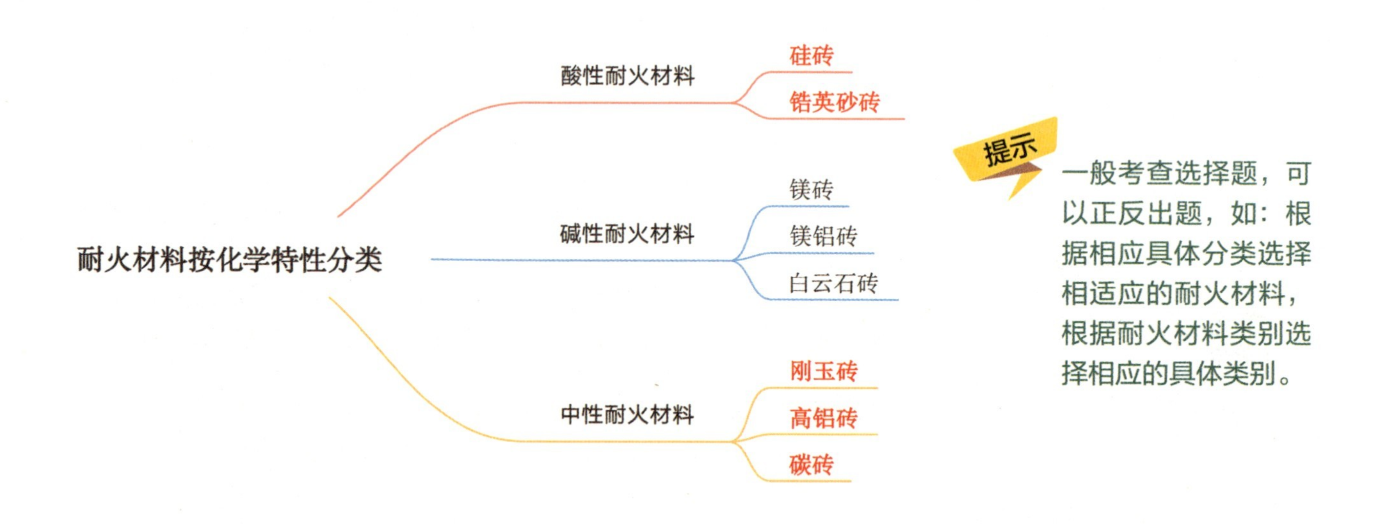

2. 耐火陶瓷纤维及制品、膨胀缝填充材料

（1）耐火陶瓷纤维及制品

①耐火纤维又称陶瓷纤维

性能包括：耐高温；隔热保温性能好，隔热效率高；化学稳定性好；抗热震性强；抗热冲击、耐急热急冷性好；绝缘性及隔声性能比较好。

②耐火纤维制品

耐火纤维毡	具有适宜的柔软性和刚度，施工性能好
耐火纤维毯	根据工艺和形状不同可分为：针刺毯、折叠毯、毯卷等。其针刺毯具有强度高、抗风蚀性强、热收缩小等优点
预制块	可用粘结剂将纤维毡粘在金属网上，利用螺栓将金属网固定在炉墙或钢结构上，施工比较方便
耐火纤维纺织品	具有耐高温、耐腐蚀、绝缘好、无毒性等优点，节能效果好，不污染环境，广泛应用于保温、隔热、密封等方面

（2）膨胀缝填充材料

伸缩性能好，如耐火陶瓷纤维、PVC 板、发泡苯乙烯等。

3．炉窑砌筑前工序交接

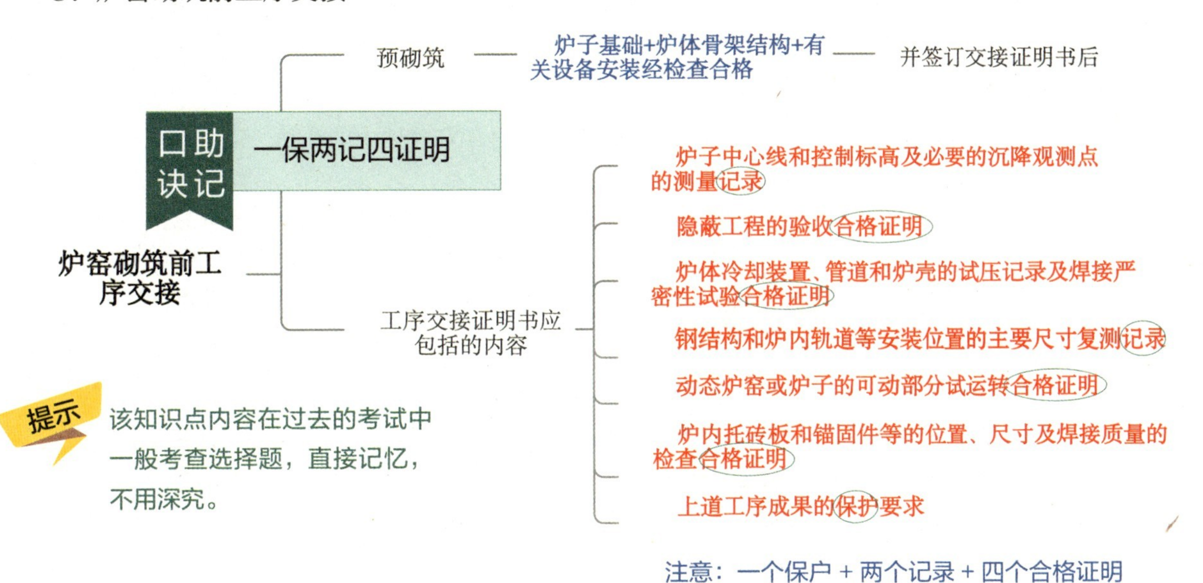

提示 该知识点内容在过去的考试中一般考查选择题，直接记忆，不用深究。

注意：一个保户 + 两个记录 + 四个合格证明

4．耐火砖砌筑的施工程序［16 单选］

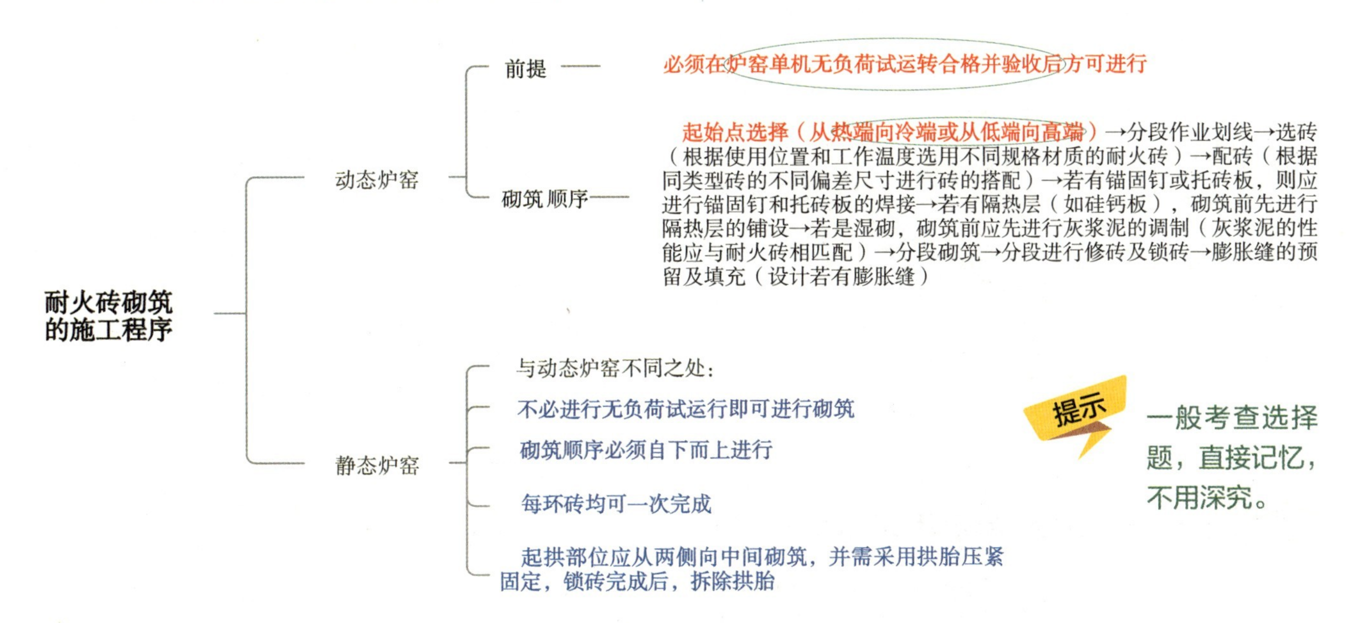

【考点 2】耐火材料的施工技术要求（☆☆☆）

1．耐火砖砌筑施工技术要求 [15 单选]

<table>
<tr><td>底和墙砌筑</td><td>（1）砌筑炉底前，应预先找平基础。必要时，应在最下一层用砖加工找平。砌筑反拱底前，应用样板找准砌筑弧形拱的基面；斜坡炉底应放线砌筑。
（2）反拱底应从中心向两侧对称砌筑。
（3）圆形炉墙应按中心线砌筑。当炉壳的中心线垂直误差和半径误差符合炉内形要求时，可以炉壳为导面进行砌筑。
（4）弧形墙应按样板放线砌筑。砌筑时，应经常用样板检查。
（5）圆形炉墙不得有三层重缝或三环通缝，上下两层重缝与相邻两环的通缝不得在同一地点。
（6）砌砖时应用木槌或橡胶锤找正，不应使用铁锤。砌砖中断或返工拆砖时，应做成阶梯形的斜槎。
（7）留设膨胀缝的位置，应避开受力部位、炉体骨架和砌体中的孔洞，砌体内外层的膨胀缝不应互相贯通，上下层应相互错开</td></tr>
<tr><td>拱和拱顶砌筑</td><td>（1）拱脚表面应平整，角度应正确；不得用加厚砖缝的方法找平拱脚；拱脚砖应紧靠拱脚梁砌筑。
（2）当拱脚砖后面有砌体时，应在该砌体砌完后，才可砌筑拱或拱顶。不得在拱脚砖后面砌筑隔热耐火砖或硅藻土砖。
（3）拱和拱顶必须从两侧拱脚同时向中心对称砌筑。
（4）锁砖应按拱和拱顶的中心线对称均匀分布。锁砖砌入拱和拱顶内的深度宜为砖长的 2/3 ～ 3/4，拱和拱顶内锁砖砌入深度应一致。打锁砖时，两侧对称的锁砖应同时均匀地打入。锁砖应使用木槌，使用铁锤时，应垫以木块。不得使用砍掉厚度 1/3 以上的或砍凿长侧面使大面成楔形的锁砖，且不得在砌体上砍凿砖。
（5）吊挂砖应预砌筑。吊挂平顶的吊挂砖，应从中间向两侧砌筑
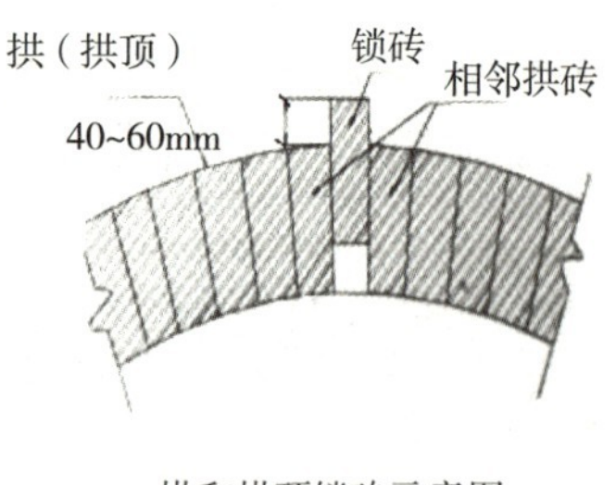

拱和拱顶锁砖示意图
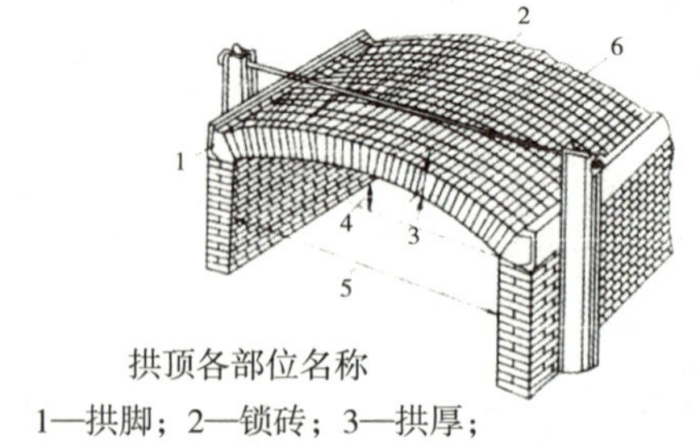

拱顶各部位名称
1—拱脚；2—锁砖；3—拱厚；
4—拱高；5—跨度；6—拱顶</td></tr>
</table>

一般考查选择题，直接记忆，无需深究。

2．耐火砖砌筑施工技术要求

施工前的技术要求	不得随意改变浇注料的配比或随意在搅拌好的浇注料中加水或其他物料
施工中的技术要求	（1）搅拌耐火浇注料的用水应采用洁净水。 （2）浇注用的模板应有足够的刚度和强度，支模尺寸应准确，防止在施工过程中变形。模板接缝应严密，不漏浆。模板应采取防粘措施；与浇注料接触的隔热砌体的表面，应采取防水措施。 （3）浇注料应采用强制式搅拌机搅拌。搅拌时间及液体加入量应按施工说明的规定。 （4）搅拌好的耐火浇注料，应在 30min 内浇注完成。 （5）耐火浇注料的浇注，应连续进行

3．耐火喷涂料施工技术要求 [18 单选]

（1）喷涂料应采用半干法喷涂，喷涂料加入喷涂机之前，应适当加水润湿，并搅拌均匀。

（2）喷涂方向应垂直于受喷面，喷嘴与喷涂面的距离宜为 1 ~ 1.5m，喷嘴应不断地进行螺旋式移动，使粗细颗粒分布均匀。

（3）喷涂应分段连续进行，一次喷到设计厚度，内衬较厚需分层喷涂时，应在前层喷涂料凝结前喷完次层。

（4）施工中断时，宜将接槎处做成直槎，继续喷涂前应用水润湿。

（5）喷涂完毕后，应及时开设膨胀缝线。

4．耐火陶瓷纤维施工技术要求 [17 单选]

（1）制品的技术指标和结构形式符合设计要求。

（2）制品不得受潮和挤压。

（3）切割制品时，其切口应整齐。

（4）粘结剂使用时应搅拌均匀。

（5）粘贴面应清洁、干燥、平整，粘贴面应均匀涂刷粘结剂。

（6）制品表面涂刷耐火涂料时，涂料应均匀、满布，多层涂刷时，前后层应交错。

（7）在耐火陶瓷纤维内衬上施工不定形耐火材料时，其表面应做防水处理。

5．烘炉的技术要求

烘炉阶段的主要工作	制订工业炉的烘炉计划；准备烘炉用的工机具和材料；确认烘炉曲线；编制烘炉期间作业计划及应急处理预案；确定和实施烘炉过程中监控重点
烘炉的主要技术要点	（1）烘炉应在其生产流程有关的机电设备联合试运转及调整合格后进行。 （2）工业炉在投入生产前必须烘干烘透。烘炉前应先烘烟囱及烟道。 （3）烘炉必须按烘炉曲线进行。烘炉过程中，应测定和测绘实际烘炉曲线。烘炉时应做详细记录

2H314000 建筑机电工程施工技术

2H314010 建筑管道工程施工技术

【考点1】建筑管道工程的划分和施工程序（☆☆☆）

1．建筑管道工程的划分 [18 单选、19 多选]

建筑给水排水及供暖工程包括的子分部工程为：室内给水系统（给水管道及配件安装、给水设备安装、室内消火栓系统安装、消防喷淋系统安装、防腐、绝热、管道冲洗与消毒、试验与调试）、室内排水系统、室内热水供应系统、卫生器具、室内供暖系统、室外给水管网、室外排水管网、室外供热管网、建筑饮用水供应系统（管道及配件安装、水处理设备及控制设施安装、防腐、绝热、试验与调试）、建筑中水系统及雨水利用系统、游泳池及公共浴池水系统、水景喷泉系统、热源及辅助设备、监测与控制仪表。

该部分内容考核频率较小，一般考查选择题，直接记忆。上述子分部工程只列举了室内给水系统、建筑饮用水供应系统包括的分项工程，其他子分部工程包括的分项工程这里没有具体阐述，考生如果想要此处不失分，可自行根据教材内容复习。

2．建筑管道工程施工程序 [21 第一批单选、21 第二批单选]

动设备施工程序	施工准备→设备开箱验收→基础验收→设备安装就位→设备找平找正→二次灌浆→单机调试
静设备施工程序	施工准备→设备开箱验收→基础验收→设备安装就位→设备找平找正→二次灌浆→设备系统压力试验（满水试验）
室内给水管道工程施工程序	施工准备→材料验收→配合土建预留、预埋→管道测绘放线→管道支架制作→管道加工预制→管道支架安装→给水设备安装→管道及器具安装→系统压力试验→防腐绝热→系统冲洗、消毒
室外给水管道工程施工程序	施工准备→材料验收→管道测绘放线→管道沟槽开挖→管道加工预制→管道安装→系统压力试验→防腐绝热→系统冲洗、消毒→管沟回填
室内排水管道工程施工程序	施工准备→材料验收→配合土建预留、预埋→管道测绘放线→管道支架制作→管道加工预制→管道支架安装→管道及器具安装→系统灌水试验→系统通水、通球试验

续表

室外排水管道工程施工程序	施工准备→材料验收→管道测绘放线→管道沟槽开挖→管道加工预制→管道安装→排水管道窨井施工→系统闭水试验→防腐→系统清洗→系统通水试验→管道沟槽回填
室内供暖管道工程施工程序	施工准备→材料验收→配合土建预留、预埋→管道测绘放线→管道支架制作→管道加工预制→管道支架安装→供暖设备安装→管道及配件安装→散热器及附件安装→系统压力试验→防腐绝热→系统冲洗→试运行

（1）上表所列施工程序为需要掌握的要点内容，命题者有很大的可能性就在上述内容中命题。
（2）在历年真题中，该部分内容一般考查选择题，直接记忆，不用深究。

【考点 2】建筑管道的施工技术要求（☆☆☆☆☆）

1. 建筑管道常用的连接方法 [14 单选]

一般考查选择题，直接记忆，不用深究。

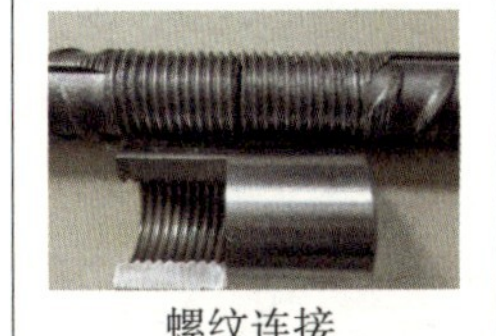
螺纹连接

法兰连接

沟槽连接（卡箍连接）

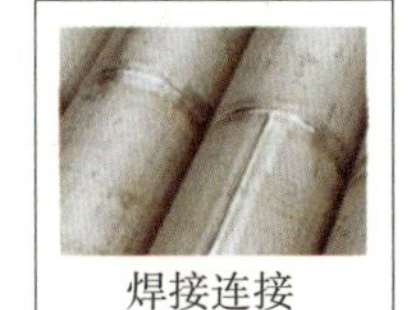
焊接连接

卡压连接

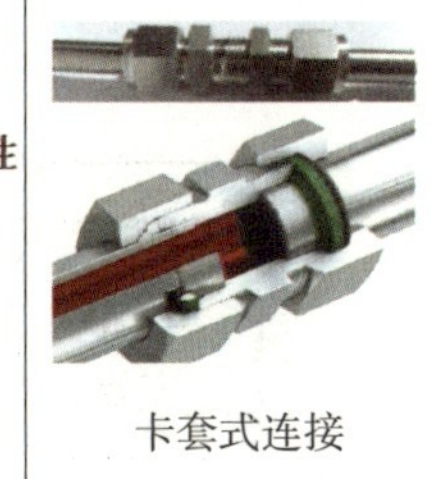
卡套式连接

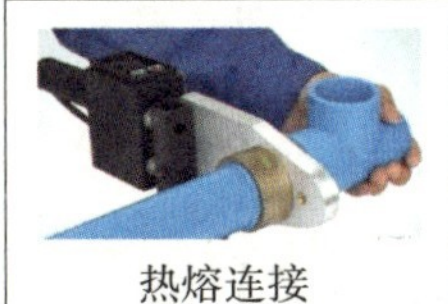
热熔连接

建筑管道常用的连接方法

- 螺纹连接
  - 管径小于或等于 100mm 的镀锌钢管 —— 多用于明装管道
  - 钢塑复合管
- 法兰连接
  - 直径较大的管道
  - 主干道连接阀门、水表、水泵等处，以及需要经常拆卸、检修的管段上
- 焊接连接
  - 适用于非镀锌钢管，多用于暗装管道和直径较大的管道，并在高层建筑中应用较多
  - 铜管连接可采用专用接头或焊接
    - 当管径＜22mm 时宜采用承插或套管焊接，承口应迎介质流向安装
    - 当管径≥22mm 时宜采用对口焊接（不锈钢管可采用承插焊接）
- 沟槽连接（卡箍连接）—— 可用于消防水、空调冷热水、给水、雨水等系统直径大于或等于 100mm 的镀锌钢管或钢塑复合管
- 卡套式连接 —— 铝塑复合管一般采用螺纹卡套压接 —— 铜管的连接也可采用螺纹卡套压接
- 卡压连接 —— 不锈钢卡压式管件连接 —— 具有保护水质卫生、抗腐蚀性强、使用寿命长等特点
- 热熔连接 —— PPR、HDPE 等塑料管常采用热熔器进行热熔连接
- 承插连接
  - 用于给水及排水铸铁管及管件的连接
  - 柔性连接 —— 橡胶圈密封
  - 刚性连接 —— 采用石棉水泥或膨胀性填料密封；重要场合可用铅密封

2. 建筑管道施工技术要点 [13 案例、15 单选、17 单选、18 多选、20 多选、21 第二批案例、22 一天考三科单选和案例、22 两天考三科单选]（注意：考题一般出自该知识点）

（1）材料设备管理

阀门安装（可以考查选择题或者案例题）	（1）按规范要求进行强度和严密性试验，试验应在每批（同牌号、同型号、同规格）数量中抽查 10%，且不少于一个。 （2）安装在主干管上起切断作用的闭路阀门，应逐个做强度试验和严密性试验。 （3）阀门的强度试验压力为公称压力的 1.5 倍，严密性试验压力为公称压力的 1.1 倍
管道所用设备校验	管道所用流量计及压力表应进行校验检定，设备及管道上的安全阀应按设计文件要求由具备资质的单位进行压力整定和密封试验，当有特殊要求时，还应进行其他性能试验。安全阀校验应做好记录、铅封，并应出具校验报告
材料、设备进场	散热器进场时，应对其单位散热量、金属热强度等性能进行复验；保温材料进场时，应对其导热系数或热阻、密度、吸水率等性能进行复验；复验应为见证取样检验。同厂家、同材质的保温材料，复验次数不得少于 2 次

（2）配合土建工程预留、预埋

配合土建工程预留、预埋

- 地下室或地下构筑物外墙有管道穿过的，应采取防水措施。对有严格防水要求的建筑物，必须采用柔性防水套管
- 管道穿过楼板时应设置金属或塑料套管。安装在楼板内的套管，其顶部高出装饰地面 20mm，安装在卫生间及厨房内的套管，其顶部应高出装饰地面 50mm，底部应与楼板底面相平，套管与管道之间缝隙宜用阻燃密实材料和防水油膏填实，且端面应光滑
- 管道穿过墙壁时应设置金属或塑料套管。套管两端应与饰面相平，套管与管道之间缝隙宜用阻燃密实材料填实，且端面应光滑

（3）管道支架制作安装

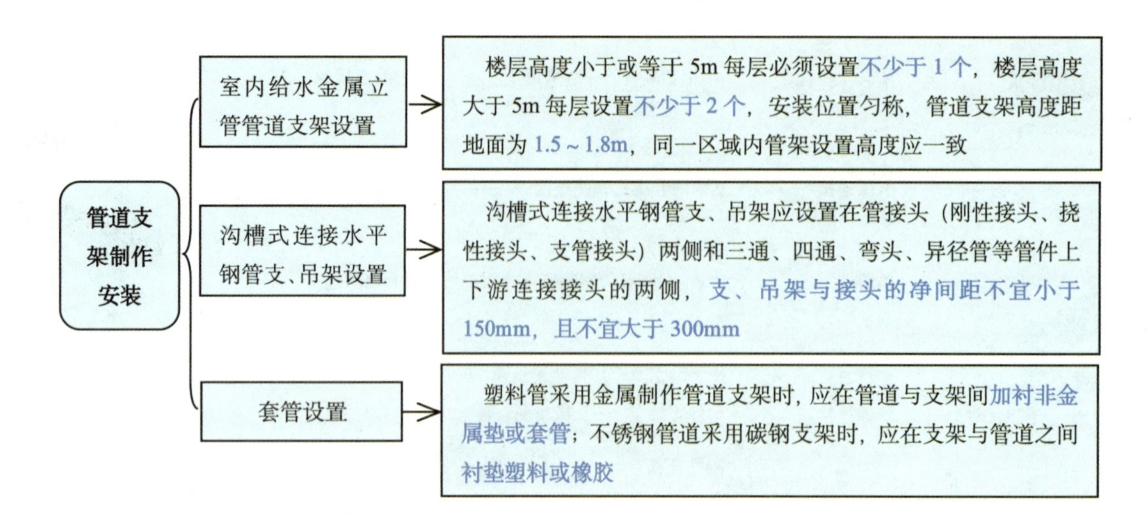

（4）管道安装（重点内容，需掌握下述内容）

管道安装原则	①管道安装一般应按先主管后支管、先上部后下部、先里后外的原则进行安装。 ②对于不同材质的管道，按先钢质管道后塑料管道的原则进行安装。 ③当管道穿过地下室侧墙时，应在室内管道安装结束后再进行安装
隐蔽工程验收	埋地管道、吊顶内的管道等在安装结束隐蔽之前，应进行隐蔽工程验收，并做好记录
管道穿过结构伸缩缝、抗震缝及沉降缝敷设时	应在结构缝两侧采取柔性连接，在通过结构缝处做成方形补偿器或设置伸缩节
冷热水管道安装	冷热水管道上下平行安装时热水管道应在冷水管道上方，垂直安装时热水管道应在冷水管道左侧
供暖管道安装坡度规定	汽、水同向流动的热水供暖管道和汽、水同向流动的蒸汽管道及凝结水管道，坡度应为3‰，不得小于2‰；汽、水逆向流动的热水供暖管道和汽、水逆向流动的蒸汽管道，坡度不应小于5‰；散热器支管的坡度应为1%
低温热水辐射供暖系统埋地敷设	盘管不应有接头
排水塑料管装设伸缩节的要求	①排水塑料管必须按设计要求及位置装设伸缩节。如设计无要求时，伸缩节间距不得大于4m。明敷排水塑料管道应按设计要求设置阻火圈或防火套管。 ②当立管管径≥110mm时，在楼板贯穿部位应设置阻火圈或长度≥500mm的防火套管，管道安装后，在穿越楼板处用C20细石混凝土分二次浇捣密实；浇筑结束后，结合找平层或面层施工，在管道周围应筑成厚度≥20mm、宽度≥30mm的阻水圈。横干管穿越防火分区隔墙时，管道穿越墙体的两侧应设置防火圈或长度≥500mm的防火套管
金属排水管道上的吊钩或卡箍	固定在承重结构上
排水通气管安装要求	不得与风道或烟道连接。通气管应高出屋面300mm，且必须大于最大积雪厚度；在通气管出口4m以内有门、窗时，通气管应高出门、窗顶600mm或引向无门、窗一侧；在经常有人停留的平屋顶上，通气管应高出屋面2m，并应根据防雷要求设置防雷装置
用于室内排水的水平管道与水平管道、水平管道与立管的连接要求	应采用45°三通或45°四通和90°斜三通或90°斜四通。立管与排出管端部的连接，应采用两个45°弯头或曲率半径不小于4倍管径的90°弯头
饮用水水箱的溢流管	不得与污水管道直接连接，并应留出不小于100mm的隔断空间
高层建筑的雨水系统使用的管材	高层建筑的雨水系统采用镀锌焊接钢管，超高层建筑的雨水系统采用镀锌无缝钢管，高层和超高层建筑的重力流雨水管道系统采用球墨铸铁管等

（5）生活污水、雨水管道最小坡度表

管道名称 \ 最小坡度（‰） \ 管径（mm）	50	75	100（110）	125	150（160）	200
生活污水铸铁管道	25	15	12	10	7	5
生活污水塑料管道	12	8	6	5	4	–
悬吊式雨水管道	5					
埋地雨水管道	20	15	8	6	5	4

（6）器具 / 设备安装

①散热器组对后，以及整组出厂的散热器在安装之前应做水压试验。试验压力如设计无要求时应为工作压力的 1.5 倍，但不小于 0.6MPa；试验时间为 2 ~ 3min，压力不降且不渗不漏。

②生活给水水表前与阀门应有不小于 8 倍水表接口直径的直线管段。

③供暖分汽缸（分水器、集水器）安装前应进行水压试验，试验压力为工作压力的 1.5 倍，但不得小于 0.6MPa。

④敞口水箱安装前应做满水试验，静置 24h 观察，应不渗不漏；密闭水箱（罐）安装前应以工作压力的 1.5 倍做水压试验，试验压力下 10min 应压力不降、不渗不漏。

⑤中水水箱应与生活给水水箱分设在不同的房间内；中水池（箱）、阀门、水表及给水栓均应有“中水”标志。

（7）管道系统试验

建筑管道工程应进行的试验	包括承压管道系统压力试验，非承压管道灌水试验，排水干管通球、通水试验等
压力试验	①管道压力试验宜采用液压试验，试验前编制专项施工方案，经批准后组织实施。高层建筑管道应先按分区、分段进行试验，合格后再按系统进行整体试验。 ②室内给水系统、室外管网系统管道安装完毕，应进行水压试验。水压试验压力必须符合设计要求，当设计未注明时，各种材质的给水管道系统试验压力均为工作压力的 1.5 倍，但不得小于 0.6MPa。 ③热水供应系统、供暖系统安装完毕，管道保温之前应进行水压试验。试验压力应符合设计要求，当设计未注明时，热水供应系统和蒸汽供暖系统、热水供暖系统水压试验压力，应以系统顶点的工作压力加 0.1MPa，同时在系统顶点的试验压力不小于 0.3MPa；高温热水供暖系统水压试验压力，应以系统最高点工作压力加 0.4MPa；塑料管及铝塑复合管热水供暖系统水压试验压力，应以系统最高点工作压力加 0.2MPa，同时在系统最高点的试验压力不小于 0.4MPa。 ④钢管及复合管道在系统试验压力下 10min 内压力降不大于 0.02MPa，然后降至工作压力检查，压力应不降，不渗不漏；塑料管道系统在试验压力下稳压 1h 压力降不超过 0.05MPa，然后在工作压力 1.15 倍状态下稳压 2h，压力降不超过 0.03MPa，连接处不得渗漏
灌水试验	①室内隐蔽或埋地的排水管道在隐蔽前必须做灌水试验。 ②室内雨水管应根据管材和建筑物高度选择整段方式或分段方式进行灌水试验。 ③室外排水管网按排水检查井分段试验 排污管道灌水试验

续表

通水试验	排水系统安装完毕，排水管道、雨水管道应分系统进行通水试验，以流水通畅、不渗不漏为合格
通球试验	排水主立管及水平干管管道均应做通球试验，通球球径不小于排水管道管径的 2/3，通球率必须达到 100% 排污管道通球试验

（8）管道防腐绝热

①管道的防腐方法主要有涂漆、衬里、静电保护和阴极保护等。

②管道绝热按其用途可分为保温、保冷、加热保护三种类型。【此处考查过案例简答题】

③水平管道金属保护层的环向接缝应顺水搭接，纵向接缝应位于管道的侧下方，并顺水；立管金属保护层的环向接缝必须上搭下。【此处考查过案例简答题】

（1）上述内容为需要掌握的要点内容，命题者有很大的可能性就在上述内容中命题。
（2）在历年真题中，该部分内容考查过选择题，也考查过案例题，建议理解 + 记忆

2H314020 建筑电气工程施工技术

【考点 1】建筑电气工程的划分和施工程序（☆☆☆）

根据历年真题考试频率来看 [13 单选、14 多选、15 多选]，建筑电气工程的划分考核频率较低，因此此处不加以赘述，考生可根据教材内容自行复习该知识点。下面将具体阐述建筑电气工程施工工程序的内容。

开关柜、配电柜的安装顺序	开箱检查→二次搬运→基础框架制作、安装→柜体固定→母线连接→二次线路连接→试验调整→送电运行验收 口诀助记：湘云加固，接连失守
变压器的施工顺序	开箱检查→变压器二次搬运→变压器本体安装→附件安装→变压器吊芯检查及交接试验→送电前检查→送电运行验收 口诀助记：相伴期间叫牵手
母线槽施工程序	开箱检查→支架安装→单节母线槽绝缘测试→母线槽安装→通电前绝缘测试→送电验收
室内电缆施工程序	电缆检查→电缆搬运→电缆敷设→电缆绝缘测试→挂标识牌→质量验收

续表

金属导管施工程序	测量定位→支架制作、安装（明导管敷设时）→导管预制→导管连接→接地线跨接
管内穿线施工程序	选择导线→管内穿引线→导线与引线的绑扎→放护圈（金属导管敷设时）→穿导线→导线并头绝缘→线路检查→绝缘测试
动力设备施工程序	设备开箱检查→设备安装→电动机检查、接线→电动机干燥（受潮时）→控制设备安装→送电前的检查→送电试运行
照明灯具的施工程序	灯具开箱检查→灯具组装→灯具安装接线→送电前的检查→送电运行 口助诀记 照明灯开，祖贤前行
防雷接地装置的施工程序	接地体施工→接地干线施工→引下线敷设→均压环施工→避雷带（避雷针、避雷网）施工

（1）建筑电气工程施工程序较多，记住上述常考的、重要的即可，其余施工程序在时间充裕的情况下，可以熟悉一下。

（2）该部分内容一般考查选择题，建议理解 + 记忆，无需深究。

【考点 2】建筑电气工程的施工技术要求（☆☆☆☆☆）

1．供电干线及室内配电线路施工技术要求 [19 多选、20 多选和案例、22 一天考三科案例、22 两天考三科案例]

母线槽的安装技术要求	（1）母线槽安装前，应测量每节母线槽的绝缘电阻值，且不应小于 20MΩ。 （2）多根母线槽并列水平或垂直敷设时，各相邻母线槽间应预留维护、检修距离。插接箱外壳应与母线槽外壳连通，接地良好。 （3）母线槽水平安装时，圆钢吊架直径不得小于 8mm，吊架间距不应大于 2m。每节母线槽的支架不应少于 1 个，转弯处应增设支架加强。垂直安装时应设置弹簧支架。 （4）每段母线槽的金属外壳间应可靠连接，母线槽全长与保护导体可靠连接不应少于 2 处。 （5）母线槽安装完毕后，应对穿越防火墙和楼板的孔洞进行防火封堵
梯架、托盘和槽盒施工技术要求	（1）金属梯架、托盘或槽盒本体之间的连接应牢固可靠。全长不大于 30m 时，不应少于 2 处与保护导体可靠连接；全长大于 30m 时，每隔 20 ~ 30m 应增加一个连接点，起始端和终点端均应可靠接地。 （2）非镀锌梯架、托盘、槽盒之间的连接处应跨接保护联结导体；镀锌梯架、托盘、槽盒之间的连接处可不跨接保护联结导体，但连接板每端不应少于 2 个有防松螺帽或防松垫圈的连接固定螺栓。 （3）水平安装的支架间距宜为 1.5 ~ 3m；垂直安装的支架间距不应大于 2m。 （4）配线槽盒宜安装在冷水管道的上方、热水管道和蒸汽管道的下方。 （5）穿楼板处和穿越不同防火区的梯架、托盘和槽盒应有防火封堵措施

续表

导管施工技术要求	（1）钢导管不得采用对口熔焊连接；镀锌钢导管或壁厚≤2mm的钢导管，不得采用套管熔焊连接。按每个检验批的导管连接头总数抽查20%，且不得少于1处。 （2）金属导管应与保护导体连接要求：非镀锌钢导管采用螺纹连接时，连接处的两端应熔焊焊接保护联结导体；保护联结导体宜为圆钢，直径不应小于6mm，其搭接长度应为圆钢直径的6倍。镀锌钢导管、可弯曲金属导管和金属柔性导管连接处的两端宜用专用接地卡固定保护联结导体；保护联结导体应为铜芯软导线，截面积不应小于$4mm^2$。按每个检验批的导管连接头总数抽查10%，且不得少于1处。 （3）导管支架安装应牢固，支架圆钢直径不得小于8mm，并应设置防晃支架。 （4）刚性导管经柔性导管与设备、器具连接时，柔性导管的长度在动力工程中不宜大于0.8m，在照明工程中不宜大于1.2m
导管内穿线和槽盒内敷线技术要求	（1）同一交流回路的绝缘导线不应敷设于不同的金属槽盒内或穿于不同金属导管内。 （2）不同回路、不同电压等级、交流与直流的导线不得穿在同一管内。 （3）绝缘导线的接头应设置在专用接线盒（箱）或器具内，不得设置在导管内。 （4）同一槽盒内不宜同时敷设绝缘导线和电缆。 （5）绝缘导线在槽盒内应有一定余量，并应按回路分段绑扎；当垂直或大于45°倾斜敷设时，应将绝缘导线分段固定在槽盒内的专用部件上，每段至少应有一个固定点。 （6）管内导线应采用绝缘导线，A、B、C相线绝缘层颜色分别为黄、绿、红，中性线绝缘层为淡蓝色，保护接地线绝缘层为黄绿双色。 （7）导线敷设后，应用500V兆欧表测试绝缘电阻，线路绝缘电阻不应小于0.5MΩ

上述内容可考点较多，考查过选择题，也考查过案例题，建议理解 + 记忆，不用深究。

2．电气动力设备安装技术要求 [22 一天考三科单选、22 两天考三科单选]

接线前检查	额定电压500V及以下的电动机用500V兆欧表测量电动机绝缘电阻，绝缘电阻不应小于0.5MΩ；检查数量为抽查50%，不得少于1台
干燥处理	干燥处理的方法有灯泡干燥法、电流干燥法。 （1）灯泡干燥法：可采用红外线灯泡或一般灯泡光直接照射在绕组上，温度高低的调节可用改变灯泡功率来实现。 （2）电流干燥法：用可调变压器调节电流，其电流大小宜控制在电机额定电流的60%以内，并应配备测量计，随时监视干燥温度
接线	线路电压为380V时，当电动机额定电压为380V时应△接，当电动机额定电压为220V时应Y接。接地连接端子应接在专用的接地螺栓上，不能接在机座的固定螺栓上
通电前检查	（1）对照电动机铭牌标明的数据，检查电动机定子绕组的连接方法是否正确，电源电压、频率是否合适。 （2）转动电动机转轴，看转动是否灵活，有无摩擦声或其他异声。 （3）检查电动机接地装置是否良好。 （4）检查电动机的启动设备是否良好
试运行	（1）空载试运行时间宜为2h，记录电流、电压、温度、运行时间等有关数据。 （2）启动次数不宜过于频繁，连续启动2次的时间间隔不应小于5min，并应在电动机冷却至常温下进行再次启动。 （3）电动机转向应与设备上运转指示箭头一致

此部分内容可以出选择题，也可以出案例题，建议直接记忆。

3．电气照明施工技术要求［16 多选和案例、17 案例、19 案例、21 第一批单选、21 第二批单选、22 一天考三科案例］

<table>
<tr><td>照明配电箱安装技术要求</td><td>（1）照明配电箱应安装牢固，配电箱内应标明用电回路名称。
（2）照明配电箱内应分别设置中性线（N 线）和保护接地（PE 线）汇流排，中性线和保护地线应在汇流排上连接，不得绞接。
（3）照明配电箱内每一单相分支回路的电流不宜超过 16A，灯具数量不宜超过 25 个。大型建筑组合灯具每一单相回路电流不宜超过 25A，光源数量不宜超过 60 个（当采用 LED 光源时除外）。
（4）插座为单独回路时，数量不宜超过 10 个。用于计算机电源插座数量不宜超过 5 个。

此处考查过选择题、案例题，注意标注红色字体内容。</td></tr>
<tr><td>灯具安装技术要求</td><td>（1）灯具安装应牢固可靠，采用预埋吊钩、膨胀螺栓等安装固定，在砌体和混凝土结构上严禁使用木楔、尼龙塞或塑料塞固定。固定件的承载能力应与电气照明灯具的重量相匹配。
（2）引向单个灯具的绝缘导线截面积应与灯具功率相匹配，绝缘铜芯导线的线芯截面积不应小于 $1mm^2$。100W 及以上灯具的引入线，应采用瓷管、矿棉等不燃材料作隔热保护。
（3）Ⅰ类灯具外露可导电部分必须用铜芯软导线与保护导体可靠连接，连接处应设置接地标识，铜芯软导线的截面积应与进入灯具的电源线截面积相同。
（4）当吊灯灯具质量超过 3kg 时，应采取预埋吊钩或螺栓固定。
（5）质量大于 10kg 的灯具的固定及悬吊装置应按灯具重量的 5 倍做恒定均布载荷强度试验，持续时间不得少于 15min。

此处一般考查案例题，考查过的案例题目类型有：
（1）识图改错题：例如：22 一天考三科案例二第 3 问：图中灯具底座安装和导管吊架安装存在哪些错误？应如何整改？
回答这类问题时，应根据背景资料、灯具安装示意图，并结合教材内容去判断并改正。这里还需要说明一点的就是，有可能在考试中不要求去写正确做法或者理由的，就不用去写这些内容了，一定要根据题意去答题。
（2）分析判断改正题：例如：①16 年案例一第 4 问：指出灯具安装的错误之处，并简述正确做法。②17 年案例三第 3 问：问题 2 中，灯具的安装质量应如何调整？
回答这类问题时，应根据背景资料描述去分析，结合教材知识点去判断并改正。
（3）案例简答题：例如：19 年案例一第 3 问：写出灯具外壳需要与保护导体连接的要求。</td></tr>
<tr><td>开关安装技术要求</td><td>（1）相线应经开关控制。
（2）开关安装的位置应便于操作，开关边缘距门框的距离宜为 0.15 ~ 0.2m，照明开关安装高度应符合设计要求。
（3）在易燃、易爆和特别潮湿的场所，开关应分别采用防爆型、密闭型或采取其他保护措施</td></tr>
</table>

续表

插座安装技术要求	(1)插座宜由单独的回路配电，而一个房间内的插座宜由同一回路配电。 (2)同一室内相同规格并列安装的插座高度宜一致。 (3)插座的接线： ①单相两孔插座，面对插座的右孔或上孔应与相线连接，左孔或下孔应与中性导体连接。 ②单相三孔插座，面对插座的右孔应与相线连接，左孔应与中性导体(N)连接，上孔应与保护接地导体(PE)连接。 ③三相四孔及三相五孔插座的保护接地导体(PE)应接在上孔；插座的保护接地导体端子不得与中性导体端子连接；同一场所的三相插座，其接线的相序应一致。 ④保护接地导体(PE)在插座之间不得串联连接。 ⑤相线与中性导体(N)不应利用插座本体的接线端子转接供电。  提示 该知识点属于案例考点内容，考查的题型是识图并要求画出正确的示意图，如：19年案例一第4问：图1中的插座接线会有什么不良后果？画出正确的插座保护接地线连接的示意图。回答本题需要具备相应的施工现场知识，还要对此部分知识点相当熟悉才能做出此题。

知识点补充：

灯具按防触电保护形式分为Ⅰ类、Ⅱ类和Ⅲ类。灯具的接地要求见下表。

Ⅰ类灯具	防触电保护不仅依靠基本绝缘，还需把外露可导电部分连接到保护导体上，因此Ⅰ类灯具外露可导电部分必须采用铜芯软导线与保护导体可靠连接，连接处应设置接地标识；铜芯软导线（接地线）的截面应与进入灯具的电源线截面相同，导线间的连接应采用导线连接器或缠绕搪锡连接
Ⅱ类灯具	防触电保护不仅依靠基本绝缘，还具有双重绝缘或加强绝缘，因此Ⅱ类灯具外壳不需要与保护导体连接
Ⅲ类灯具	防触电保护是依靠安全特低电压，电源电压不超过交流50V，采用隔离变压器供电。因此Ⅲ类灯具的外壳不容许与保护导体连接

4．接闪带（网）的施工技术要求［16案例］

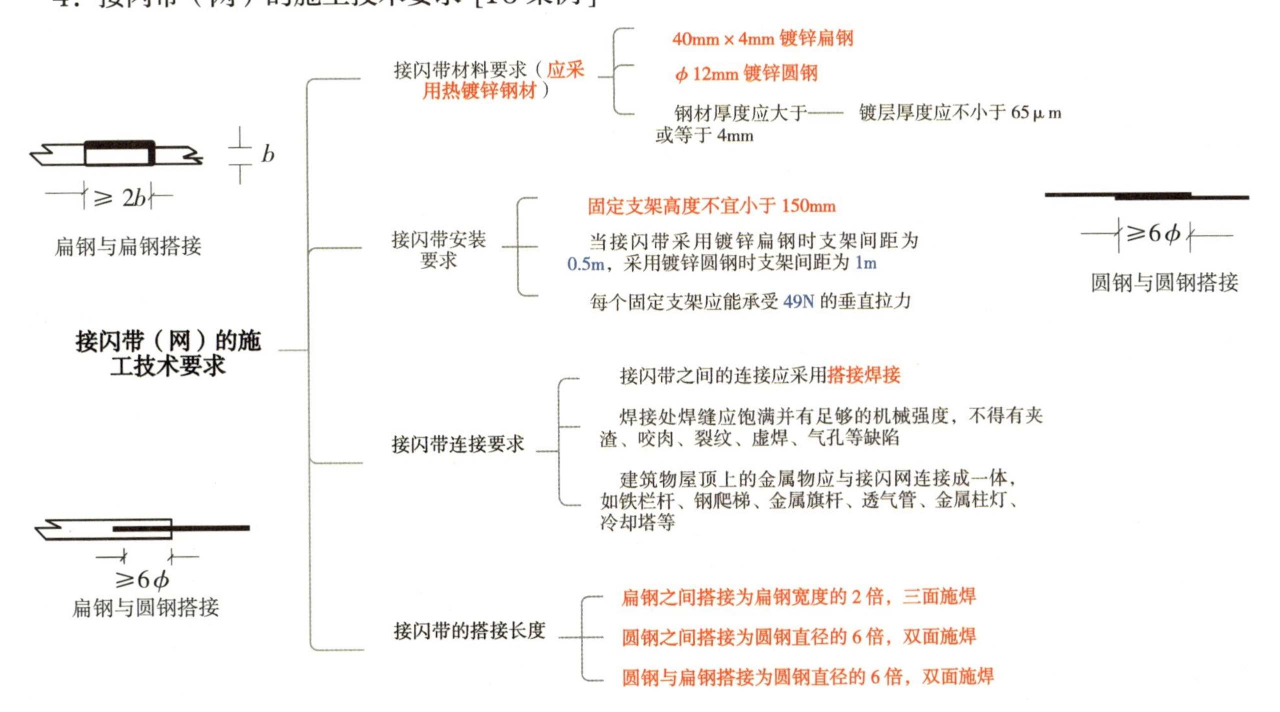

5．接地体施工技术要求 [14 案例]

人工接地体（极）的施工技术要求	金属接地体（极）的施工技术要求	垂直埋设： （1）金属接地体一般采用镀锌角钢、镀锌钢管、镀锌圆钢等。 （2）镀锌钢管的壁厚不小于 2.5mm，镀锌角钢的厚度为 4mm，镀锌圆钢的直径不小于 14mm，垂直接地体的长度一般为 2.5m。 （3）埋设后接地体的顶部距地面不小于 0.6m，为减小相邻接地体的屏蔽效应，接地体的水平间距应不小于 5m
		水平埋设： （1）接地体通常采用镀锌扁钢、镀锌圆钢等。 （2）镀锌扁钢的厚度应不小于 4mm，截面积不小于 100mm^2；镀锌圆钢的截面积不小于 100mm^2。 （3）水平接地体敷设于地下，距地面至少为 0.6m。如多接地体时，各接地体之间应保持 5m 以上的直线距离，埋入后的接地体周围应填土夯实
	自然接地体的施工技术要求	（1）利用建筑底板钢筋做水平接地体：将底板内主钢筋（不少于二根）搭接焊接，用色漆做好标记。 （2）利用工程桩钢筋做垂直接地体：找好工程桩的位置，把工程桩内的钢筋（不少于二根）搭接焊接，再与底板主钢筋（不少于二根）焊接牢固，用色漆做标记
	人工接地体施工示意图	接地排　水平接地体 地面　地面　地面　地面 ≥ 0.6m 2.5m 垂直接地体 ≥ 5m　≥ 5m　≥ 5m
接地体施工的注意事项（重点）		（1）接地体要有足够的机械强度。在接地体施工结束后，应及时测量接地电阻。电气设备独立接地体的接地电阻应小于 4Ω，共用接地体的接地电阻应小于 1Ω。 （2）接地体应远离高温影响以及使土壤电阻率升高的高温地方。在土壤电阻率高的地区，可在接地坑内填入化学降阻剂，降低土壤电阻率

此部分内容可以出选择题，也可以出案例题，建议理解 + 记忆。

6．接地线的施工技术要求（非重点）[18 多选]

接地干线的施工技术要求	（1）接地干线通常采用扁钢、圆钢、铜杆等，室内的接地干线多为明敷，一般敷设在电气井或电缆沟内。 （2）接地干线的连接采用搭接焊接。 （3）利用钢结构作为接地线时，接地极与接地干线的连接应采用电焊连接。当不允许在钢结构电焊时，可采用柱焊或钻孔、攻丝然后用螺栓和接地线跨接。跨接线一般采用扁钢或两端焊（压）铜接头的导线，跨接线应有 150mm 的伸缩量
接地支线的施工技术要求	（1）接地支线通常采用铜线、铜排、扁钢、圆钢等，室内的接地支线多为明敷。接地支线沿建筑物墙壁水平敷设时，离地面距离宜为 250 ~ 300mm，与建筑物墙壁间的间隙宜为 10 ~ 15mm。 （2）接地线的连接应采用焊接，焊接必须牢固无虚焊。若不宜焊接，可用螺栓连接，但应进行除锈处理。接地支线与电气设备接地点连接时，接头应采用接线端子螺栓连接，并用防松螺帽或防松垫片。有色金属接地线不能采用焊接时，可用螺栓连接

2H314030 通风与空调工程施工技术

【考点 1】通风与空调工程的划分和施工程序（☆☆☆）

根据历年真题考试频率来看 [20 案例]，通风与空调工程的划分考核频率较低，因此此处不加以赘述，考生可根据教材内容自行复习该知识点。下面将具体阐述通风与空调工程的施工程序。

金属风管安装程序	测量放线→支吊架安装→风管检查→组合连接→风管调整→漏风量测试→风管绝热→质量检查
多联机系统安装程序	基础验收→室外机吊运→设备减振安装→室外机安装→室内机安装→管道连接→管道强度及真空试验→系统充制冷剂→管道及设备绝热→调试运行→质量检查
通风空调系统联合试运转程序	系统检查→通风空调系统的风量、水量测试与调整→空调自控系统的测试调整→联合试运转→数据记录→质量检查

此部分内容考查过案例题，不排除在以后考试中考查选择题的可能性，以记忆为主。

【考点 2】通风与空调工程的施工技术要求（☆☆☆）

1．风管制作的施工技术要求 [16 案例、20 案例、22 一天考三科案例、22 两天考三科案例]

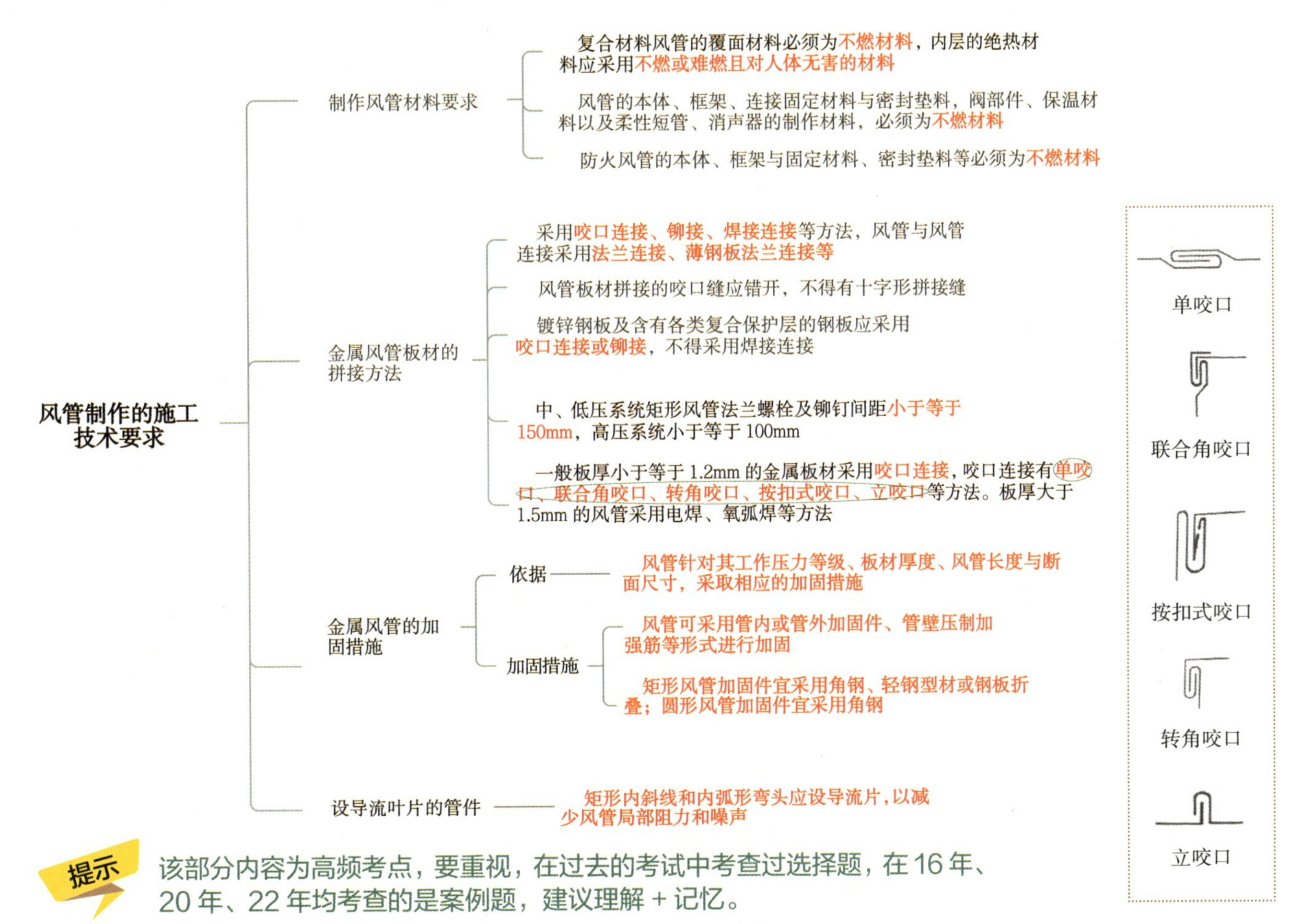

提示

该部分内容为高频考点，要重视，在过去的考试中考查过选择题，在 16 年、20 年、22 年均考查的是案例题，建议理解 + 记忆。

2．风管系统的安装要点 [20 案例、21 第一批单选]

风管安装前检查	切断支、吊、托架的型钢及其开螺孔应采用机械加工，不得用电气焊切割；支、吊架不宜设置在风口、阀门、检查门及自控装置处
密封材料	防排烟系统或输送温度高于 70℃的空气或烟气，应采用耐热橡胶板或不燃的耐温、防火材料；输送含有腐蚀介质的气体，应采用耐酸橡胶板或软聚氯乙烯板
安装就位的程序	先上层后下层、先主干管后支管、先立管后水平管
穿过需要封闭的防火防爆楼板、墙体时的措施	（1）应设钢板厚度不小于 1.6mm 的预埋管或防护套管，风管与防护套管之间应采用不燃柔性材料封堵。 （2）风管穿越建筑物变形缝空间时，应设置柔性短管，风管穿越建筑物变形缝墙体时，应设置钢制套管，风管与套管之间应采用柔性防水材料填充密实
支、吊架设置	（1）边长（直径）大于或等于 630mm 的防火阀或边长（直径）大于 1250mm 的弯头和三通应设置独立的支、吊架。 （2）消声器、静压箱安装时，应单独设置支、吊架，固定牢固

3．风管的检验与试验 [17 案例、22 两天考三科单选]

（1）对风管制作工艺进行检测或检验时，应进行风管强度与严密性试验。如试验压力，低压风管为 1.5 倍的工作压力；中压风管为 1.2 倍的工作压力，且不低于 750Pa；高压风管为 1.2 倍的工作压力。排烟、除尘、低温送风及变风量空调系统风管的严密性应符合中压风管的规定。

（2）风管系统安装完成后，应对安装后的主、干风管分段进行严密性试验。严密性检验，主要检验风管、部件制作加工后的咬口缝、铆接孔、风管的法兰翻边、风管管段之间的连接严密性，检验合格后方能交付下道工序。

此部分内容为传统考点内容，在考试中考查过案例题、选择题，建议理解 + 记忆。

4．空调水系统的施工技术要求 [22 一天考三科案例]

镀锌管道连接	镀锌管道采用螺纹或沟槽连接时，镀锌层破坏的表面及外露螺纹部分应进行防腐处理。采用焊接和法兰焊接连接时，对焊缝及热影响区的表面应进行二次镀锌或防腐处理
管道穿越的规定	管道穿过地下室或地下构筑物外墙时，应采取防水措施，对有严格防水要求的建筑物，必须采取柔性防水套管。 管道穿楼板和墙体处应设置钢制套管。设置在墙体内的套管应与墙体两侧饰面相平，设置在楼板的套管，其底部与楼板底部平齐，顶部应高出装饰面 20 ~ 50mm，且不得将套管作为管道支撑。 当穿越防火分区时，应采用不燃材料进行防火封堵；保温管道与套管四周的缝隙应使用不燃材料堵塞紧密
冷（热）水管道与支、吊架的安装	冷（热）水管道与支、吊架之间，应设置衬垫。衬垫的承压强度应满足管道全重，且应采用不燃与难燃硬质绝热材料或经防腐处理的木衬垫

续表

冷凝水排水管的坡度	当设计无要求时，冷凝水排水管的坡度宜大于或等于 8‰，且应坡向出水口
阀门安装外观检查	阀门安装前应进行外观检查，工作压力大于 1.0MPa 及在主干管上起到切断作用和系统冷、热水运行转换调节功能的阀门和止回阀，应进行壳体强度和阀瓣密封性能的试验，且试验合格
水压试验	空调冷冻、冷却水管道系统安装完毕，外观检查合格后，应按设计要求进行水压试验。当设计无要求时，应符合下列规定： （1）冷（热）水、冷却水与蓄能（冷、热）系统的试验压力，当工作压力小于或等于 1.0MPa 时，应为 1.5 倍工作压力，最低不应小于 0.6MPa；当工作压力大于 1.0MPa 时，应为工作压力加 0.5MPa。 （2）各类耐压塑料管的强度试验压力（冷水）应为 1.5 倍工作压力，且不应小于 0.9MPa；严密性试验压力应为 1.15 倍的设计工作压力
凝结水系统通水试验	凝结水系统采用通水试验，应以不渗漏、排水畅通为合格
水系统管道试验合格后的管道系统冲洗试验	水系统管道试验合格后，在制冷机组、空调设备连接前，应进行管道系统冲洗试验
制冷剂管道系统的试验	制冷剂管道系统安装完毕，外观检查合格后，应进行吹污、气密性和抽真空试验

5．设备安装、防腐绝热的施工技术要求 [21 第一批案例、21 第二批单选、22 一天考三科案例]

设备安装的施工技术要求	（1）冷却塔的安装位置应符合设计要求，进风侧距建筑物应大于 1000mm。冷却塔安装应水平，同一冷却水系统多台冷却塔安装时，各台开式冷却塔的水面高度应一致，高度偏差不应大于 30mm。冷却塔的积水盘应无渗漏，布水器应布水均匀，组装的冷却塔的填料安装应在所有电、气焊接作业完成后进行。 （2）空气处理机组与空气热回收装置的过滤器，应在单机试运转完成后安装。与机组连接的阀门、仪器仪表应安装齐全，规格、位置正确，风阀开启方向应顺气流方向，与机组连接的风管、水管均采用柔性连接。 （3）风机安装前应检查电机接线是否正确，通电试验时，叶片转动灵活、方向正确，停转后不应每次停留在同一位置上，机械部分无摩擦、松动，无漏电及异常响声。风机与风管连接采用柔性短管。 （4）换热设备、蓄冷蓄热设备、软化水装置、集分水器等安装应稳固，与设备连接的管道应单独设置支托架，管道应按要求设置阀门、压力表、温度计、过滤器等装置。 （5）开式水箱（罐）在连接管道前，应进行满水试验，换热器及密闭容器在连接管道前，应进行水压试验。 （6）风机盘管机组进场时，应对机组的供冷量、供热量、风量、水阻力、功率及噪声等性能进行见证取样检验，同一厂家的风机盘管机组按数量复验 2%，不得少于 2 台；复验合格后再进行安装。安装前宜进行风机三速试运转及盘管水压试验，试验压力应为系统工作压力的 1.5 倍，试验观察时间应为 2min，以不渗漏为合格。 （7）风机盘管、诱导器、变风量末端、直接蒸发式室内机等空调末端装置的安装及配管应符合设计及规范要求。 （8）水系统管道与设备的连接应在设备安装完毕后进行。管道与水泵、制冷机组的接口应为柔性连接管，且不得强行对口连接

续表

防腐绝热施工技术要求	（1）风管和管道的绝热层、绝热防潮层和保护层，应采用不燃或难燃材料，材质、密度、规格与厚度应符合设计要求。 （2）绝热材料进场时，应对材料的导热系数或热阻、密度、吸水率等性能进行见证取样检验；复验合格后方可开始安装。 （3）风管、部件及空调设备绝热工程施工应在风管系统严密性试验合格后进行。 （4）风管绝热根据绝热材料的不同选用保温钉固定或粘结的方法。风管部件的绝热不得影响操作功能，调节阀绝热要保留调节手柄的位置，保证操作灵活方便。风管系统上经常拆卸的法兰、阀门、过滤器及检查点等采用可单独拆卸的绝热结构

此部分内容在近几年考试中考查过案例题、选择题，建议理解 + 记忆。

6. 通风与空调系统调试的技术要求 [17 多选、18 案例、19 多选]

通风与空调系统安装完毕投入使用前，应进行系统调试，系统调试应包括设备单机试运转及调试、系统非设计满负荷条件下的联合试运转及调试。

（1）单机试运行

提示 一般考查选择题，记忆为主。

单机试运转及调试的设备类别	包括：冷冻水泵、热水泵、冷却水泵、轴流风机、离心风机、空气处理机组、冷却塔、风机盘管、电制冷（热泵）机组、吸收式制冷机组、水环热泵机组、风量调节阀、电动防火阀、电动排烟阀、电动阀等
单机试运转及调试规定	（1）设备单机试运转安全保证措施要齐全、可靠，并有书面的安全技术交底。 （2）通风机、空气处理机组中的风机，在额定转速下连续运转 2h 后，滑动轴承与滚动轴承的温升应符合相关规范要求。 （3）水泵连续运转 2h 后，滑动轴承与滚动轴承的温升应符合相关规范要求。 （4）冷却塔风机与冷却水系统循环试运行不少于 2h，运行应无异常情况。 （5）制冷机组正常运转不少于 8h

（2）系统非设计满负荷条件下的联合试运转及调试（重点内容）

系统非设计满负荷条件下的联合试运行及调试

- 应在设备单机试运行合格后进行
- 通风系统的连续试运行应不少于 2h，空调系统带冷（热）源的连续试运行应不少于 8h。联合试运行及调试不在制冷期或供暖期时，仅做不带冷（热）源的试运行及调试，并在第一个制冷期或供暖期内补做
- 系统非设计满负荷条件下的联合试运转及调试内容：监测与控制系统的检验、调整与联动运行；系统风量的测定和调整（通风机、风口、系统平衡）；空调水系统的测定和调整；室内空气参数的测定和调整；防排烟系统测定和调整（防排烟系统测定风量、风压及疏散楼梯间等处的静压差，并调整至符合设计与消防的规定）
- 其他规定：
  （1）系统总风量调试结果与设计风量的允许偏差：允许偏差应为 -5% ~ 10%；建筑内各区域的压差应符合设计要求。
  （2）变风量空调系统联合调试规定：系统空气处理机组应能在设计参数范围内对风机实现变频调速。空气处理机组在设计机外余压条件下，系统总风量应满足风量允许偏差应为 -5% ~ +10% 的要求；新风量与设计新风量的允许偏差为 0 ~ 10%。各变风量末端装置的最大风量调试结果与设计风量的允许偏差应为 0 ~ 15%。
  （3）空调冷（热）水系统、冷却水系统总流量与设计流量的偏差：不应大于10%。
  （4）舒适性空调的室内温度：应优于或等于设计要求

此部分内容在近几年考试中考查过案例题、选择题，建议理解 + 记忆。

7. 洁净空调工程施工技术要求 [18 多选、20 多选、22 一天考三科单选]

(1) 洁净空调系统的技术要求

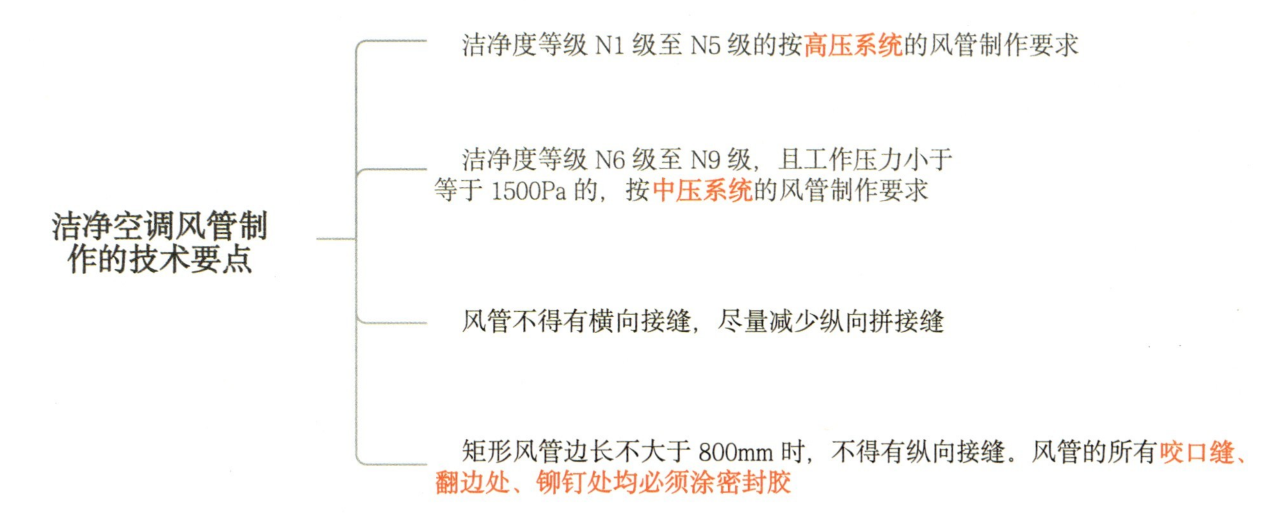

(2) 洁净风管系统、安装的技术要点

风管连接处必须严密，法兰垫料应采用不产尘和不易老化的弹性材料，严禁在垫料表面刷涂料，法兰垫片宜减少拼接，且不得采用直缝对接连接。风管与洁净室吊顶、隔墙等围护结构的穿越处应严密，可设密封填料或密封胶，不得有渗漏现象发生。

(3) 高效过滤器的安装要点

条件	洁净室的内装修工程必须全部完成，经全面清扫、擦拭，空吹 12 ~ 24h 后进行
安装注意事项	(1) 高效过滤器应在安装现场拆开包装，其外层包装不得带入洁净室，但其最内层包装必须在洁净室内方能拆开。 (2) 安装前应进行外观检查，重点检查过滤器有无破损漏泄等，并按规范要求进行现场扫描检漏，且应合格

(4) 洁净空调工程调试要点

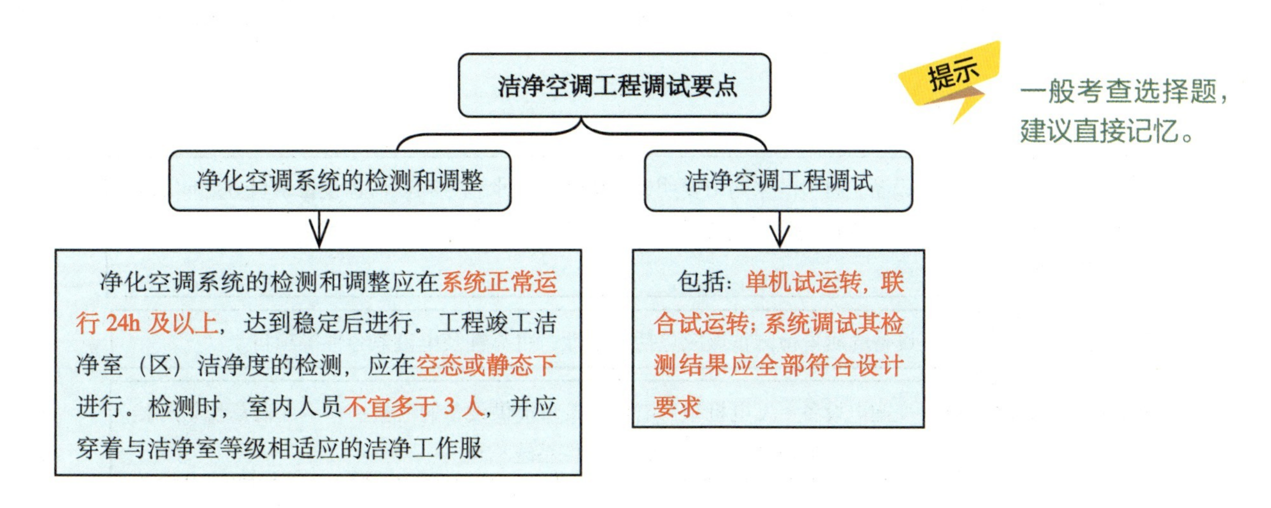

2H314040 建筑智能化工程施工技术

【考点 1】建筑智能化工程的划分和施工程序（☆☆☆）

1. 建筑智能化工程的划分（19 个子分部工程）

常用的子分部工程包括：智能化集成系统、信息网络系统、综合布线系统、有线电视及卫星电视接收系统、公共广播系统、信息化应用系统、建筑设备监控系统、火灾自动报警系统、安全技术防范系统、机房工程、防雷与接地、会议系统。

19 个子分部工程包含的具体分项工程，在近几年考试中未进行过考查，这里不再阐述。

2. 建筑智能化工程的施工程序

建筑设备监控系统的一般施工程序	施工准备→施工图深化→设备材料采购→管线敷设→设备、元件安装→系统调试→系统试运行→系统检测→系统验收
安全防范工程的施工程序	施工图深化→设备材料采购→管线敷设→设备安装→系统试运行调试→系统检测→工程验收

3. 施工图深化

（1）建筑智能化施工图的深化设计前，应先确定智能化设备的品牌、型号、规格。

（2）选择产品时，应考虑产品的品牌和生产地、应用实践以及供货渠道和供货周期；产品支持的系统规模及监控距离；产品的网络性能及标准化程度等信息。

口诀助记：磨具落花，平地起

此处考查过案例简答题（如：选择监控设备产品应考虑哪几个技术因素？），不排除在以后考试中考查选择题的可能性。

4. 设备、材料采购和验收

设备、材料采购和验收：

- 设备、材料的采购中要明确智能化系统承包方和被监控设备承包方之间的设备供应界面划分。主要是明确建筑设备监控系统与机电工程的设备、材料的供应范围
- 设备的质量检测重点应包括安全性、可靠性及电磁兼容性等项目
- 变配电设备、发电机组，电梯设备可提供设备的通信接口卡、通信协议和接口软件，以通信方式与建筑设备监控系统相连

5．线缆施工 [15 单选、20 案例]

线缆施工要求	（1）线缆敷设前，应做电缆外观及电气导通检查。用兆欧表测量绝缘电阻，其电阻值不应小于 0.5MΩ。 （2）信号线缆和电力电缆平行或交叉敷设时，其间距不得小于 0.3m；信号线缆与电力电缆交叉敷设时，宜成直角。 （3）线缆敷设时，多芯线缆的最小弯曲半径应大于其外径的 6 倍。 （4）电源线与信号线、控制线应分别穿管敷设；当低电压供电时，电源线与信号线、控制线可以同管敷设。 （5）明敷的信号线缆与具有强磁场、强电场的电气设备之间的净距离宜大于 1.5m，当采用屏蔽线缆或穿金属保护管或在金属封闭线槽内敷设时，宜大于 0.8m
光缆的施工要求	敷设光缆时，其最小动态弯曲半径应大于光缆外经的 20 倍。 牵引力应加在加强芯上，其牵引力不应超过 150kg；牵引速度宜为 10m/min；一次牵引的直线长度不宜超过 1km，光纤接头的预留长度不应小于 8m

此处可以出选择题，也可以出案例题，上述标注了字体颜色的内容为该知识的出题点，尤其要注意其中的数字规定。

6．系统检测 [18 多选]

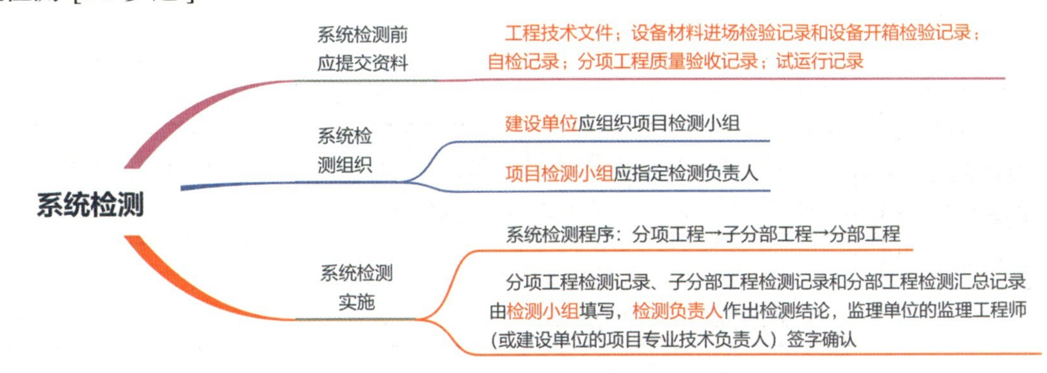

7．建筑智能化分部（子分部）工程验收 [16 单选、19 单选]

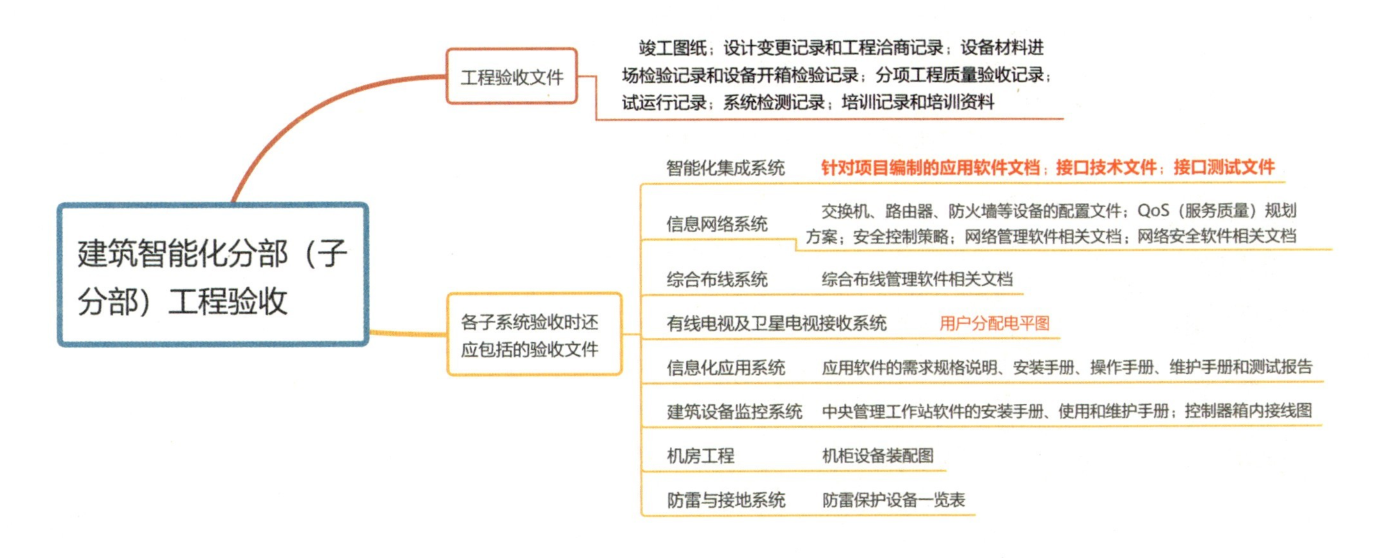

【考点 2】建筑智能化设备的安装技术要求（☆☆☆☆）

1．建筑智能化监控设备的安装要求 [13 案例、20 单选]

主要输入设备安装要求	（1）水管型传感器开孔与焊接工作，必须在管道的压力试验、清洗、防腐和保温前进行。风管型传感器安装应在风管保温层完成后进行。 （2）传感器至现场控制器之间的连接应符合设计要求。例如，镍温度传感器的接线电阻应小于 3Ω，铂温度传感器的接线电阻应小于 1Ω。 （3）电磁流量计应安装在流量调节阀的上游，流量计上游应有 10 倍管径长度的直管段，下游段应有 4 ~ 5 倍管径长度的直管段
主要输出设备安装要求	（1）电磁阀、电动调节阀安装前，应按说明书规定检查线圈与阀体间的电阻，进行模拟动作试验和压力试验。阀门外壳上的箭头指向与水流方向一致。 （2）电动风阀控制器安装前，应检查线圈和阀体间的电阻、供电电压、输入信号等是否符合要求，宜进行模拟动作检查

此处考查过选择题、案例题，掌握上述标注了字体颜色的内容即可。

2．火灾自动报警系统设备安装要求 [22 两天考三科单选]

火灾自动报警系统设备安装要求：

- **端子箱和模块箱宜设置在弱电间内**，应根据设计高度固定在墙壁上
- 消防控制室引出的干线和火灾报警器及其他的控制线路应分别绑扎成束，汇集在端子板两侧，左侧应为干线，右侧应为控制线路
- **设备接地应采用铜芯绝缘导线或电缆，消防控制设备的外壳及基础应可靠接地**，工作接地线与保护接地线应分开

3．建筑设备监控系统设备调试检测 [15 案例、21 第一批单选、22 一天考三科单选]

变配电系统调试检测	（1）变配电设备各高、低压开关运行状况及故障报警；电源及主供电回路电流值显示、电源电压值显示、功率因素测量、电能计量等。 （2）变压器超温报警；应急发电机组供电电流、电压及频率和储油罐液位监视，故障报警；不间断电源工作状态、蓄电池组及充电设备工作状态检测
照明控制系统调试检测	按照明回路总数的 10% 抽检，数量不应少于回路，总数少于 10 路时应全部检测
给水排水系统调试检测	给水和中水监控系统应全部检测；排水监控系统应抽检 50%，且不得少于 5 套，总数少于 5 套时应全部检测

该知识点为重点内容，考查过选择题、案例题，掌握上述标注了字体颜色的内容即可。

4．安全技术防范系统调试检测要求 [17 多选、22 年两天考三科单选]（选择题考点）

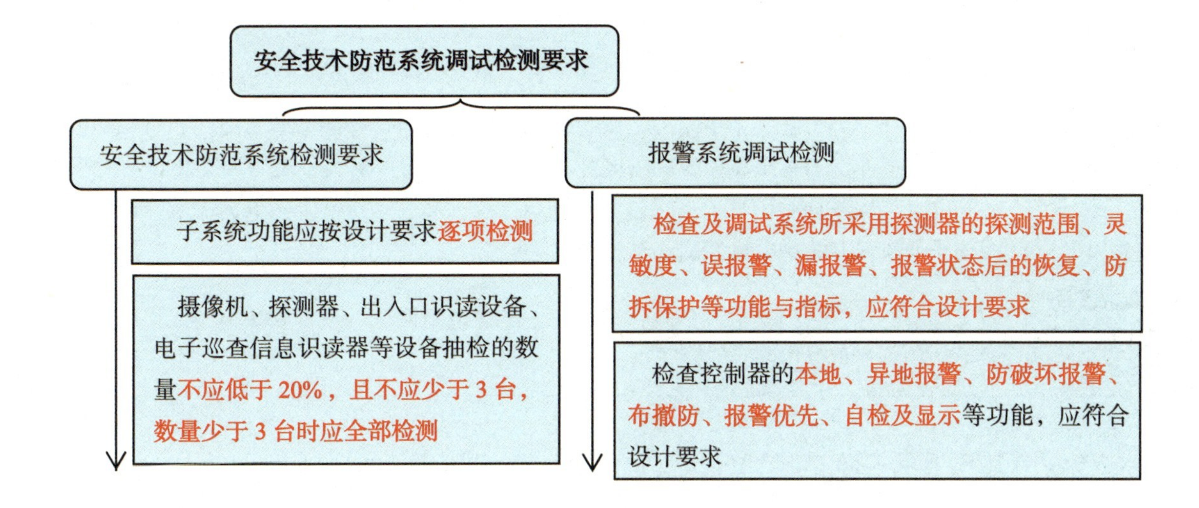

5．会议系统检测 [21 第二批单选]（选择题考点）

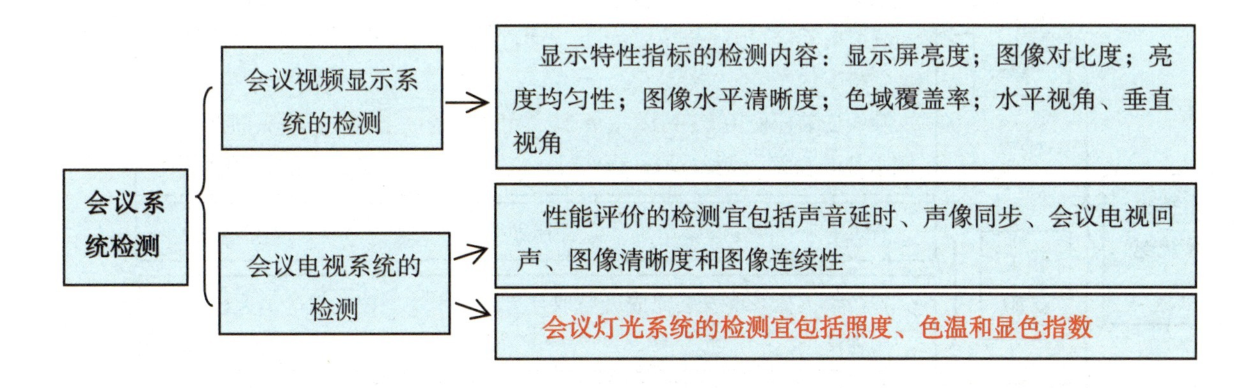

2H314050 消防工程施工技术

【考点 1】消防工程的划分和施工程序（☆☆☆☆）

1．消防工程的划分 [21 第一批单选]

消防工程划分为 10 个分部工程，即消火栓灭火系统、自动喷水灭火系统、自动跟踪定位射流灭火系统、水喷雾灭火系统、气体灭火系统、细水雾灭火系统、泡沫灭火系统、干粉灭火系统、防烟排烟系统、火灾自动报警及消防联动控制系统。

10 个分部工程包含的具体分项工程，在近几年考试中考核频次较低，这里不再阐述，自行复习教材上这部分内容。

2．消防工程施工程序 [22 一天考三科单选]（选择题考点）

消火栓灭火系统施工程序	施工准备→干管安装→立管、支管安装→箱体稳固→附件安装→管道试压、冲洗→系统调试
自动喷水灭火系统施工程序	施工准备→干管安装→报警阀安装→立管安装→分层干、支管安装→喷洒头支管安装→管道试压→管道冲洗→减压装置安装→报警阀配件及其他组件安装→喷洒头安装→系统通水调试
防排烟系统施工程序	施工准备→支吊架制作、安装→风管及阀部件制作安装→风管强度及严密性试验→风机安装→防排烟风口安装→单机调试→系统调试
火灾自动报警及联动控制系统施工程序	施工准备→导管、线槽敷设→线、缆敷设→绝缘电阻测试→设备安装→校线接线→单机调试→系统调试→系统检测、验收

3．水灭火系统施工要求 [20 单选、21 第二批单选、22 两天考三科案例]

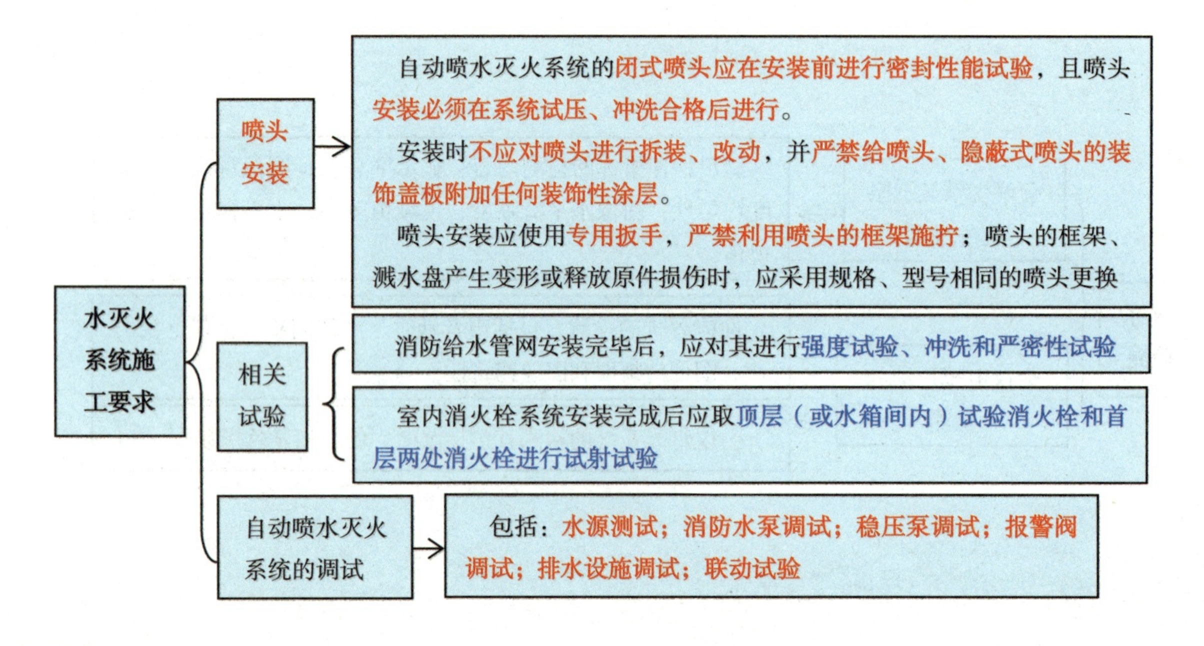

该知识点考查过选择题，也考查过案例题，建议理解 + 记忆。

4．防烟排烟系统、火灾自动报警及消防联动系统施工要求 [21 第二批案例、22 两天考三科单选和案例]

防烟排烟系统施工要求（案例题考点）	（1）防火风管的本体、框架与固定材料、密封材料必须为不燃材料，其耐火等级应符合设计要求。 （2）排烟防火阀的安装位置、方向应正确，阀门应顺气流方向关闭，防火分区隔墙两侧的防火阀，距墙表面应不大于 200mm。 （3）排烟防火阀宜设独立支吊架。 （4）防排烟系统的柔性短管必须采用不燃材料。 （5）防排烟风机应设在混凝土或钢架基础上，且不应设置减振装置；若排烟系统与通风空调系统共用且需要设置减振装置时，不应使用橡胶减振装置。 （6）风管系统安装完成后，应进行严密性检验；防排烟风管的允许漏风量应按中压系统风管确定

续表

火灾自动报警及消防联动系统施工要求（选择题考点）	（1）火灾自动报警系统应单独布线，系统内不同电压等级、不同电流类别的线路，不应布在同一管内或线槽孔内。 （2）系统的调试（20 项）内容：火灾报警控制器及其现场部件调试；家用火灾安全系统调试；消防联动控制器及其现场部件调试；消防专用电话系统调试；可燃气体探测报警系统调试；各类火灾探测器的调试；电气火灾监控系统调试；消防设备电源监控系统调试；消防设备应急电源调试；消防控制室图形显示装置和传输设备调试；火灾警报、消防应急广播系统调试；防火卷帘系统调试；防火门监控系统调试；气体、干粉灭火系统调试；自动喷水灭火系统调试；消火栓系统调试；防排烟系统调试；消防应急照明和疏散指示系统控制调试；电梯、非消防电源等相关系统联运控制调试；系统整体联运控制功能调试

【考点 2】消防工程的验收要求（☆☆☆）

1．消防工程验收的相关规定［16 单选、17 单选、18 单选］

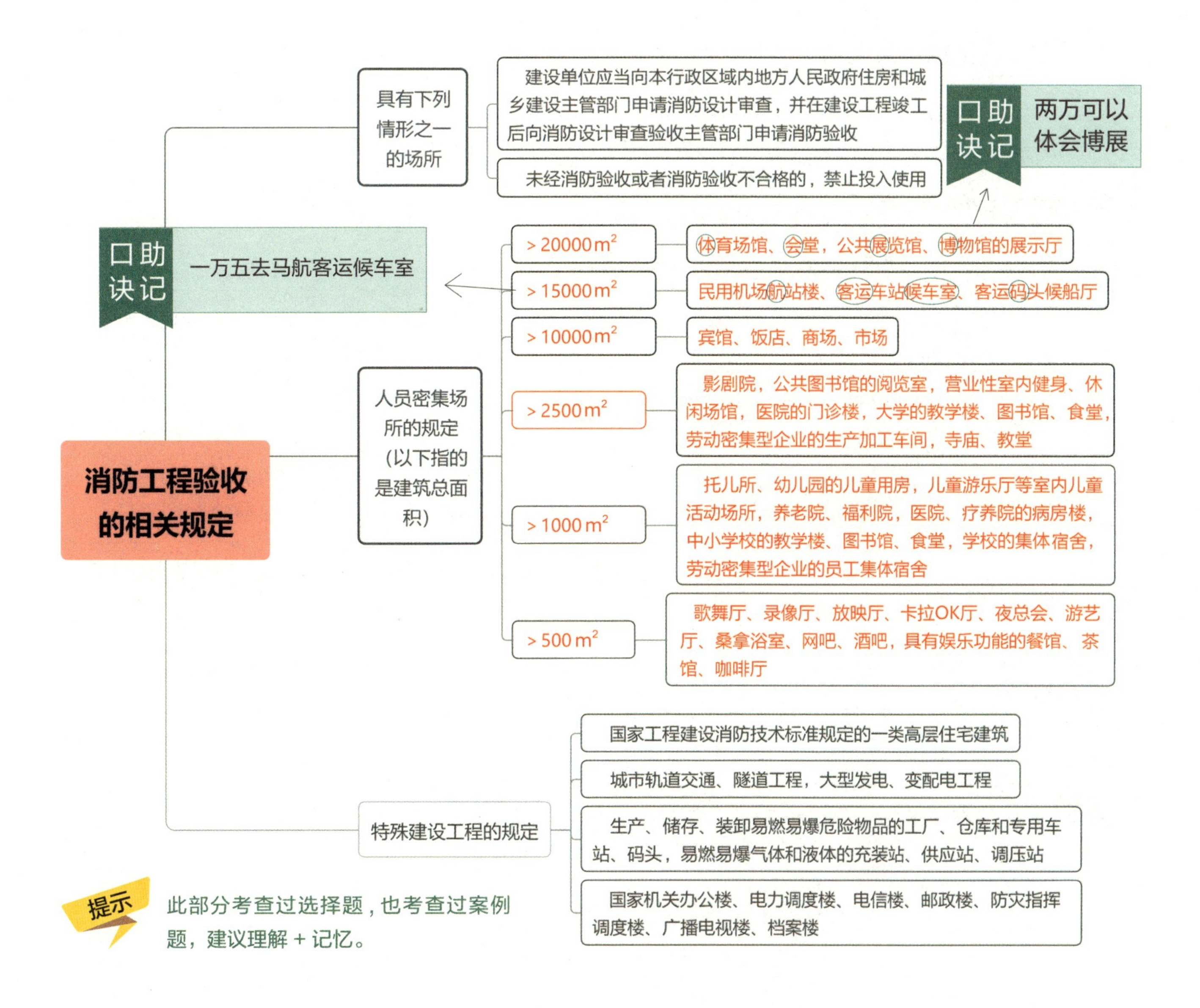

2．特殊建设工程消防验收条件和应提交的资料 [17 案例、19 案例]（案例题考点）

特殊建设工程消防验收的条件	（1）完成工程消防设计和合同约定的消防各项内容。 （2）有完整的工程消防技术档案和施工管理资料（含涉及消防的建筑材料、建筑构配件和设备的进场试验报告）。 （3）建设单位对工程涉及消防的各分部分项工程验收合格；施工、设计、工程监理、技术服务等单位确认工程消防质量符合有关标准。 （4）消防设施性能、系统功能联调联试等内容检测合格
特殊建设工程消防验收应提交的资料	（1）消防验收申报表。 （2）工程竣工验收报告。 （3）涉及消防的建设工程竣工图纸

3．特殊建设工程消防验收的组织及验收程序 [19 案例]

消防验收的组织	（1）特殊建设工程消防验收由国务院住房和城乡建设主管部门负责指导监督实施。 （2）县级以上消防设计审查验收主管部门承担本行政区域内特殊建设工程的消防验收。 （3）跨行政区域特殊建设工程的消防验收工作，由该建设工程所在行政区域消防设计审查验收主管部门共同的上一级主管部门指定负责
验收程序	（1）验收受理。由建设单位组织填写“消防验收申请表”，向消防设计审查验收主管部门提出申请。 （2）现场评定。消防设计审查验收主管部门受理消防验收申请后，对特殊建设工程进行现场评定。 （3）出具消防验收意见。现场评定结束后，消防设计审查验收主管部门依据消防验收有关评定规则，形成验收意见或结论；验收评定合格后出具《建筑工程消防验收意见书》
局部消防验收	对于大型特殊建设工程需要局部投入使用的部分，根据建设单位的申请，可实施局部建设工程消防验收
消防验收的时限	消防设计审查验收主管部门自受理消防验收申请之日起 15 日内组织消防验收，并在现场评定检查合格后签发《建筑工程消防验收意见书》

该知识点只在 19 年考试中考查了案例题，不排除以后考查选择题的可能性。

2H314060 电梯工程施工技术

【考点 1】电梯工程的划分和施工程序（☆☆☆）

1. 电梯工程的分部分项工程划分 [14 单选、15 单选、17 单选]（选择题考点）

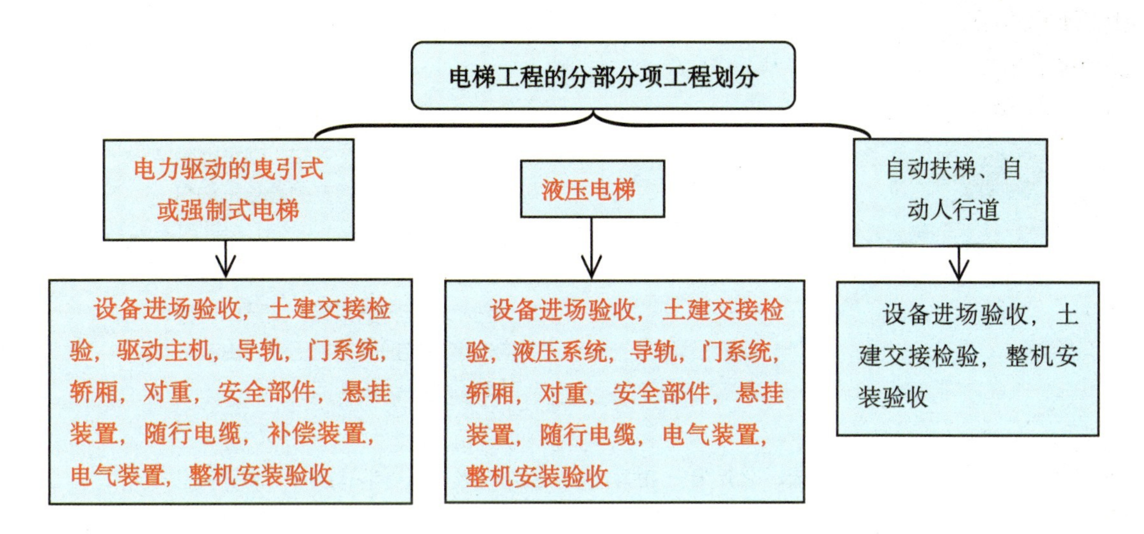

2. 电梯的组成、技术参数 [21 第二批单选]（选择题考点）

电梯的组成	（1）曳引式或强制式电梯从系统功能分，通常由曳引系统、导向系统、轿厢系统、门系统、重量平衡系统、驱动系统、控制系统、安全保护系统等组成。 （2）液压电梯一般由泵站系统、液压系统、导向系统、轿厢系统、门系统、电气控制系统、安全保护系统等组成。 （3）齿轮齿条（施工）电梯一般由轿厢、驱动机构、标准节、附墙、底盘、围栏、电气系统等组成。 （4）自动扶梯由阶梯（板式输送机）和两旁扶手（带式输送机）组成。自动扶梯主要部件有梯级、牵引链条及链轮、导轨系统、主传动系统（包括电动机、减速装置、制动器及中间传动环节等）、驱动主轴、张紧装置、扶手系统、上下盖板、梳齿板、扶梯骨架、安全装置和电气系统等
技术参数	（1）曳引式或强制式电梯、液压电梯主要参数：额定载重量、额定速度。 （2）自动扶梯的主要参数：提升高度、倾斜角度、额定速度、梯级宽度、理论输送能力

【考点 2】电梯工程的验收要求（☆☆☆☆）

1. 电梯安装前应履行的手续和施工管理 [14 案例、21 第一批案例、22 一天考三科单选]

重要考点区，可以出选择题，也可以出案例题，建议理解 + 记忆。

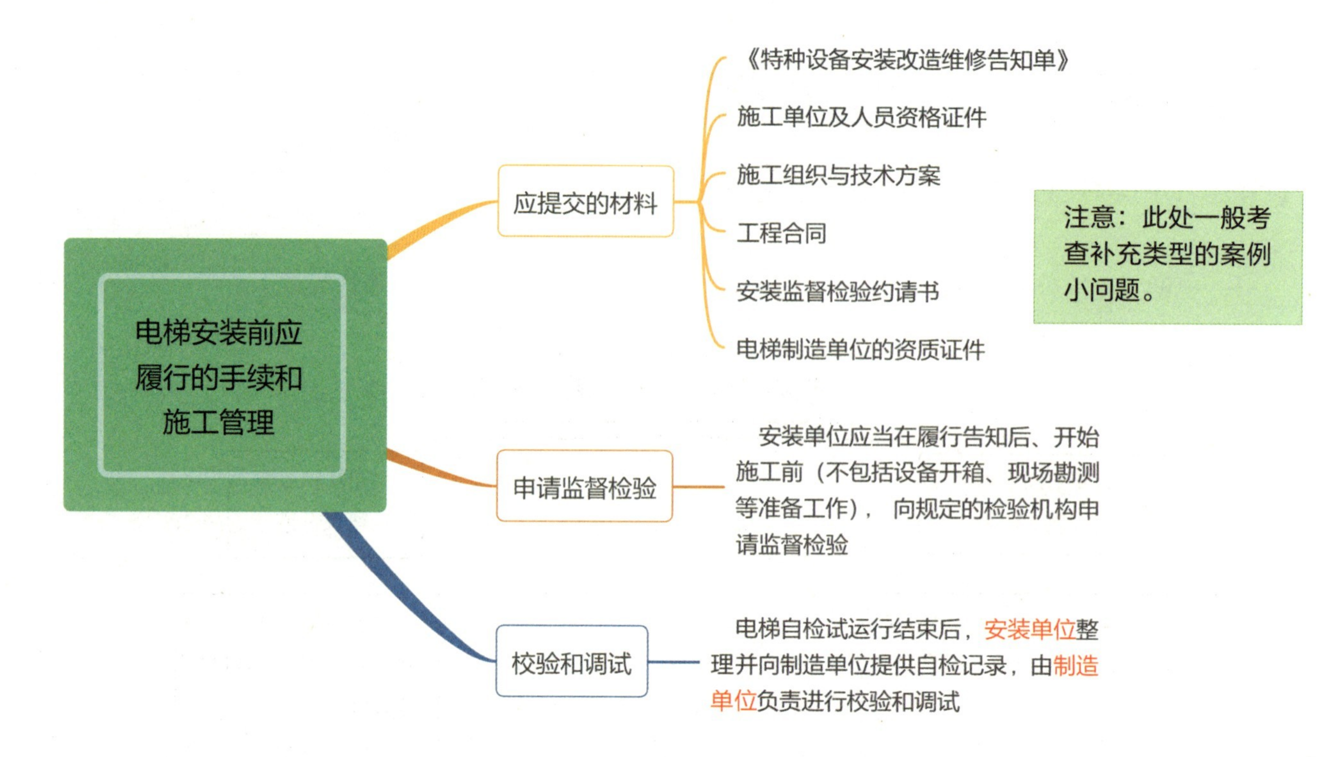

2．电梯技术资料的要求 [16 单选、21 第一批单选、22 两天考三科单选]（选择题考点）

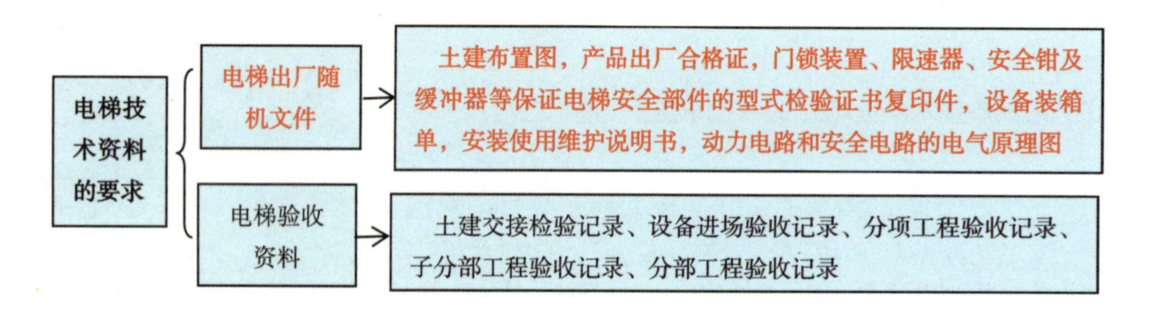

3．电力驱动的曳引式或强制式电梯安装工程质量验收要求 [16 单选、19 单选、20 单选、21 第一批案例]

土建交接检验的要求	（1）当井道底坑下有人员能到达的空间存在，且对重或平衡重上未设有安全钳装置时，对重缓冲器必须能安装在（或平衡重运行区域的下边必须）一直延伸到坚固地面上的实心桩墩上。 （2）电梯安装之前，所有厅门预留孔必须设有高度不小于 1200mm 的安全保护围封（安全防护门），并应保证有足够的强度；保护围封下部应有高度不小于 100mm 的踢脚板，并应采用左右开启方式，不能上下开启。 （3）当相邻两层门地坎间的距离大于 11m 时，其间必须设置井道安全门，井道安全门严禁向井道内开启，且必须装有安全门处于关闭时电梯才能运行的电气安全装置。 （4）井道照明电压宜采用 36V 安全电压，井道内照度不得小于 50lx，井道最高点和最低点 0.5m 内应各装一盏灯，中间灯间距不超过 7m，并分别在机房和底坑设置一控制开关。 （5）轿厢缓冲器支座下的底坑地面应能承受满载轿厢静载 4 倍的作用力
电气装置安装验收要求	所有电气设备及导管、线槽的外露可以导电部分应当与保护线（PE）连接，接地支线应分别直接接至接地干线的接线柱上，不得互相连接后再接地

续表

电梯整机验收的要求	（1）当控制柜三相电源中任何一相断开或有任何两相错接时，断相、错相保护装置或功能应使电梯不发生危险故障。 （2）动力电路、控制电路、安全电路必须有与负载匹配的短路保护装置；动力电路必须有过载保护装置。 （3）安全钳、缓冲器、门锁装置必须与其型式试验证书相符。 （4）限速器与安全钳电气开关在联动试验中必须动作可靠，且应使驱动主机立即制动。 （5）对瞬时式安全钳，轿厢应载有均匀分布的额定载重量；对渐进式安全钳，轿厢应载有均匀分布的 125% 额定载重量。 （6）层门与轿门的试验时，每层层门必须能够用三角钥匙正常开启，当一个层门或轿门（任何一扇门）非正常打开时，电梯严禁启动或继续运行。 （7）曳引式电梯的曳引能力试验时，轿厢在行程上部范围空载上行及行程下部范围载有 125% 额定载重量下行，分别停层 3 次以上，轿厢必须可靠的制停（空载上行工况应平层）。 （8）电梯安装后应进行运行试验。轿厢分别在空载、额定载荷工况下，按产品设计规定的每小时启动次数和负载持续率各运行 1000 次（每天不少于 8h），电梯应运行平稳、制动可靠、连续运行无故障

此部分是重点，考查选择题或者案例，建议理解 + 记忆。

4．自动扶梯、自动人行道安装工程验收要求 [14 案例、18 单选]

（1）设备进场验收

设备进场验收
- 设备技术资料：必须提供梯级或踏板的型式试验报告复印件，或胶带的断裂强度证明文件复印件；对公共交通型自动扶梯、自动人行道应有扶手带的断裂强度证书复印件
- 随机文件：应该有土建布置图，产品出厂合格证，装箱单，安装、使用维护说明书，动力电路和安全电路的电气原理图

（2）土建交接检验

①自动扶梯的梯级或自动人行道的踏板或胶带上空，垂直净高度严禁小于 2.3m。

②在安装之前，井道周围必须设有保证安全的栏杆或屏障，其高度严禁小于 1.2m。

③根据产品供应商的要求应提供设备进场所需的通道和搬运空间。

④在安装之前，土建施工单位应提供明显的水平基准线标识。

（3）整机安装验收

自动扶梯和自动人行道在无控制电压、电路接地故障或过载时，必须自动停止运行。自动扶梯和自动人行道在下列情况中的停止运行，必须通过安全触点或安全电路来完成开关的断开。①控制装置在超速和运行方向非操纵逆转下动作。②附加制动器（如果有）动作。③直接驱动梯级、踏板或胶带的部件（如链条或齿条）断裂或过分伸长。④驱动装置与转向装置之间的距离（无意性）缩短。⑤梯级、踏板下陷，或胶带进入梳齿板处有异物夹住，且产生损坏梯级、踏板或胶带支撑结构。⑥无中间出口的连续安装的多台自动扶梯、自动人行道中的一台停止运行。⑦扶手带入口保护装置动作。

此部分是重点，考查选择题或者案例，建议理解 + 记忆。

2H320000 机电工程项目施工管理

微信扫一扫
查看更多考点视频

2H320010 机电工程施工招标投标管理

【考点 1】施工招标投标范围和要求（☆☆☆☆☆）

1．施工招标投标范围和要求［14 案例、19 案例、21 第二批单选、22 一天考三科单选］

必须招标的机电工程项目	（1）全部或部分使用国有资金投资或国家融资的项目，包括： ①使用预算资金 200 万元人民币以上，并且该资金占投资额 10% 以上的项目； ②使用国有企业事业单位资金，并且该资金占控股或者主导地位的项目。 （2）使用国际组织或者外国政府贷款、援助资金的项目，包括： ①使用世界银行、亚洲开发银行等国际组织贷款、援助资金的项目； ②使用外国政府及其机构贷款、援助资金的项目。 （3）不属于（1）、（2）规定情形的大型基础设施、公用事业等关系社会公共利益、公众安全的项目，必须招标的具体范围包括： ①煤炭、石油、天然气、电力、新能源等能源基础设施项目。 ②铁路、公路、管道、水运，以及公共航空和 A1 级通用机场等交通运输基础设施项目。 ③电信枢纽、通信信息网络等通信基础设施项目。 ④防洪、灌溉、排涝、引（供）水等水利基础设施项目。 ⑤城市轨道交通等城建项目。 （4）上述（1）条至（3）条规定范围内的项目，其勘察、设计、施工、监理以及与工程建设有关的重要设备、材料等的采购达到下列标准之一的，必须招标： ①施工单项合同估算价在 400 万元人民币以上。 ②重要设备、材料等货物的采购，单项合同估算价在 200 万元人民币以上。 ③勘察、设计、监理等服务的采购，单项合同估算价在 100 万元人民币以上。同一项目中可以合并进行的勘察、设计、施工、监理以及与工程建设有关的重要设备、材料等的采购，合同估算价合计达到前款规定标准的，必须招标
可以不招标的机电工程项目	涉及国家安全、国家秘密、抢险救灾或者属于利用扶贫资金实行以工代赈、需要使用农民工等特殊情况，不适宜进行招标的机电工程项目，按照国家有关规定可以不进行招标。 除上述特殊情况外，有下列情形之一的机电工程项目，可以不进行招标：（1）需要采用不可替代的专利或者专有技术；（2）采购人依法能够自行建设、生产或者提供；（3）已通过招标方式选定的特许经营项目投资人依法能够自行建设、生产或者提供；（4）需要向原中标人采购工程、货物或者服务，否则将影响施工或者功能配套要求；（5）国家规定的其他特殊情形

在案例考试中，此处有时还会涉及《招标投标法》第十一条、《招标投标法实施条例》第八条规定，具体规定考生自行复习，这里不再进行赘述。

2．机电工程招标管理及要求［17 案例、19 案例、22 两天考三科单选］

机电工程招标管理及要求

- 招标人可以对已发出的资格预审文件或者招标文件进行必要的澄清或者修改。澄清或者修改的内容可能影响资格预审申请文件或者投标文件编制的，招标人应当在提交资格预审申请文件截止时间至少 3 日前，或者投标截止时间至少 15 日前，以书面形式通知所有获取资格预审文件或者招标文件的潜在投标人；不足 3 日或者 15 日的，招标人应当顺延提交资格预审申请文件或者投标文件的截止时间。该澄清或者修改的内容为招标文件的组成部分
- 依法必须进行招标的项目，自招标文件开始发出之日起至投标人提交投标文件截止之日止，最短不得少于 20 日
- 投标保证金可以使用支票、银行汇票等，一般不得超过投标总价的 2%。投标保证金有效期应当与投标有效期一致
- 招标人可以自行决定是否编制标底。一个招标项目只能有一个标底。标底必须保密。招标人设有最高投标限价的，应当在招标文件中明确最高投标限价或者最高投标限价的计算方法。招标人不得规定最低投标限价

此部分是重点，考查选择题或者案例，建议理解 + 记忆。

3．机电工程投标、评标管理及要求［13 案例、14 案例、16 单选、17 单选和案例 22 两天考三科案例］

投标管理及要求（案例题考点）	（1）投标人应当在招标文件要求提交投标文件的截止时间前，将投标文件送达投标地点。招标人收到投标文件后，应当签收保存，不得开启。投标人少于 3 个的，招标人应当依法重新招标。 （2）投标人在招标文件要求提交投标文件的截止时间前，可以补充、修改或者撤回已提交的投标文件，并书面通知招标人。补充、修改的内容为投标文件的组成部分
评标管理及要求（案例题考点）	（1）评标由招标人依法组建的评标委员会负责。评标委员会由招标人代表和有关技术、经济等方面的专家组成，成员人数为 5 人以上的单数，其中技术、经济等方面的专家不得少于成员总数的三分之二。  此处考查过分析判断并改正类型的案例题，尤其是前述数字规定，需牢记，命题人一般会在此命题。 （2）评标委员会应严格按照招标文件公布的评标办法和标准执行。有下列情况之一的，评标委员会应当否决其投标：投标文件没有对招标文件的实质性要求和条件做出响应；投标文件中部分内容需经投标单位盖章和单位负责人签字的而未按要求完成，投标文件未按要求密封；弄虚作假、串通投标及行贿等违法行为；低于成本的报价或高于招标文件设定的最高投标限价；投标人不符合国家或招标文件规定的资格条件；同一投标人提交两个以上不同的投标文件或者投标报价（但招标文件要求提交备选投标的除外）。  此处考查过分析判断类型的案例题，如：①根据背景资料判断是否属于废标？②如何避免废标？要求考生对于该知识点做到能默写、能分析判断。

【考点 2】施工投标的条件与程序（☆☆☆）

1．机电工程投标阶段主要工作重点 [21 第一批单选]

研究招标文件及招标工程	（1）研究招标文件的重点内容包括：投标人须知，工程范围，招标方式，评标办法，付款条件，机电工程供货范围，合同条款，工程量清单，计价和报价方式，技术规范要求，工期、质量、安全及环境保护要求，投标要求格式，设计图纸等。 （2）对招标的机电工程应认真调研的重点包括：工程所在地的地方法律法规及特殊政策；工程所在地的资源情况；工程投资方的资金落实情况以及对工程项目如工期、质量、成本等的关注重点；工程竞争对手的状况，尤其是经验、业绩、技术水平、当地的资源等；招标工程的特点、难点、社会影响力以及参与各方情况；对拟分包的专业承包公司的考察，重点是资质、价格、技术及业绩等；参加现场踏勘与标前会议交底和答疑
投标决策	（1）投标决策的前期阶段。前期阶段的投标决策必须在购买投标人资格预审资料前后完成。 （2）投标决策的后期阶段。此阶段是从申报资格预审至投标报价（封送投标书）之前。主要研究在投标中采取的策略，包括技术突出优势的策略和商务报价策略

2．电子招标投标方法 [21 第二批案例]

（1）电子招标投标系统根据功能的不同，分为交易平台、公共服务平台和行政监督平台。

（2）电子招标投标交易平台应当允许社会公众、市场主体免费注册登录和获取依法公开的招标投标信息，任何单位和个人不得在招标投标活动中设置注册登记、投标报名等前置条件限制潜在投标人下载资格预审文件或者招标文件。

（3）投标人未按规定加密的投标文件，电子招标投标交易平台应当拒收并提示。

（4）投标人应当在投标截止时间前完成投标文件的传输递交，并可以补充、修改或者撤回投标文件。投标截止时间前未完成投标文件传输的，视为撤回投标文件。投标截止时间后送达的投标文件，电子招标投标交易平台应当拒收。

2H320020 机电工程施工合同管理

【考点 1】施工分包合同的实施（☆☆☆）

1．合同分析 [17 单选、21 第一批单选]（选择题考点）

合同分析的重点内容如下：

（1）合同的法律基础、承包人的主要责任、工程范围、发包人的责任。

（2）合同价格、计价方法和价格补偿条件。

（3）工期要求和顺延及其惩罚条款，工程受干扰的法律后果，合同双方的违约责任。

（4）合同变更方式、工程验收方法、索赔程序和争执的解决等。

2．施工分包合同的履行与管理 [13 案例、14 案例]

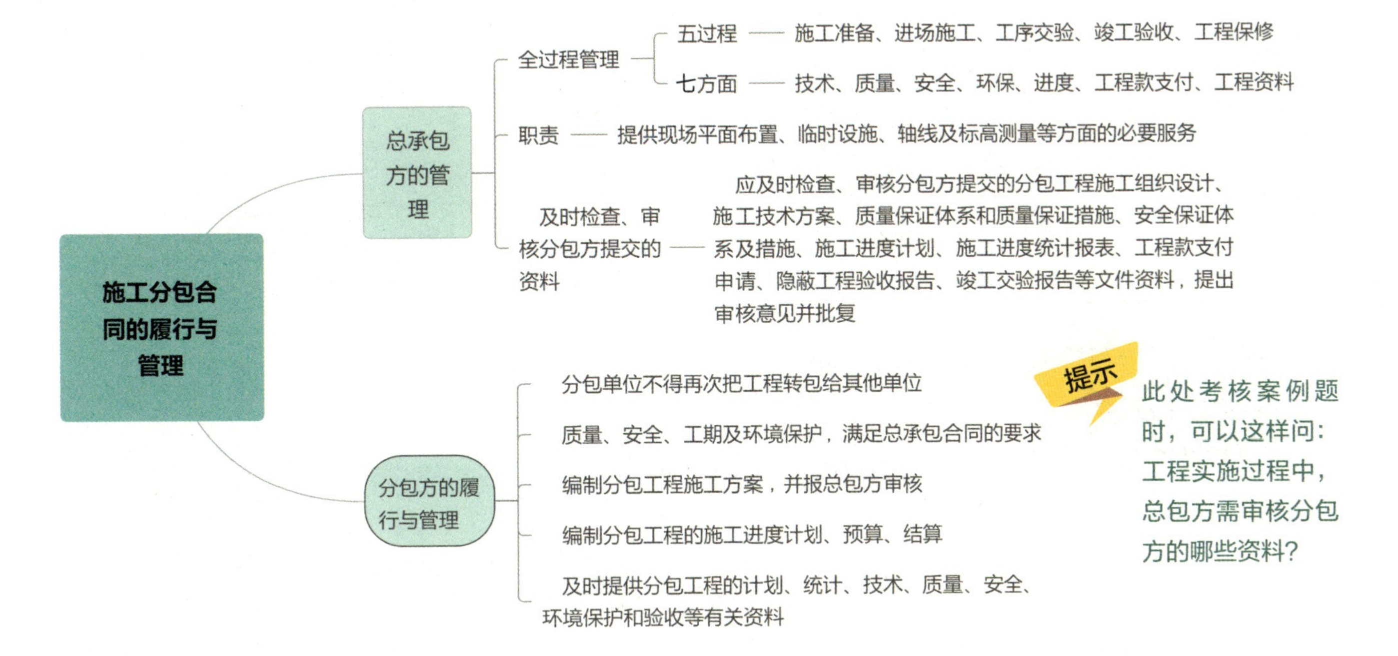

对于判别工程是否可以分包?

（1）总承包单位合同约定的或业主指定的分包项目。

（2）不属于主体工程，总承包方考虑分包单位分包施工更有利于工程的进度、质量的项目。

（3）一些专业性的分部工程，分包单位必须具备相应技术资格。

需要注意的是，不属于业主指定的工程，总承包单位在决定分包和选定分包队伍前应征得业主的认可。

【考点 2】施工合同变更与索赔（☆☆☆☆☆）

该考点中，机电工程项目合同变更在近几年考试中涉及较少，相关内容就不在此赘述，考生可在第一轮复习时，熟悉一下相关内容即可。

1．索赔发生的原因、索赔成立的前提条件 [16 单选、18 多选、21 第一批案例、21 第二批单选]

索赔发生的原因	（1）合同当事方违约，不履行或未能正确履行合同义务与责任。 （2）合同条文错误，如合同条文不全、错误、矛盾，设计图纸、技术规范错误等。 （3）合同变更。 （4）不可抗力因素，如恶劣气候条件、地震、疫情、洪水、战争状态等。 【注意：在此命题的概率较高】
索赔成立的前提条件【判断：有合同关系；有损失；不是承包商造成的；不放弃权利。】	应该同时具备以下三个前提条件：（索赔一般指的是承包商这边的索赔） （1）与合同对照，事件已造成了承包商工程项目成本的额外支出，或直接工期损失。 （2）造成费用增加或工期损失的原因，按合同约定不属于承包商的行为责任或风险责任。 （3）承包商按合同规定的程序和时间提交索赔意向通知和索赔报告

2．索赔的分类 [13 案例、14 案例、15 案例、16 单选和案例、18 多选、22 一天考三科单选]

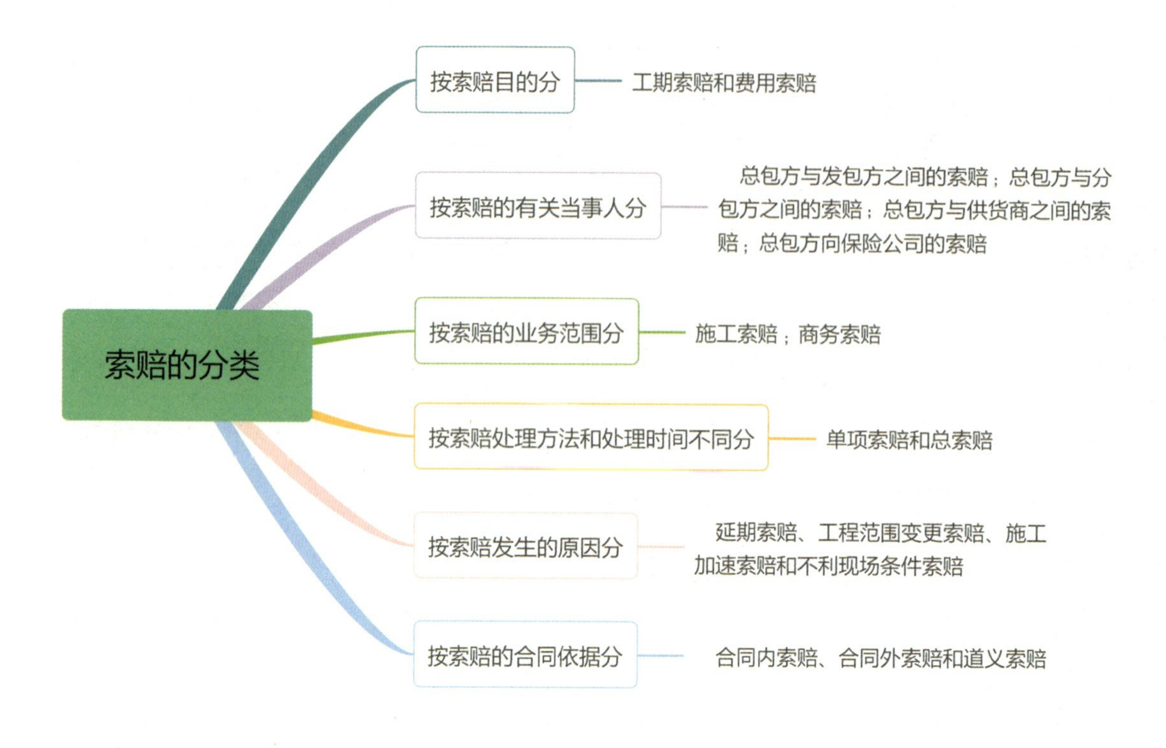

3．承包商可以提起索赔的事件（需要理解记忆）

（1）发包人违反合同给承包人造成时间、费用的损失。

（2）因工程变更造成的时间、费用的损失。

（3）由于监理工程师的原因导致施工条件的改变，而造成时间、费用的损失。

（4）发包人提出提前完成项目或缩短工期而造成承包人的费用增加。

（5）非承包人的原因导致项目缺陷的修复所发生的费用。

（6）非承包人的原因导致工程停工造成的损失。

（7）国家的相关政策法规变化、物价上涨等原因造成的费用损失。

4．机电工程项目索赔费用的计算、承包人的正式索赔文件 [22 两天考三科单选]

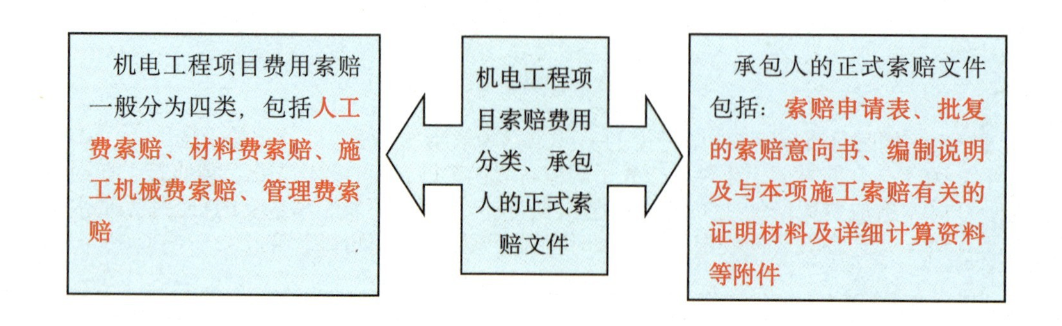

索赔在案例题中的考试题型小结：

（1）判断索赔能否成立或者是否合理？说明理由。（结合背景资料进行判断）

（2）简述索赔成立的前提条件。

（3）按索赔发生的原因分析，×× 单位可以提出哪些索赔？

（4）计算索赔费用或者工期。

2H320030 机电工程施工组织设计

【考点 1】施工组织设计编制要求（☆☆☆）

1．施工组织设计类型

在过去的考试中考查过单选题，掌握下面内容即可。

施工组织总设计	以若干单位工程组成的群体工程或特大型项目为主要对象编制的施工组织总设计，对整个项目的施工过程起统筹规划、重点控制的作用
单位工程施工组织设计	以单位（子单位）工程为主要对象编制的施工组织总设计，对单位（子单位）工程的施工过程起指导和制约作用
分部（分项）工程施工组织设计	以分部（分项）工程或专项工程为主要对象编制的施工技术与组织方案，用以具体指导施工作业过程
临时用电施工组织设计	施工现场临时用电设备在 5 台及以上或用电设备总容量在 50kW 及以上者，应编制临时用电施工组织设计，应在临电工程开工前编制完成。 施工现场临时用电设备在 5 台以下和设备总容量在 50kW 以下者，应制定安全用电和电气防火措施

2．施工组织设计编制依据、基本内容［17 案例］

施工组织设计编制依据、基本内容

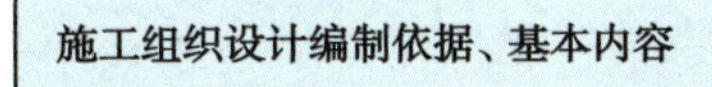

编制依据：与工程建设有关的法律法规和文件；国家现行有关标准和技术经济指标；工程所在地区行政主管部门的批准文件，建设单位对施工的要求；工程施工合同或招标投标文件；工程设计文件；工程施工范围的现场条件，工程地质及水文地质、气象等自然条件；与工程有关的资源供应情况；施工企业的生产能力、机具装备、技术水平等

基本内容：包括：工程概况、施工部署、施工进度计划、施工准备与资源配置计划、主要施工方案、施工现场平面布置及各项管理计划等

提示 此处考查过案例补充题（本项目施工组织设计的主要内容还应有哪些？），不排除在以后的考试中考查选择题的可能性。

可以考查案例补充题、案例简答题类型。

3．施工组织设计编制审批［22 一天考三科案例］

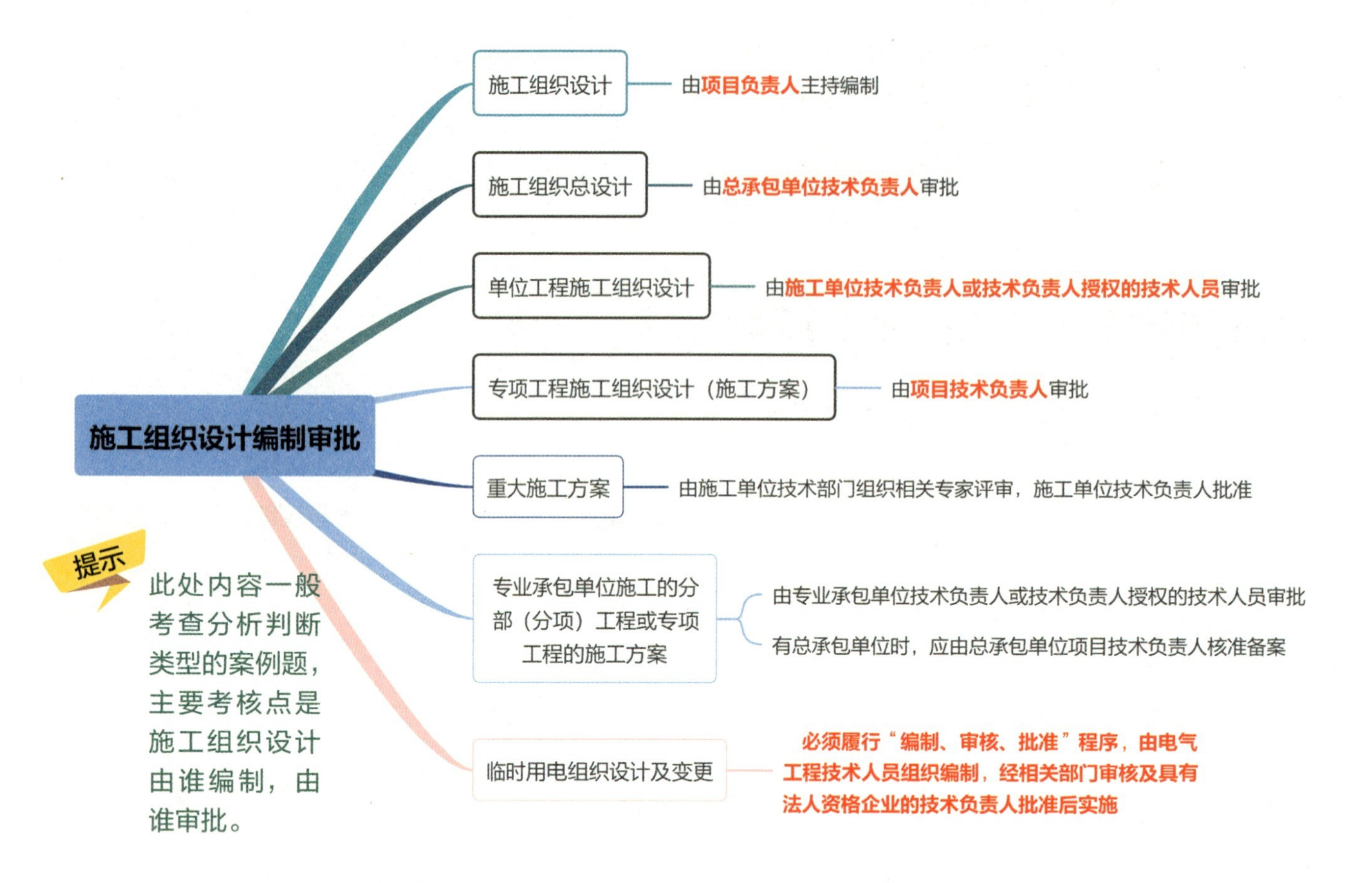

4．施工组织设计动态管理［21 第二批单选、22 两天考三科案例］

（1）项目施工过程中，发生下列情况之一时，施工组织设计应进行修改或补充：工程设计有重大修改；有关法律、法规、规范和标准实施、修订和废止；主要施工方法有重大调整；主要施工资源配置有重大调整；施工环境有重大改变。

（2）经过修改或补充的施工组织设计应重新审批后实施：施工组织设计（方案）的修改或补充应有原编制人员来实施。施工组织设计（方案）修改或补充后原则上需按原审批级别重新审批。

此处考查过选择题和分析判断类型的案例题，理解 + 记忆。

【考点 2】施工方案的编制与实施（☆☆☆☆☆）

1．施工方案编制内容［20 案例］

提示 在 20 年考试中考查了补充类型的题目。

包括工程概况、编制依据、施工安排、施工进度计划、施工准备与资源配置计划、施工方法及工艺要求、主要施工管理计划等基本内容。

2. 危大工程安全专项施工方案编制、审核和修改 [16 案例、19 案例、21 第一批案例、21 第二批案例、22 一天考三科案例]（案例题考点）

危大工程安全专项施工方案编制要求和内容	实行施工总承包的，安全专项施工方案应当由施工总承包单位组织编制。危大工程实行分包的，专项施工方案可以由相关专业分包单位组织编制。 危大工程专项施工方案的主要内容应包括：工程概况；编制依据；施工计划；施工工艺技术；施工安全保证措施；施工管理及作业人员配备和分工；验收要求；应急处置措施；计算书及相关施工图纸
危大工程安全专项施工方案审核要求	（1）安全专项施工方案应由施工单位技术部门组织本单位施工技术、安全、质量等部门的专业技术人员进行审核。经审核合格的，应当由施工单位技术负责人签字、加盖单位公章，并由总监理工程师审查签字、加盖执业印章后方可实施。实行施工总承包的，应当由施工总承包单位、相关专业承包单位技术负责人签字后，方可组织实施。 （2）对于超过一定规模的危大工程（超危大工程），施工单位应当组织召开专家论证会对专项施工方案进行论证。实行施工总承包的，由施工总承包单位组织召开专家论证会。专家论证前专项施工方案应当通过施工单位审核和总监理工程师审查
超危大安全专项方案论证后的修改要求	（1）超过一定规模的危大工程专项施工方案经专家论证后结论为“通过”的，施工单位可参考专家意见自行修改完善。 （2）结论为“修改后通过”的，专家意见要明确具体修改内容，施工单位应当按照专家意见进行修改，并履行有关审核和审查手续后方可实施，修改情况应及时告知专家。 （3）专项施工方案经论证“不通过”的，施工单位修改后应当重新组织专家论证

该部分内容一般考查案例题，考核形式有：危大工程安全专项施工方案编制单位、安全专项施工方案的审核及审查人员、安全专项施工方案是否需要组织专家论证的判断及理由、超危大安全专项方案论证后修改程序正确与否的判定。上述知识点要理解并掌握。

3. 施工方案实施 [15 案例、21 第一批案例、21 第二批案例]（案例题考点）

（1）工程施工前，施工方案的编制人员应向施工作业人员做施工方案的技术交底。

（2）除分部（分项）、专项工程的施工方案需进行技术交底外，新设备、新材料、新技术、新工艺即四新技术以及特殊环境、特种作业等也必须向施工作业人员交底。

（3）交底内容包括：工程的施工程序和顺序、施工工艺、操作方法、要领、质量控制、安全措施、环境保护措施等。

历年考试中施工方案交底内容的题型小结：（1）考查过分析判断类型的案例题，如：技术人员对班组施工方案交底的内容是否正确？简述理由。（2）考查过简答类型的案例题，如：施工方案交底主要包括哪些内容？（3）考查过补充类型的案例题，如：施工方案技术交底还应包括哪些内容？

（4）编制人员或者项目技术负责人应当向施工现场管理人员进行方案交底。施工现场管理人员应当向作业人员进行安全技术交底，并由双方和项目专职安全生产管理人员共同签字确认。项目专职安全生产管理人员应当对专项施工方案实施情况进行现场监督，对未按照专项施工方案施工的，应当要求立即整改，并及时报告项目负责人，项目负责人应当及时组织限期整改。

该部分内容为重要知识点，掌握上述内容即可，在理解的基础上记忆。

2H320040 机电工程施工资源管理

【考点1】人力资源管理的要求（☆☆☆）

1．施工现场项目部主要人员的配备 [21 第一批案例]

（1）施工现场项目部主要管理人员的配备根据项目大小和具体情况而定，但必须满足工程项目的需要。

（2）工程项目部负责人：项目经理、项目副经理、项目技术负责人。

（3）项目技术负责人：必须具有规定的机电工程相关专业职称，有从事工程施工技术管理工作经历。

（4）项目部技术人员：根据项目大小和具体情况，按分部、分项工程和专业配备。

（5）项目部现场施工管理人员：施工员、材料员、安全员、机械员、劳务员、资料员、质量员、标准员等必须经培训、考试，持证上岗。

（6）配备满足施工要求经考核或培训合格的技术工人。

2．特种作业人员和特种设备作业人员要求 [16 案例、18 多选、21 第一批案例]

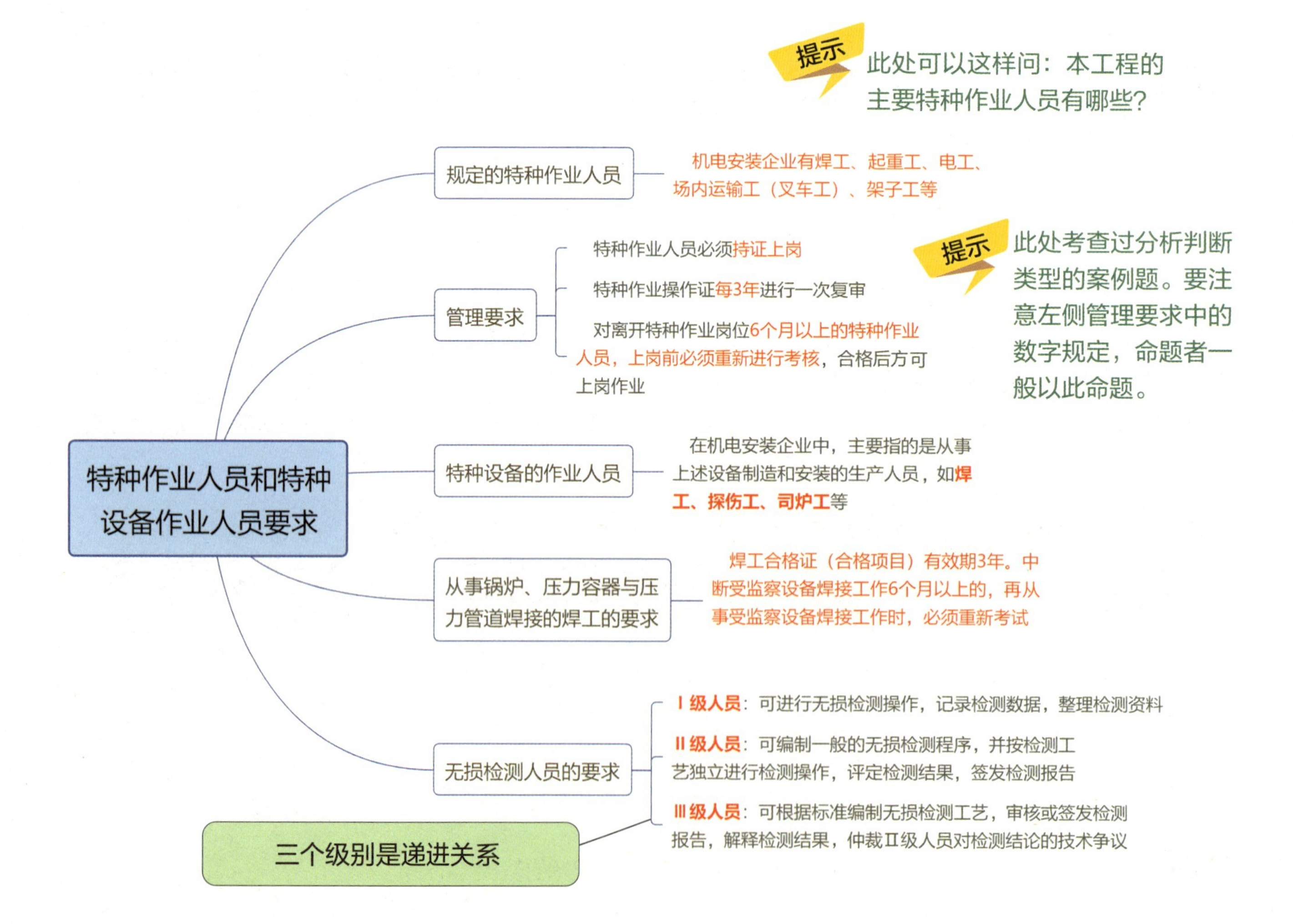

【考点 2】工程材料管理的要求（☆☆☆）

1. 材料采购策划与采购计划

材料采购合同的履行环节	主要包括：材料的交付、交货检验的依据、产品数量的验收、产品的质量检验、采购合同的变更等
分析市场现状	注意供应商的供货能力和生产周期，确定采购批量或供货的最佳时机。考虑材料运距及运输方法和时间，使材料供给与施工进度安排有恰当的时间提前量，以减少仓储保管费用

2. 材料管理的要求 [14 案例、20 案例]

一般考查案例题，考试题型有：简答题、补充题。

材料进场验收要求	在材料进场时必须根据进料计划、送料凭证、质量保证书或产品合格证，进行材料的数量和质量验收；验收工作按质量验收规范和计量检测规定进行；验收内容包括品种、规格、型号、质量、数量、证件等；验收要做好记录、办理验收手续；要求复检的材料应有取样送检证明报告；对不符合计划要求或质量不合格的材料应拒绝接收
材料领发要求	凡有定额的工程用料，凭限额领料单领发材料；施工设施用料也实行定额发料制度，以设施用料计划进行总控制；超限额的用料，在用料前应办理手续，填制限额领料单，注明超耗原因，经签发批准后实施；建立领发料台账，记录领发和节超状况

【考点 3】施工机具管理的要求（☆☆☆）[17 多选、21 第二批单选]

施工机具管理的要求

施工机具选择原则（**选择题考点**）

（1）施工机具的类型，应满足施工部署中的机械设备供应计划和施工方案的需要。

（2）施工机具的主要性能参数，要能满足工程需要和保证质量要求。

（3）施工机具的操作性能，要适合工程的具体特点和使用场所的环境条件。

（4）能兼顾施工企业近几年的技术进步和市场拓展的需要。

（5）尽可能选择操作上安全、简单、可靠、品牌优良且同类设备同一型号的产品。

（6）综合考虑机械设备的选择特性

施工机具管理要求

（1）进入现场的施工机械应进行安装验收，保持性能、状态完好，做到资料齐全、准确。需在现场组装的大型机具，使用前要组织验收，以验证组装质量和安全性能，合格后启用。属于特种设备的应履行报检程序。

（2）施工机具的使用应贯彻“人机固定”原则，实行“三定”制度（定机、定人、定岗位责任）。

（3）施工机械设备操作人员的要求：

①严格按照操作规程作业，搞好设备日常维护，保证机械设备安全运行。

②持证上岗，审查证件有效性和作业范围。

③四懂三会：四懂：懂性能、懂原理、懂结构、懂用途；三会：会操作、会保养、会排除故障

2H320050 机电工程施工技术管理

【考点1】施工技术交底（☆☆☆☆☆）

1．施工技术交底的依据、类型与内容 [15案例、17案例、20单选和案例、21第二批案例]

（1）施工技术交底的依据

项目质量策划、施工组织设计、专项施工方案、工程设计文件、施工工艺及质量标准等。

（2）施工技术交底的类型和内容

类型（此处考查过简答题）	相关要点
设计交底与图纸会审	设计交底，即由建设单位组织施工总承包单位、监理单位参加，由勘察、设计单位对施工图纸内容进行交底的一项技术活动，或由施工总承包单位组织分包单位、劳务班组，由总承包单位对施工图纸、施工内容进行交底的一项技术活动。 在施工图设计技术交底的同时，监理单位、设计单位、建设单位、施工单位及其他有关单位需对设计图纸在自审的基础上进行会审
项目总体交底	在工程开工前，由各级技术负责人组织有关工程技术管理部门依据施工组织总设计、工程设计文件、施工合同和设备说明书等资料制定技术交底提纲，对项目部职能部门、专业技术负责人和主要施工负责人及分包单位有关人员进行交底
单位工程技术交底	在单位工程开工前，项目技术负责人应根据单位工程施工组织设计、工程设计文件、设备说明书和上级交底内容等资料拟定技术交底大纲，对本专业范围内的负责人、技术管理人员、施工班组长及施工骨干人员进行技术交底
分部分项工程技术交底	分部分项工程施工前专业技术负责人或施工员根据施工图纸、设备说明书、已批准的单位工程施工组织设计、施工方案、作业指导书及上级交底相关内容等资料拟定技术交底提纲，并对班组施工人员进行交底。一般包括以下内容：施工项目的内容和工程量；施工图纸解释；质量标准，质量保证措施，检验、试验和质量检查验收评级依据；施工步骤、操作方法和采用新技术的操作要领；安全文明施工保证措施，职业健康和环境保护的要求保证措施；设备技术和物资供应情况；施工工期的要求和实现工期的措施；施工记录的内容和要求；降低成本措施；其他施工注意事项
变更交底	施工情况发生较大变化时，应及时向作业人员交底，当工程洽商对施工的影响程度较大时，也应进行技术交底
安全技术交底	工程施工前，由项目专业技术负责人对施工过程中存在较大安全风险的施工作业项目，提出有针对性的安全技术措施，并进行交底

2. 施工技术交底的要求［14 案例、16 案例、22 一天考三科案例］

施工技术交底的要求

- 技术交底的层次、阶段及形式应根据工程的规模和施工的复杂、难易程度及施工人员的素质来确定
- 技术交底以书面文件为准
- 必须在施工前完成，并办理好签字手续后方可开始施工操作
- 分包单位技术负责人必须按照总包单位的技术交底要求向本单位的各级管理人员和施工操作人员进行技术交底
- 技术交底后，交底双方负责人在交底记录上签字确认。经签署的交底记录份数结合项目交工资料要求确定，且必须确保交底人持一份、接收交底人至少持一份

该知识点属于案例题考点，可以考查简答类型的题目（写出施工技术交底记录的要求）、分析判断类型的题目（指出项目部在施工技术交底要求上存在的问题）、具体针对型题目（施工技术交底的层次，阶段及交底形式应根据工程的哪些特点来确定？应在何时完成施工技术交底）。回答问题时，一定根据题目的要求去答题，不要答非所问。

【考点 2】设计变更程序（☆☆☆）

1. 设计变更的分类［19 单选］

按照变更的内容分为重大设计变更和一般设计变更。

重大设计变更	是指变更对项目实施总工期和里程碑产生影响，或改变工程质量标准、整体设计功能，或增加的费用超出批准的基础设计概算，或增加原批准概算中没有列入的单项工程，或工艺方案变化、扩大设计规模、增加主要工艺设备等改变基础设计范围等原因提出的设计变更
一般设计变更	是指在不违背批准的基础设计文件的前提下，发生的局部改进、完善，使设计更趋于合理、优化，以及更好地满足用户的需求等方面的设计变更。一般设计变更不改变工艺流程，不会对总工期和里程碑产生影响，对工程投资影响较小

2. 设计变更程序 [16 案例、18 案例、21 第一批单选]

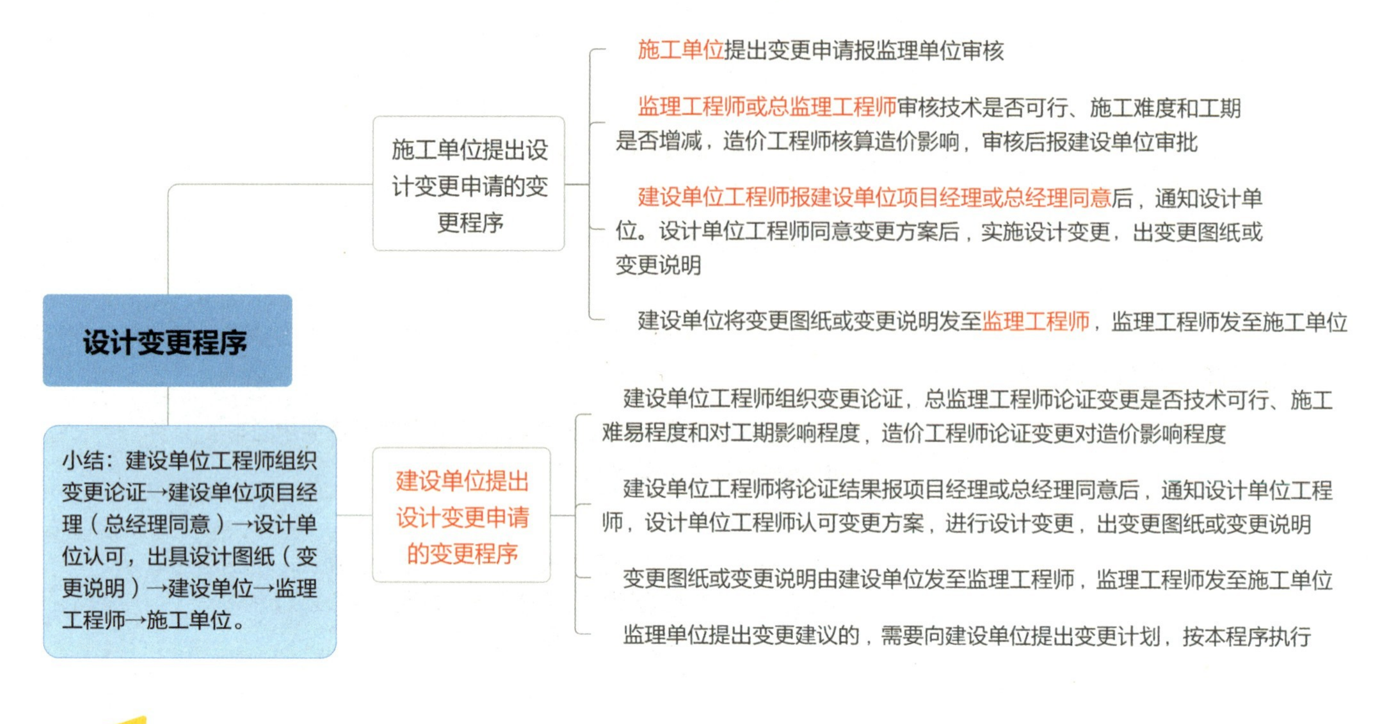

此处考查过案例补充题，如：项目部提出的设计变更申请在程序上还应如何完善才能用于施工？

【考点 3】施工技术资料与竣工档案管理（☆☆☆）

1. 机电工程项目竣工档案的主要内容 [15 案例]

此处可以考查补充题、案例简答题。

包括：一般施工记录；图纸变更记录；设备、产品及物资质量证明、检查、安装记录；预检、复检、复测记录；各种施工记录（如隐蔽工程检查验收记录、施工检查记录、交接检查记录等）；施工试验、检测记录；质量事故处理记录；施工质量验收记录（包括：检验批质量验收记录、分项工程质量验收记录、分部 / 子分部工程质量验收记录、单位工程验收记录等）；其他需要向建设单位移交的有关文件和实物照片及音像、光盘等。

2. 机电工程项目竣工档案管理要求 [16 案例、17 多选]

竣工档案的组卷原则	
 提示 该知识点属于案例题考点，考查过案例简答题。	（1）一项建设工程由多个单位工程组成时，工程文件应按单位工程组卷。 （2）工程文件应按不同的形成、整理单位及建设程序，按工程准备阶段文件、监理文件、施工文件、竣工图、竣工验收文件分别进行组卷，并可根据数量多少组成一卷或多卷。 （3）案卷内不应有重份文件，不同载体的文件应分别组卷。印刷成册的工程文件宜保持原状。建设工程电子文件的组织和排序可按纸质文件进行。 （4）案卷不宜过厚，文字材料卷厚度不宜超过 20mm，图纸卷厚度不宜超过 50mm

续表

立卷方法	（1）工程准备阶段文件应按建设程序、形成单位等进行立卷。 （2）监理文件应按单位工程、分部工程或专业、阶段等进行立卷。 （3）施工文件应按单位工程、分部（分项）工程进行立卷。 （4）竣工图应按单位工程分专业进行立卷。 （5）竣工验收文件应按单位工程分专业进行立卷
竣工图章使用	所有竣工图应由施工单位逐张加盖竣工图章。竣工图章应使用不易褪色的印泥，应盖在图标栏上方空白处
竣工档案的验收与移交	（1）工程档案的编制不得少于两套，一套应由建设单位保管，一套（原件）应移交当地城建档案管理机构保存。 （2）勘察、设计、施工单位在收齐工程文件并整理立卷后，建设单位、监理单位应根据城建档案管理机构的要求，对归档文件完整、准确、系统情况和案卷质量进行审查。审查合格后方可向建设单位移交。 （3）施工单位向建设单位移交工程档案资料时，应编制《工程档案资料移交清单》，双方按清单查阅清点。移交清单一式两份，移交后双方应在移交清单上签字盖章，双方各保存一份存档备查。 （4）设计、施工及监理单位需向本单位归档的文件，应按国家有关规定和企业管理要求立卷归档。 （5）当建设单位向城建档案管理机构移交工程档案时，应提交移交案卷目录，办理移交手续，双方签字、盖章后方可交接

提示 该知识点属于案例题考点，考查过案例简答题。

2H320060 机电工程施工进度管理

【考点1】单位工程施工进度计划实施、作业进度计划要求（☆☆☆）[18案例、19案例、22两天考三科案例]

机电工程进度计划编制的要点	（1）要确定机电工程的施工顺序，突出主要分部分项工程，要满足先地下后地上、先干线后支线的施工顺序要求，满足质量和安全的需要，满足用户要求，注意生产辅助装置和配套工程的安排。 （2）单位工程进度计划表达的内容包括施工准备、施工、试运行、交工验收等各个阶段的全部工作
施工作业进度计划编制要求	（1）作业进度计划可按分项工程或工序为单元进行编制，编制前应对施工现场条件、作业面现状、人力资源配备、物资供应状况等做充分了解，并对执行中可能遇到的问题及其解决的途径提出对策，因而作业进度计划是在所有计划中最具有可操作性的计划。 （2）作业进度计划编制时已充分考虑了工作的衔接关系和符合工艺规律的逻辑关系，所以宜用横道图进度计划表达。 （3）作业进度计划应具体体现施工顺序安排的合理性，即满足先地下后地上、先深后浅、先干线后支线、先大件后小件等的基本要求

【考点2】施工进度的监测与调整（☆☆☆☆）

1．影响施工计划进度的原因及因素［19单选、20单选、21第二批案例］

影响施工计划进度的原因	影响机电工程施工进度的单位主要有建设单位、设计单位、监理单位、供货单位和施工单位。 （1）建设单位的原因：建设资金没有落实，工程款不能按时交付，影响设备、材料采购，影响施工人员的工资发放，影响计划进度。 （2）设计单位的原因：施工图纸提供不及时或图纸修改，造成工程停工或返工，影响计划进度。 （3）供货单位的原因：供货单位违约，设备、材料没有按计划送达施工现场，或者送达后验收不合格，影响计划进度。 （4）施工单位的原因：项目管理混乱，施工计划编制失误，分包单位违约，施工现场协调不好，施工人员偏少，施工方案、施工方法不当等，影响计划进度
影响施工计划进度的因素	（1）工程资金不落实：建设单位没有给足工程预付款，拖欠工程进度款，影响承包单位的流动资金周转。影响承包单位的材料采购、劳务费的支付，影响施工进度。 （2）施工图纸提供不及时：建设单位对工程提出了新的要求、规范标准的修订、设计单位对设计图纸的变更或施工单位要求施工修改，都会影响施工进度。 （3）气候及周围环境的不利因素。 （4）供应商违约。 （5）设备、材料价格上涨：在固定总价合同中，碰到设备、材料价格上涨，造成设备、材料采购困难。 （6）四新技术的应用：工程中新材料、新工艺、新技术、新设备的应用，施工人员的技术培训，影响施工进度计划的执行。 （7）施工单位管理能力：施工方法失误造成返工，施工组织管理混乱，处理问题不够及时，各专业分包单位不能如期履行合同等现象都会影响施工进度计划

该部分内容掌握上述内容即可，直接记忆，不用深究。

2．施工进度偏差对后续工作和总工期影响的分析［22一天考三科案例］（考理解）

施工进度偏差对后续工作和总工期影响的分析

- 当进度偏差的工作为关键工作，影响后续工作及总工期，采取调整措施；为非关键工作，分析偏差值与总时差和自由时差的大小关系
- 进度偏差＞该工作总时差，影响后续工作和总工期，采取调整措施；进度偏差≤该工作总时差，总工期无影响
- 进度偏差＞该工作自由时差，对后续工作产生影响；进度偏差≤该工作自由时差，对后续工作无影响，进度计划可不作调整

3．施工进度计划调整方法、内容［21第一批案例］

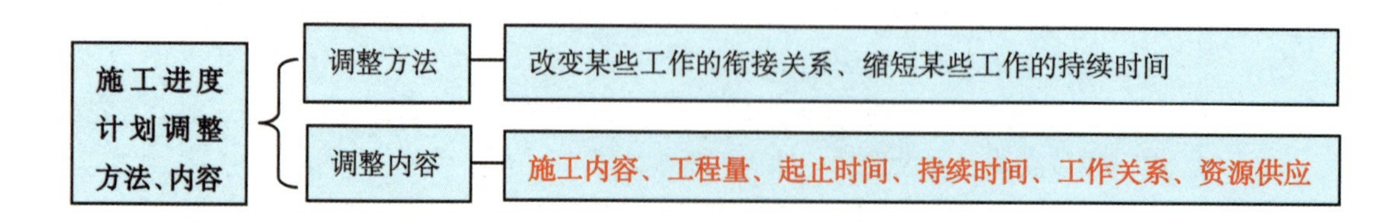

4．施工进度控制的主要措施 [22 一天考三科案例]（考分析判断题）

组织措施	（1）确定机电工程施工进度目标，建立进度目标控制体系；明确工程现场进度控制人员及其分工；落实各层次的进度控制人员的任务和责任。 （2）建立工程进度报告制度，建立进度信息沟通网络，实施进度计划的检查分析制度。 （3）建立施工进度协调会议制度。 （4）建立机电工程图纸会审、工程变更和设计变更管理制度
合同措施	（1）合同中要有专款专用条款。 （2）严格控制合同变更
经济措施	（1）编制资金需求计划，满足资金供给，保证施工进度目标所需的工程费用等。 （2）施工中及时办理工程预付款及工程进度款支付手续。 （3）对应急赶工给予优厚的赶工费用，对工期提前给予奖励
技术措施	（1）优化施工方案，分析改变施工技术、施工方法和施工机械的可能性。 （2）审查分包单位提交的进度计划

2H320070 机电工程施工质量管理

【考点 1】施工质量预控（☆☆☆☆☆）

1．机电安装工程项目施工过程的质量控制 [20 单选]（选择题考点）

事前控制	（1）施工准备质量控制：包括施工机具、检测器具质量控制；工程设备材料、半成品及构件质量控制；质量保证体系、施工人员资格审查、操作人员培训等管理控制；质量控制系统组织的控制；施工方案、施工计划、施工方法、检验方法审查的控制；工程技术环境监督检查的控制；新工艺、新技术、新材料审查把关控制等。 （2）严格控制图纸会审及技术交底的质量、施工组织设计交底的质量、分项工程技术交底的质量
事中控制	（1）施工过程质量控制。包括工序控制（一般工序控制和特殊工序控制）；工序之间的交接检查的控制；隐蔽工程质量控制；调试和检测、试验等过程控制。 （2）设备监造控制。 （3）中间产品控制。 （4）分项、分部工程质量验收或评定的控制。 （5）设计变更、图纸修改、工程洽商等施工变更的审查控制
事后控制	竣工质量检验控制；工程质量评定；工程质量文件审核与建档；回访和保修

2．机电综合管线设计的策划［17 案例］

机电综合管线设计的策划

- 当管道交叉时，上下左右及跨越排布在施工前应明确，一般自上而下应为电、风、水管
- 一般在管道综合排布时应首先考虑风管的标高和走向，但同时要考虑大口径水管的布置，尽量避免风管和水管多次交叉
- 一般布置原则是水管让风管、小管让大管、有压管让无压管

3．工序质量预控［15 案例、16 案例、17 案例、18 案例］

（1）质量预控、质量预控方案、工序分析

质量预控	包括：质量计划预控与施工组织设计（施工方案）预控、施工准备预控（包括：项目管理人员准备、劳动力组织准备、施工现场准备、物资准备、技术准备等内容）、施工生产要素预控（主要是指：人员选用、材料使用、操作机具、检验器具、操作工艺、施工环境）
质量预控方案（考查案例简答题）	包括工序名称、可能出现的质量问题、提出质量预控措施等三部分内容
工序分析的步骤	第一步是用因果分析图法书面分析；第二步进行试验核实，可根据不同的工序用不同的方法，如优选法等；第三步是制定标准进行管理，主要应用系统图法和矩阵图法。提示 此处可以这样问：工序分析的三个步骤中，分别采用的是哪种分析方法？

（2）质量控制点的设置

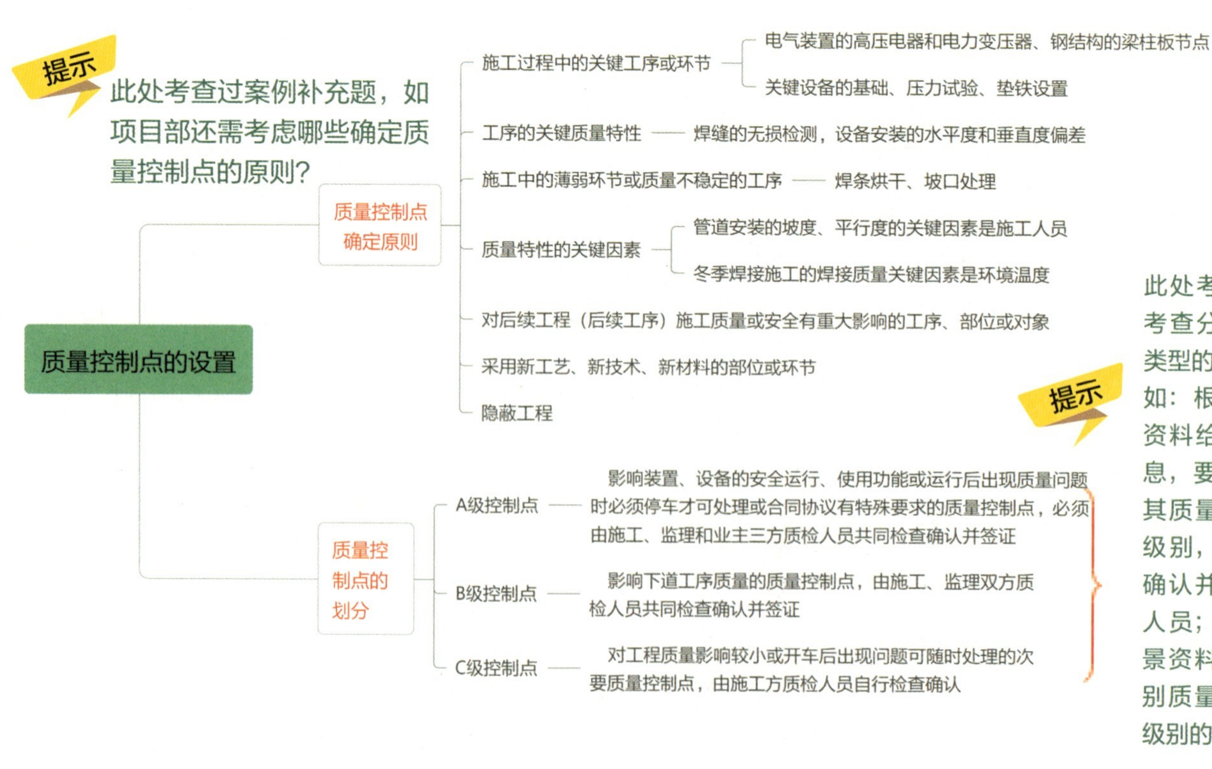

4．机电专业之间的配合 [22 一天考三科案例]

（1）空调风管、水管、给水排水专业、电气专业及建筑智能等机电专业之间的管道、桥架、电缆等是否产生干涉。

（2）各专业安装的末端装置的位置是否符合设计施工规范要求，是否美观。

（3）机电专业管道的交接部位是否连接到位。例如，空调水系统补水管道是否连接到位，空调机房是否设置了冷凝水的排水管道等。

（4）各系统设备接线的具体位置是否与电气动力配线出线位置一致。

（5）设备电机的起动方式是否与设备电机相一致，容量与图纸是否一致。

（6）各机电专业为楼宇自控系统提供相关参数。其他机电设备订货前积极与建筑智能系统承包商协调，确认各个信号点及控制点接口条件，保证各接口点与系统的信号兼容，保障楼宇系统方案的实现。

（7）协助楼宇自控系统安装单位的电动阀门、风阀驱动器和传感器的安装。

（8）消防系统的联动调试工作，包括消防给水系统调试、火灾报警系统联动调试、防排烟系统的联动调试等内容。

【考点 2】施工工序质量检验（☆☆☆）

1．工程项目质量检验的三检制 [14 案例、18 案例、20 案例]（大多考查定义）

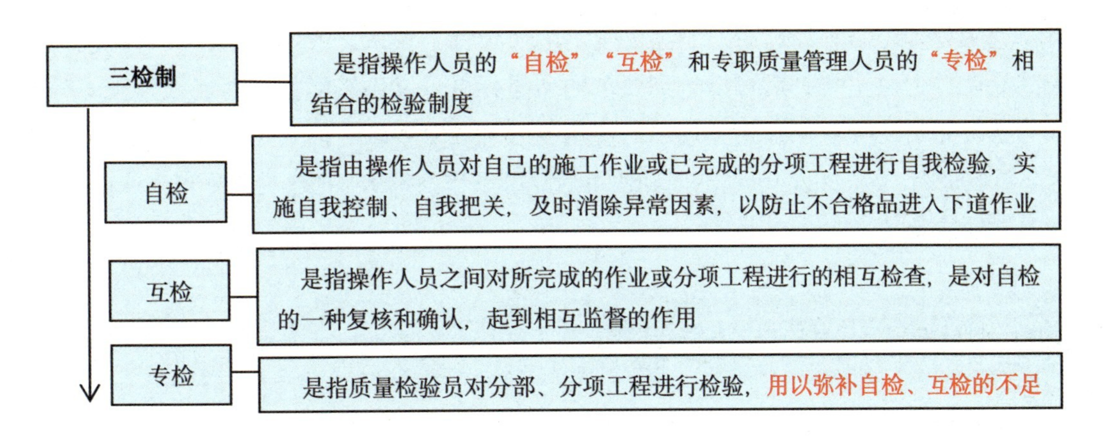

2．现场质量检查的方法 [18 案例]

主要有目测法、实测法、试验法等。

【考点 3】施工质量问题和质量事故的处理（☆☆☆☆）

该考点中，施工质量问题在近几年考试中涉及较少，相关内容就不在此赘述，考生可在第一轮复习时，熟悉一下相关内容即可。

1．质量事故处理程序 [19 单选、20 案例、21 第一批案例]

包括（1）事故报告；（2）现场保护；（3）事故调查；（4）撰写质量事故调查报告；（5）事故处理报告。【此处可考查案例简述题，如：列出质量事故处理程序的步骤】

事故报告	（1）工程质量事故发生后，事故现场有关人员应当立即向工程建设单位负责人报告；工程建设单位负责人接到报告后，应于 1 小时内向事故发生地县级以上人民政府住房和城乡建设主管部门及有关部门报告。 （2）事故报告内容包括：事故发生的时间、地点、工程项目名称、工程各参建单位名称；事故发生的简要经过、伤亡人数（包括下落不明的人数）和初步估计的直接经济损失；事故的初步原因；事故发生后采取的措施及事故控制情况；事故报告单位、联系人及联系方式；其他应当报告的情况【此处考查案例题时，考试题型有：案例简答题、案例补充题】
事故调查	由项目技术负责人为首组建调查小组，参加人员应是与事故直接相关的专业技术人员、质检员和有经验的技术工人等
撰写质量事故调查报告	事故调查报告包括下列内容：（1）事故项目及各参建单位概况；（2）事故发生经过和事故救援情况；（3）事故造成的人员伤亡和直接经济损失；（4）事故项目有关质量检测报告和技术分析报告；（5）事故发生的原因和事故性质；（6）事故责任的认定和事故责任者的处理建议；（7）事故防范和整改措施

2．质量事故部位的处理方式 [13 案例]

处理方式有：返工处理（修补处理后不能满足规定的质量标准要求，或不具备补救可能性）、返修处理（存在一定的缺陷，但经过修补后可以达到要求的质量标准，又不影响使用功能或外观）、限制使用（缺陷按返修方法处理后，无法保证达到规定的使用要求和安全要求，而又无法返工处理）、不作处理（对使用和安全影响很小，经过设计单位论证和认可后，可不作处理）、报废处理（当采取前述办法后，仍不能满足要求）五种情况。

2H320080 机电工程施工安全管理

【考点 1】施工现场职业健康安全管理要求（☆☆☆）

1．职业健康和安全管理实施要求 [21 第一批案例]

（1）项目部应建立职业健康安全管理机构和责任制，项目经理是职业健康安全管理第一责任人，施工队长、班组长是管理人员，负责本施工队、本班组的职业健康安全管理工作。

（2）项目部应根据施工规模配备专职职业健康安全管理人员，建筑工程、装饰工程按建筑面积配备；土木工程、线路管道、设备安装按照总造价配备；分包单位应根据作业人数配备专职或兼职职业卫生管理人员。

2．项目部施工安全实施要点 [19 案例、22 两天考三科案例]

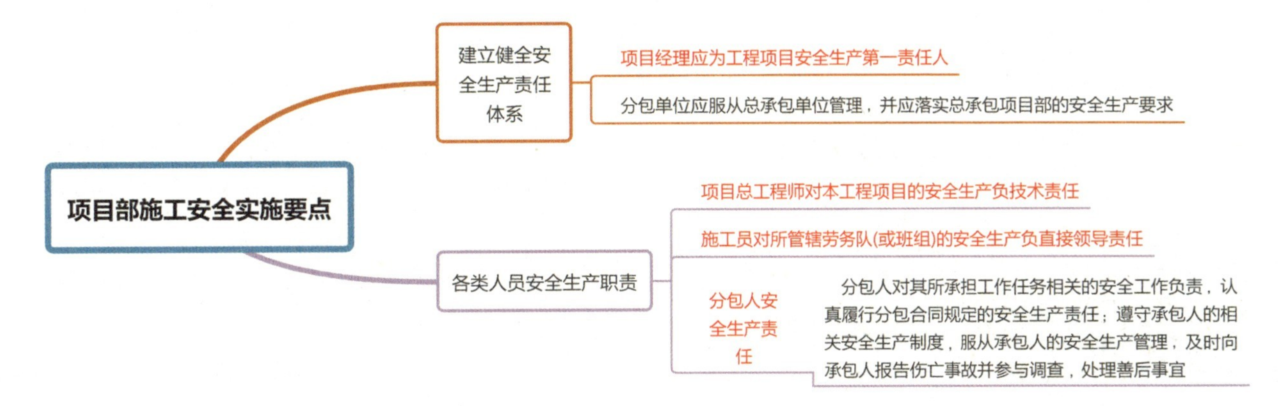

3．安全技术交底制度 [22 两天考三科案例]

安全技术交底制	（1）工程开工前，工程技术人员要将工程概况、施工方法、安全技术措施等向全体职工详细交底。 （2）分项、分部工程施工前，工长（施工员）向所管辖的班组进行安全技术措施交底。 （3）两个以上施工队或工种配合施工时，工长（施工员）要按交叉施工安全技术措施的要求向班组长进行交叉作业的安全技术交底。 （4）安全技术交底可以分为：施工工种安全技术交底，分项、分部工程施工安全技术交底，采用新技术、新设备、新材料、新工艺施工的安全技术交底
安全技术交底记录	（1）工长（施工员）进行书面交底后，应保存安全技术交底记录和所有参加交底人员的签字。 （2）交底记录由安全员负责整理归档。交底人及安全员应对安全技术交底的落实情况进行检查，发现有违反安全规定的情形应立即采取整改措施，安全技术交底记录一式三份，分别由工长、施工班组和安全员留存 提示　此处考查过分析判断类型的案例题。
安全技术交底主要内容 提示　此处考查过补充类型的案例小问。	（1）工程项目和分部分项的概况。 （2）本施工项目的施工作业特点和危险点。 （3）针对危险点的具体预防措施。 （4）作业中应遵守的操作规程及注意事项。 （5）发现事故隐患应采取的措施。 （6）发生事故后应采取的避难、应急、急救措施

【考点 2】施工现场危险源辨识（☆☆☆）

1．项目危险源辨识范围 [19 案例]

危险源应由三个要素构成：潜在危险性、存在条件和触发因素。

2．施工安全重大危险源的主要类型及成因 [22 一天考三科案例]

施工安全重大危险源分类	（1）施工场所重大危险源： 存在于分部、分项（工序）工程施工、施工装置运行过程和物质的重大危险源：脚手架（包括落地架、悬挑架、爬架等）、基坑、卸料平台支撑、起重塔式起重机、物料提升机、施工电梯安装与运行，局部结构工程或临时建筑（工棚、围墙等）失稳，造成坍塌、倒塌意外；高度大于2m的作业面（包括高空、洞口、临边作业），因安全防护设施不符合或无防护设施、人员未配系防护绳（带）等造成人员踏空、滑倒、失稳等意外；工程材料、构件及设备的堆放与搬（吊）运等发生高空坠落、堆放散落、撞击人员等意外；施工用易燃易爆化学物品临时存放或使用不符合、防护不到位，造成火灾或人员中毒意外；工地饮食因卫生不符合，造成集体中毒或疾病。 （2）“危大工程”均属于施工场所重大危险源的危险因素
施工安全重大危险源的主要危害	主要有以下类型：坍塌、倒塌、高处坠落、火灾、爆炸等

【考点 3】施工安全技术措施（☆☆☆）

1．施工安全技术措施的制定

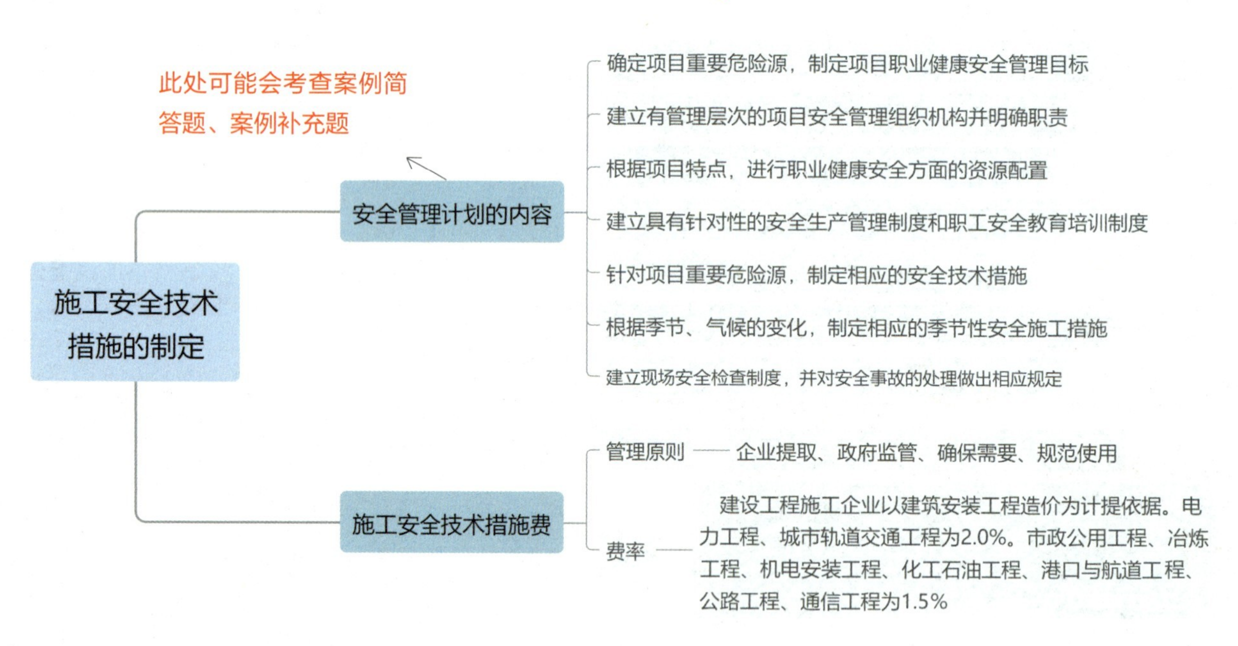

2．主要施工机械和临时用电安全管理 [22 一天考三科单选]

临时用电检查验收的主要内容	（1）临时用电工程必须由持证电工施工。 （2）检查内容包括：接地与防雷、配电室与自备电源、各种配电箱及开关箱、配电线、变压器、电气设备安装、电气设备调试、接地电阻测试记录等
临时用电工程的定期检查	检查工作应按分部、分项工程进行，对不安全因素，必须及时处理，并履行复查验收手续

【考点 4】施工安全应急预案（☆☆☆）

1．机电工程施工安全事故应急预案 [20 单选]

该知识点内容较多，只需掌握下述内容即可，其余内容略看。

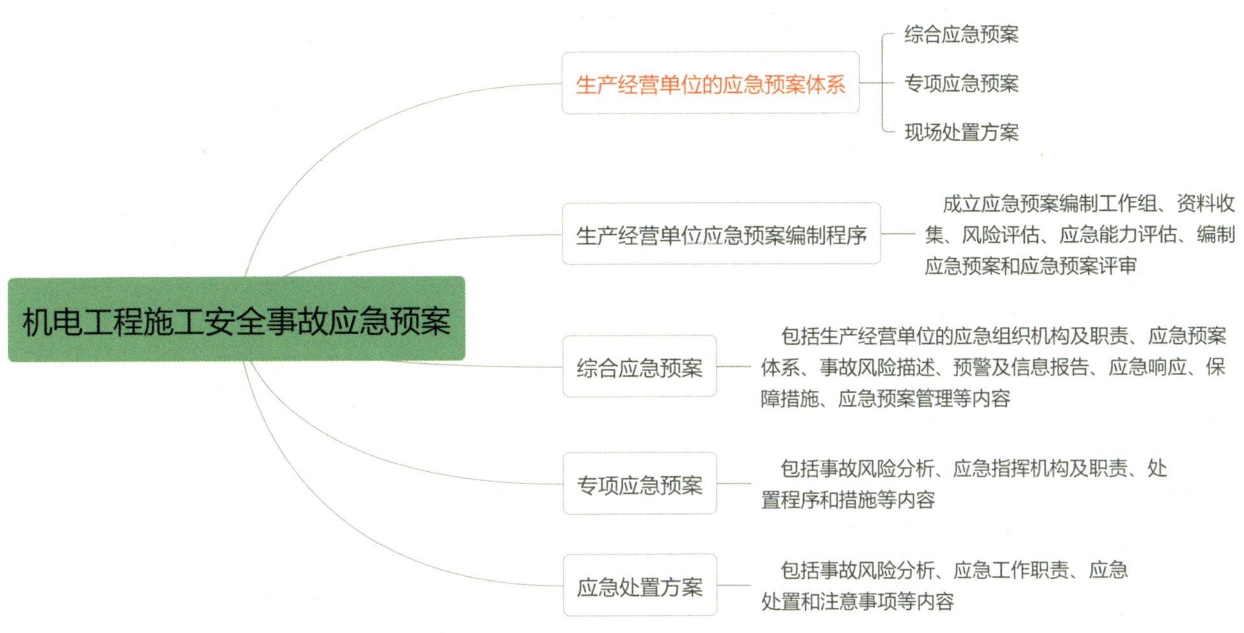

2．伤亡事故发生时的应急措施

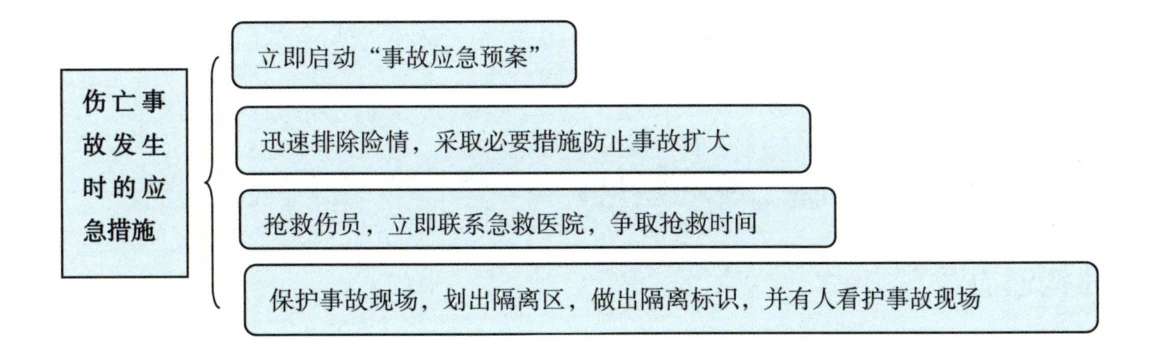

【考点 5】施工现场安全事故处理（☆☆☆）

1．生产安全事故等级的划分 [17 案例]

此处一般考查案例题，考核题型为：一般要求根据背景资料叙述情形判断安全事故等级。

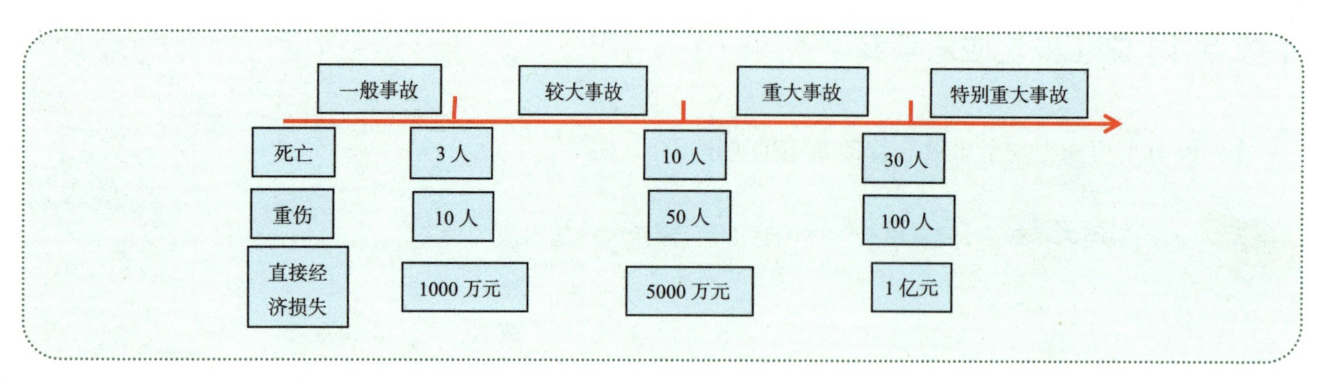

2．事故报告

事故报告程序	（1）事故发生后，事故现场有关人员应立即向本单位负责人报告；单位负责人接到报告后，应当于 1 个小时内向事发地县级以上人民政府安全生产监督管理部门和负有安全生产监督管理职责的有关部门报告。 （2）情况紧急时，事故现场有关人员可以直接向事发地县级以上人民政府安全生产监督管理部门和负有安全生产监督管理职责的有关部门报告
报告事故的内容	（1）事故发生单位概况。 （2）事故发生的时间、地点以及施工现场情况。 （3）事故的简要经过。 （4）事故已经造成或者可能造成的伤亡人数（包括下落不明的人数）和初步估计的直接经济损失。 （5）已经采取的措施。 （6）其他应报告的情况

3．事故调查

特别重大事故由国务院或由国务院授权有关部门组织事故调查组进行调查；重大事故、较大事故、一般事故分别由省级、市级、县级人民政府负责调查；未造成人员伤亡的一般事故，县级人民政府也可委托事故发生单位组织调查组进行调查。

2H320090 机电工程施工现场管理

【考点 1】沟通协调（☆☆☆☆）

1．内部沟通协调 [13 案例、17 多选和案例、21 第二批单选]

内部沟通协调的主要对象		项目部所设置的各个部门、项目部各专业施工队、各专业分包队伍
内部沟通协调的主要内容	施工进度计划的协调	（1）进度计划协调的环节：进度计划编排、组织实施、计划检查、计划调整。 【此处在过去的考试中考查过案例简答题：公司内部施工进度计划协调主要有哪几方面的工作？】 （2）进度计划协调的内容：各专业之间的搭接关系和接口的进度安排、计划实施中相互间协调与配合、设备材料的进场时机

续表

内部沟通协调的主要内容	施工生产资源配备的协调	（1）人力资源的合理配备，人员岗位分工及相互协作。 （2）设备和材料的有序供应，根据项目总体进度安排，协调相应加工订货周期和到场时间。 （3）施工机具的优化配置，配备满足工程需要的施工机具，科学有效地提高生产效率。 （4）资金的合理分配，资金配备的协调
	工程质量管理的协调	工程质量的监督与检查；质量情况的定期通报及奖惩；质量标准产生异议时的沟通与协调；质量让步处理及返工的协调；组织现场样板工程的参观学习及问题工程的现场评议；质量过程的沟通与协调
	施工安全与卫生及环境管理的协调	安全责任制的建立和分工；管理情况的定期通报与奖惩；安全培训与安全教育及考核；违规违章作业的查处；隐患监督整改；绿色施工教育、体检等
	施工现场的交接与协调	机电与土建、装饰专业的交接与协调，专业施工顺序与施工工艺的协调，技术协调
	工程资料的协调	—
内部沟通协调的主要方法		定期召开协调会；不定期的部门会议或专业专题会议及座谈会；工作任务目标考核考绩，工作完成情况汇报制度；利用巡检深入班组随时交流与沟通；定期通报现场信息；内部参观典型案例并进行评议；利用工地宣传工具与员工沟通 【此处在 13 年考试中考查过案例补充题：施工单位内部沟通协调还有哪些方法和形式？】

2．外部沟通协调 [16 案例、21 第二批单选和案例]

（1）外部沟通协调的主要对象

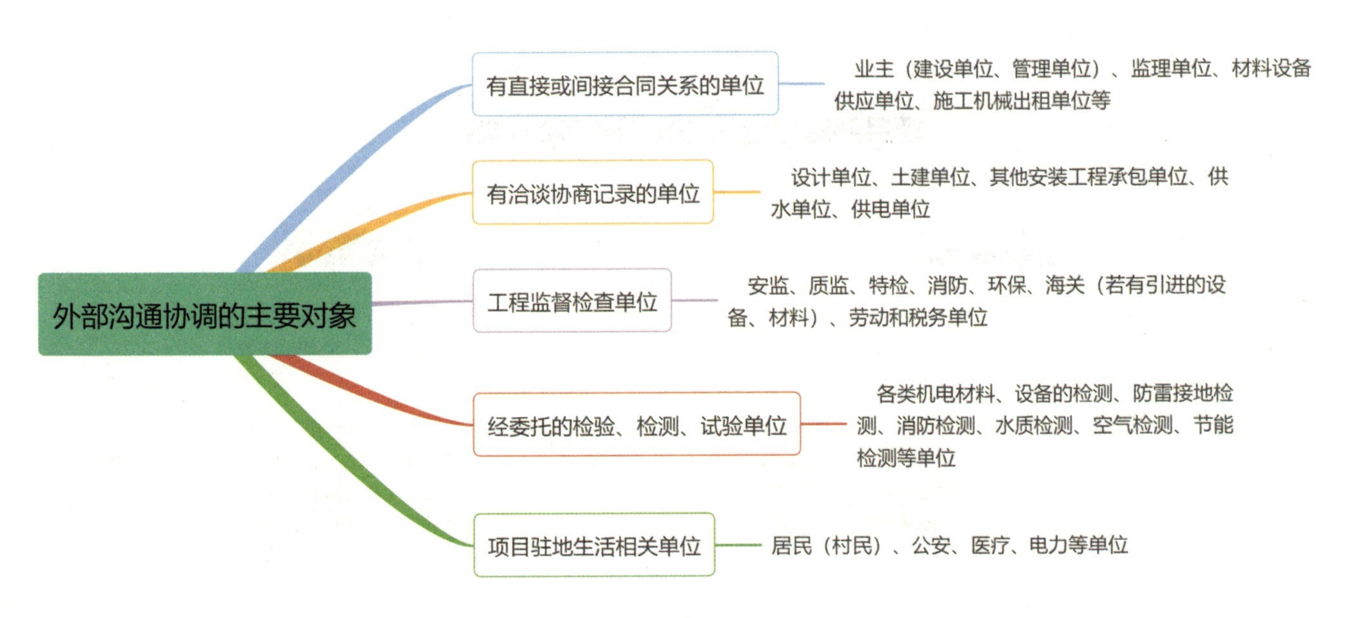

（2）外部沟通协调的主要内容

包括：与建设单位的沟通与协调（包括：现场临时设施；技术质量标准的对接，技术文件的传递程序；工程综合进度的协商与协调；业主资金的安排与施工方资金的使用；业主提供的设备、材料的交接、验收的操作程序；设备安装质量、重大设备安装方案的确定；合同变更、索赔、签证；现场突发事件的应急处理）、与监理单位的沟通与协调、与设计单位的沟通与协调、与设备材料供货单位的沟通与协调、与土建单位的沟通与协调、与地方相关部门的沟通与协调。

有可能会将内部、外部沟通协调的主要内容结合在一起考查，互为干扰选项，要区别记忆。

【考点 2】分包管理（☆☆☆☆）

1．项目部对分包队伍管理的要求 [14 案例、22 两天考三科案例]【重点掌握下述标注红色字体内容】

总承包单位按照总承包合同的约定对建设单位负责	建筑工程总承包单位按照总承包合同的约定对建设单位负责，分包单位按照分包合同的约定对总承包单位负责，总承包单位和分包单位就分包工程对建设单位承担连带责任
对分包单位的考核与管理	总承包单位应从资质条件、技术装备、技术管理人员资格以及履约能力等方面对分包单位进行考核与管理，确定满足工程要求的分包单位
强化分包队伍的全过程管理	总承包单位必须重视并指派专人负责对分包方的管理，保证分包合同和总承包合同的履行
不得再次把工程转包	严格规定分包单位不得再次把工程转包给其他单位

2．项目部对分包队伍协调管理的内容 [21 单选、22 第二批单选]（选择题考点）

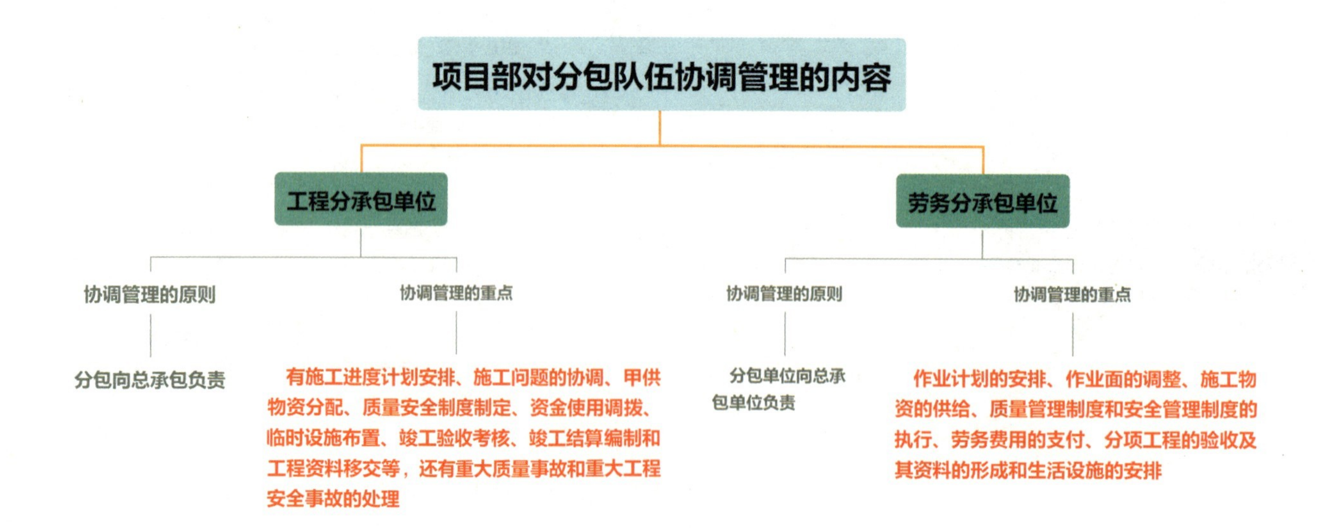

【考点 3】现场绿色施工措施（☆☆☆☆☆）

1．绿色施工措施

绿色施工管理、环境保护、节材与材料资源利用、节水与水资源利用、节能与能源利用、节地与施工用地保护。

2．环境保护要点 [18 案例、19 案例、20 单选、21 第二批案例]

扬尘控制	（1）运送土方、垃圾、设备及建筑材料等时，不应污损道路。运输容易散落、飞扬、流漏的物料的车辆，应采取措施封闭严密。施工现场出口应设置洗车设施，保持开出现场车辆的清洁。 （2）现场道路、加工区、材料堆放区宜及时进行地面硬化。 （3）土方作业阶段，采取洒水、覆盖等措施，达到作业区目测扬尘高度小于 1.5m，不扩散到场区外。 （4）对易产生扬尘的堆放材料应采取覆盖措施；对粉末状材料应封闭存放。 （5）管道和钢结构预制应在封闭的厂房内进行喷砂除锈作业
噪声与振动控制	使用低噪声、低振动的机具，采取隔声与隔振措施
光污染控制	夜间电焊作业应采取遮挡措施，避免电焊弧光外泄。大型照明灯应控制照射角度，防止强光外泄
土壤保护	（1）因施工造成的裸土应及时覆盖。 （2）污水处理设施等不发生堵塞、渗漏、溢出等现象。 （3）防保温用油漆、绝缘脂和易产生粉尘的材料等应要妥善保管，对现场地面造成污染时应及时进行清理。 （4）对于有毒有害废弃物应回收后交有资质的单位处理，不能作为建筑垃圾外运。 （5）施工后应恢复施工活动破坏的植被
建筑垃圾控制	（1）制订建筑垃圾减量化计划。 （2）加强建筑垃圾的回收再利用，力争建筑垃圾的再利用和回收率达到 30%。碎石类、土石方类建筑垃圾应用作地基和路基回填材料

此处为高频考点区，可以出选择题，也可以出案例题，理解 + 记忆。

3．节材与材料资源利用技术要点 [19 单选]

（1）推广使用预拌混凝土和商品砂浆。推广使用高强钢筋和高性能混凝土。推广钢筋专业化加工和配送。

（2）采用“三维建模、BIM 技术、工厂化预制、模块化安装”等先进施工技术，精密设计、建造，提高材料利用率。

4．节能与能源利用技术要点［22两天考三科单选］

节能措施	优先使用国家、行业推荐的节能、高效、环保的施工设备和机具
生产、生活及办公临时设施	临时设施宜采用节能、隔热材料
施工用电及照明	临时用电宜优先选用节能灯具，采用声控、光控等节能照明灯具

5．绿色施工要求

绿色施工要求：
- 除锈、防腐宜在工厂内完成，现场涂装时应采用无污染、耐候性好的材料
- 管道的加工优先采用工厂化预制，管道连接宜采用机械连接方式
- 管道试验及冲洗用水应有组织排放，处理后重复利用
- 预制风管下料宜按照先大口径管道、后小管料，先长料、后短料的顺序进行
- 线路连接宜采用免焊接头和机械压接方式

【考点4】现场文明施工管理（☆☆☆☆☆）

场容管理措施［18单选］

此处可以出选择题也可以出案例题，直接记忆。

管理内容	管理要求
出入口	（1）入口处均应设大门，并设有门卫室。 （2）为使大型设备进出方便，大门以设立电动折叠门为宜。 （3）大门处应设置企业标志，主现场入口处应有标牌。 （4）消防入口应有明显标志
围墙围挡	（1）施工现场围墙、围挡的高度不低于1.8m。 （2）围挡设置应符合项目所在地城市管理部门的要求。 （3）围墙、围挡应定期清理，保持干净整洁
场内道路	（1）施工现场场地平整，道路坚实畅通。 （2）机动车和行人应分道通行。 （3）道路应有排水措施。 （4）道路宜采用永临结合，适度硬化，宜采用可周转预制道路
施工区域	（1）施工地点和周围清洁整齐，做到随时清理，工完场清。 （2）严格成品保护措施，严禁损坏污染成品、堵塞管道。 （3）施工现场禁止随意堆放垃圾，应严格按照规划地点分类堆放，定期清理并按规定分别处理。 （4）施工材料和机具按规定地点堆放，并严格执行材料机具管理制度。 （5）配备足够的消防器材和消火栓，并在上风口设置紧急出口

2H320100 机电工程施工成本管理

【考点 1】施工成本控制的依据（☆☆☆）

1．机电工程费用项目组成 [22 一天考三科单选、22 两天考三科单选]（选择题考点）

（1）按工程费用构成要素划分

建筑安装工程费包括：人工费、材料费、机械费、企业管理费、利润、规费、税金。

（2）按工程造价组成内容划分

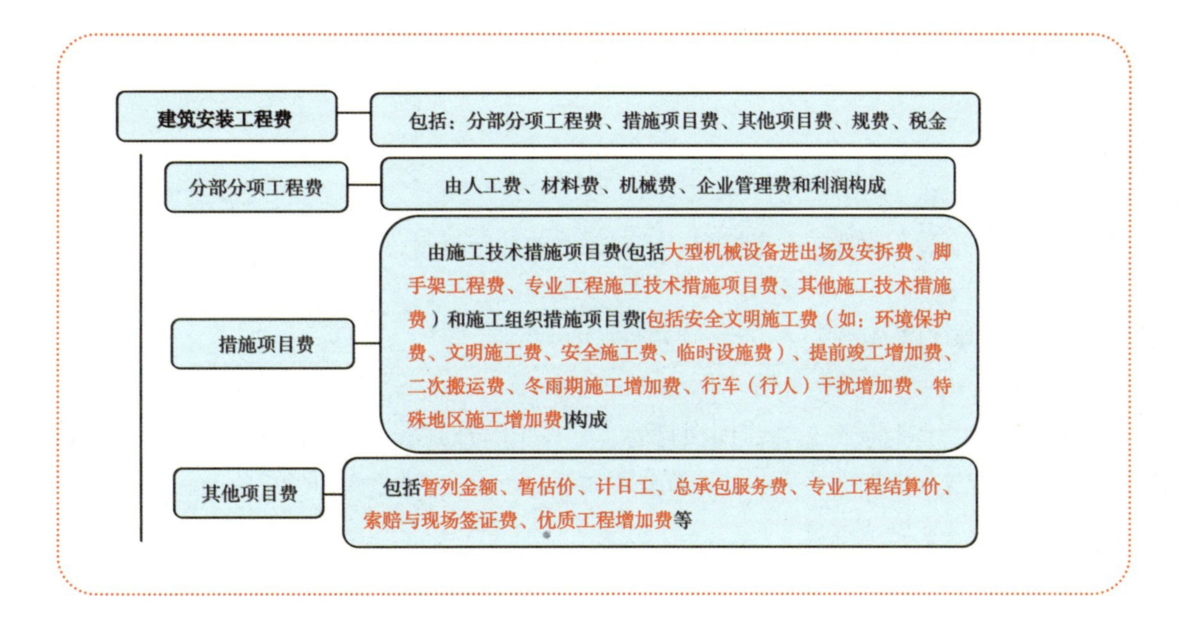

2．编制施工成本计划的方法 [19 单选]（选择题考点）

（1）按成本构成编制成本计划的方法。

（2）按项目结构编制成本计划的方法。

（3）按工程实施阶段编制成本计划的方法。

【考点 2】施工成本计划的实施（☆☆☆）

1．项目成本控制的内容—以项目施工成本形成过程作为控制对象 [16 单选、20 单选]（选择题考点）

投标阶段	结合企业技术装备水平和建筑市场进行成本预测，根据竞争对手的情况提出投标决策意见

续表

施工准备阶段	（1）制订科学先进、经济合理的施工方案。 （2）在优化的施工方案的指导下编制明细而具体的成本计划，并按照部门、施工队和班组的分工进行分解。 （3）编制间接费用预算，并进行明细分解
施工阶段	（1）加强施工任务单和限额领料单的管理。 （2）将施工任务单和限额领料单的结算资料与施工预算进行核对分析。 （3）分析月度预算成本与实际成本的差异。 （4）在月度成本核算的基础上实行责任成本核算

2. 项目施工成本控制的方法 [17 案例]

此处一般考查案例简答题。

以施工图控制成本、安装工程费的动态控制、工期成本的动态控制、施工成本偏差控制。

3. 施工成本偏差计算 [17 案例]

施工成本偏差有两种：一是实际偏差，即项目的实际成本与计划成本之间的差异；二是计划偏差，即项目的计划成本与预算成本之间的差异。其计算公式如下：

实际偏差 = 计划成本 – 实际成本

计划偏差 = 预算成本 – 计划成本

【考点 3】降低施工成本的措施（☆☆☆☆☆）

1. 项目计划成本（目标成本）、项目实际成本 [21 第二批案例]

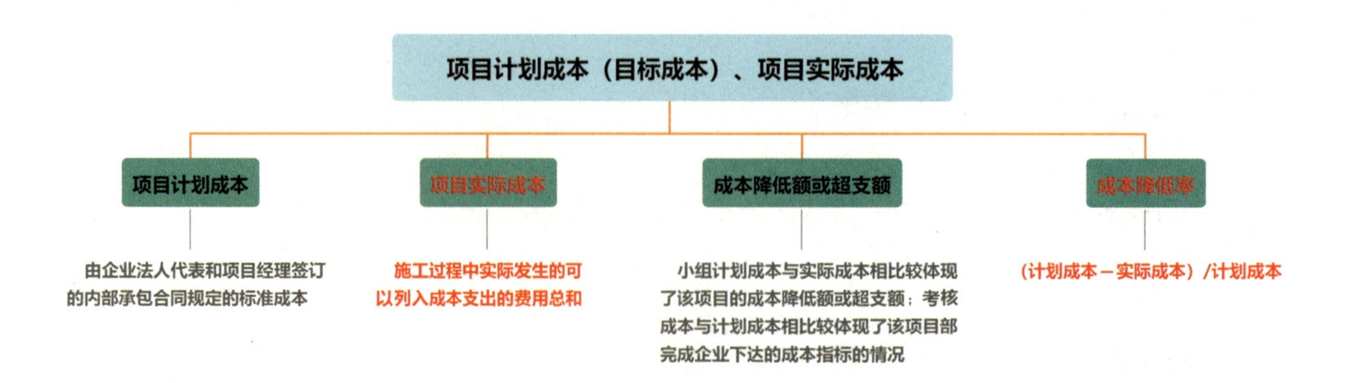

2．降低机电工程项目施工成本的主要措施［17单选、18多选、20案例、21第一批案例］

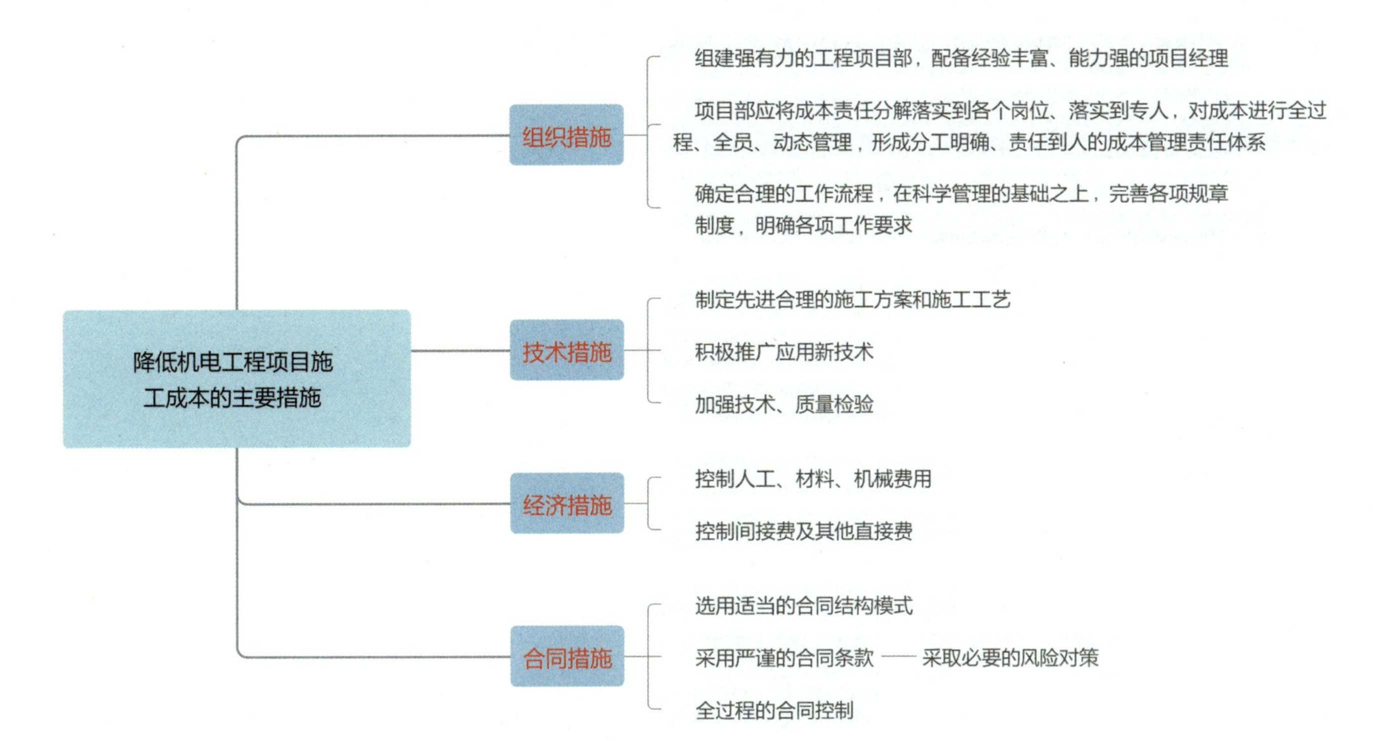

此处内容为重点内容，出过选择题、案例题（分析判断题），理解＋记忆。

2H320110 机电工程项目试运行管理

【考点1】试运行条件（☆☆☆☆）

1．机电工程项目试运行责任分工及参加单位［15案例、21第一批案例］（案例题考点）

试运行类别	单机试运行	联动试运行	负荷试运行
责任分工	由施工单位负责	由建设单位（业主）组织、指挥	由建设单位（业主）负责组织、协调和指挥
参加单位	施工单位、监理单位、设计单位、建设单位、重要机械设备的生产厂家。对于门式及桥式起重机等特种设备的试运行，施工单位应邀请特种设备监督管理单位派人参加	建设单位、生产单位、施工单位、调试单位以及总承包单位（若该工程实行总承包）、设计单位、监理单位、重要机械设备的生产厂家	负荷试运行方案由建设单位组织生产部门和调试单位、设计单位、总承包/施工单位共同编制，由生产部门负责指挥和操作或由调试单位指挥，生产单位负责操作

知识点补充：

联合调试试运转中，施工单位工作内容包括：负责岗位操作的监护，处理试运行过程中机器、设备、管道、电气、自动控制等系统出现的问题并进行技术指导。

2．机电工程项目试运行前应具备的条件 [14 案例、22 一天考三科单选]

单机试运行前应具备的条件	联动试运行前应具备的条件
（1）有关分项工程验收合格。 （2）施工过程资料齐全。 （3）资源条件已满足。 （4）技术措施已到位。 （5）准备工作已完成	（1）工程质量验收合格。 （2）工程中间交接已完成。 （3）单机试运行全部合格。 （4）工艺系统试验合格。 （5）技术管理要求已完成。 （6）资源条件已满足。 （7）准备工作已完成

（1）单机试运行考核形式小结：①直接问单机试运行应具备的条件是什么；②背景给出一部分，要求补齐；③背景给出但是有错，要求找出并纠正。

（2）单机试运行条件和联动试运行条件结合在一起考查选择题，互为干扰选项。

（3）上表只列出单机试运行、联动试运行条件的大致要点，在回答案例简答题时，最好是把具体要点也写出来，那样就不会丢分。

【考点 2】试运行要求（☆☆☆☆☆）

1．机电工程项目单机试运行 [14 案例、15 案例、20 单选、21 第二批案例、22 一天考三科案例、22 两天考三科案例]

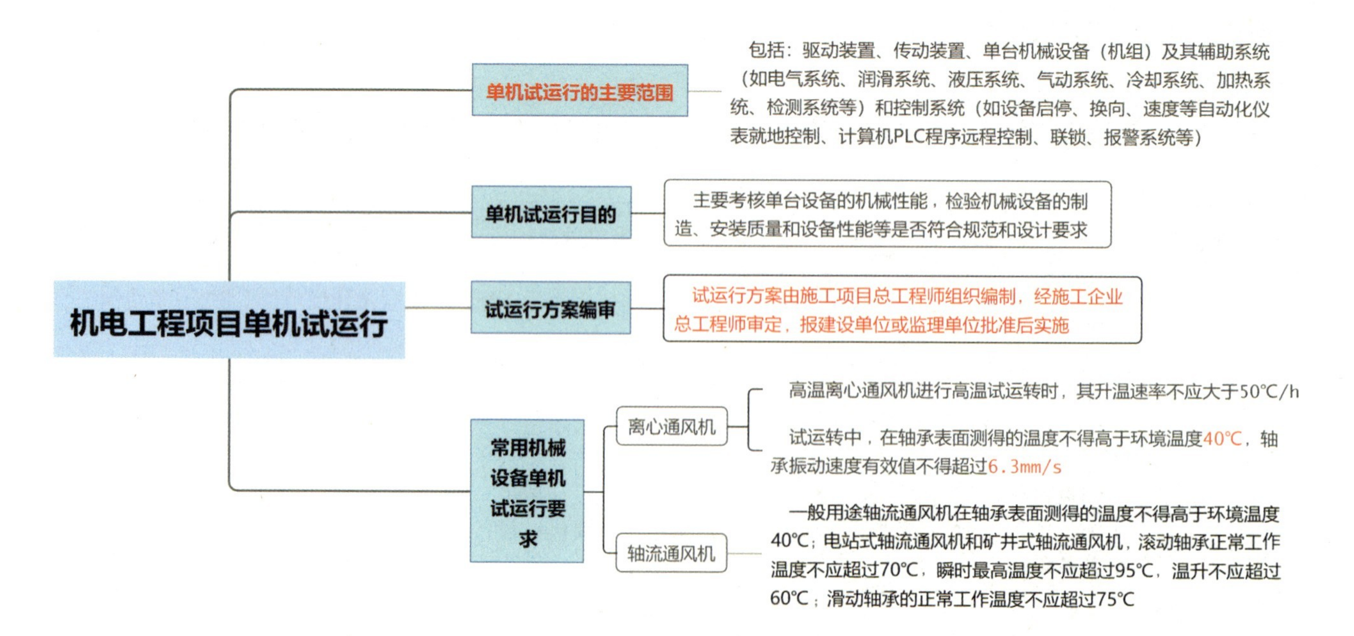

2．泵试运转基本要求 [19 单选]（选择题考点）

（1）试运转的介质宜采用清水；电流不得超过电动机的额定电流。

（2）润滑油不得有渗漏和雾状喷油；轴承、轴承箱和油池润滑油的温升不应超过环境温度 40%，滑动轴承的温度不应大于 70℃；滚动轴承的温度不应大于 80℃。

（3）泵的静密封应无泄漏。

（4）泵在额定工况下连续试运转时间不应少于下表规定的时间。

泵的轴功率（kW）	连续试运转时间（min）
＜ 50	30
50 ～ 100	60
100 ～ 400	90
＞ 400	120

3．单机试运行结束后应及时完成的工作 [22 一天考三科案例]

（1）切断电源和其他动力源。

（2）放气、排水、排污和防锈涂油。

（3）对蓄势器和蓄势腔及机械设备内剩余压力卸压。

（4）对润滑剂的清洁度进行检查，清洗过滤器；必要时更换新的润滑剂。

（5）拆除试运行中的临时装置和恢复拆卸的设备部件及附属装置。对设备几何精度进行必要的复查，各紧固部件复紧。

（6）清理和清扫现场，将机械设备盖上防护罩。

（7）整理试运行的各项记录。

该知识点属于案例题考点，过去考试中考查过案例简答题：单机试运行结束后，还应及时完成哪些工作?

2H320120 机电工程施工结算与竣工验收

【考点 1】施工结算规定的应用（☆☆☆）

1．工程计价的依据、进度款支付申请内容 [21 第一批单选、21 第二批单选]（选择题考点）

工程计价的依据	包括：分部分项工程量（包括项目建议书、可行性研究报告、设计文件等）；人工、材料、机械等实物消耗量；工程单价；设备单价（包括设备原价、设备运杂费、进口设备关税等）；施工组织措施费、间接费和工程建设其他费用；政府规定的税费；物价指数和工程造价指数

续表

进度款支付申请内容	累计已完成的合同价款、累计已实际支付的合同价款、本周期合计完成的合同价款（本周期已完成的单价项目金额、本周期应支付的总价项目金额、本周期已完成的计日工价款、本周期应支付的安全文明施工费、本周期应增加的金额）、本周期合计应扣减的金额（本周期应扣回的预付款、本周期应扣减的金额）、本周期实际应支付的合同价款

2．工程竣工结算 [21 第二批案例、22 两天考三科案例]

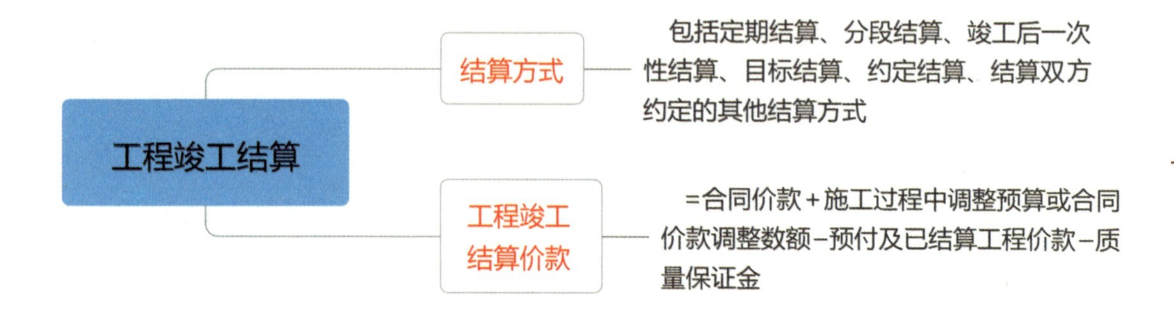

【考点 2】竣工验收工作程序和要求（☆☆☆☆）

1．工程交付竣工验收按相关专业的管理要求划分的类别 [22 一天考三科单选、22 两天考三科单选]（选择题考点）

专项验收	包括：规划、消防、环保、绿化、市容、交通、水务、人防、卫生防疫、交警、防雷等专项验收
机电工程专项验收	包括：消防验收、人防设施验收、环境保护验收、防雷设施验收、卫生防疫检测

2．竣工验收的要求与实施 [15 案例、16 单选、18 多选]

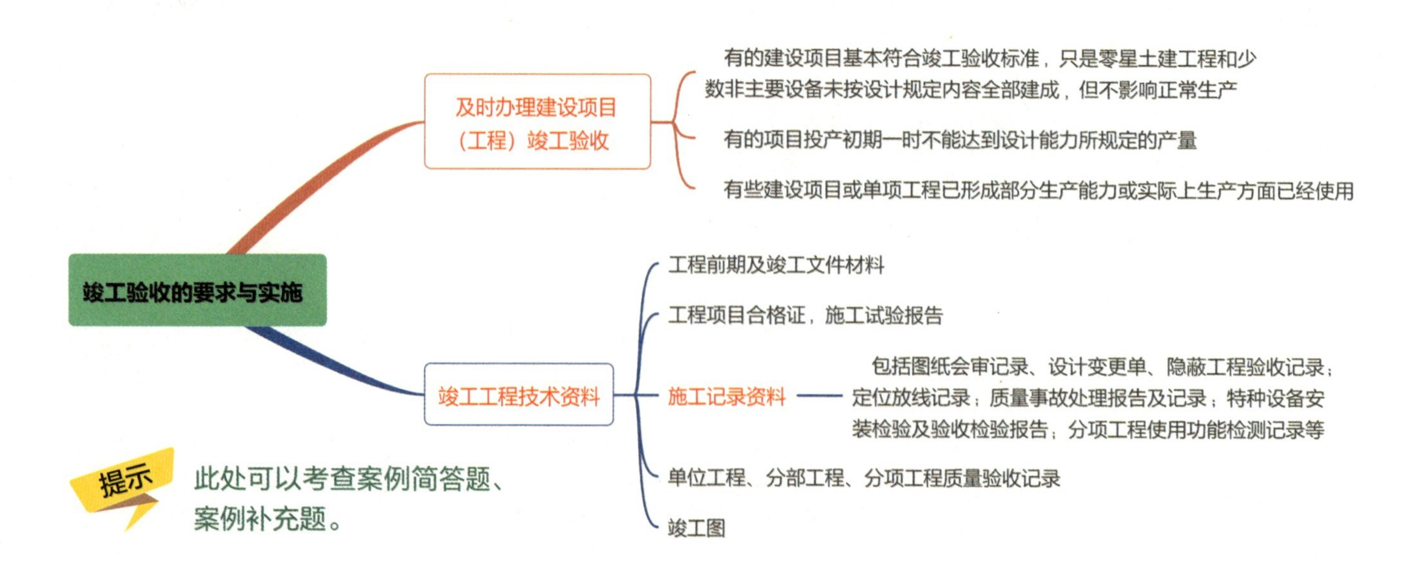

2H320130 机电工程保修与回访

【考点 1】保修的实施（☆☆☆）[13 案例、22 两天考三科案例]

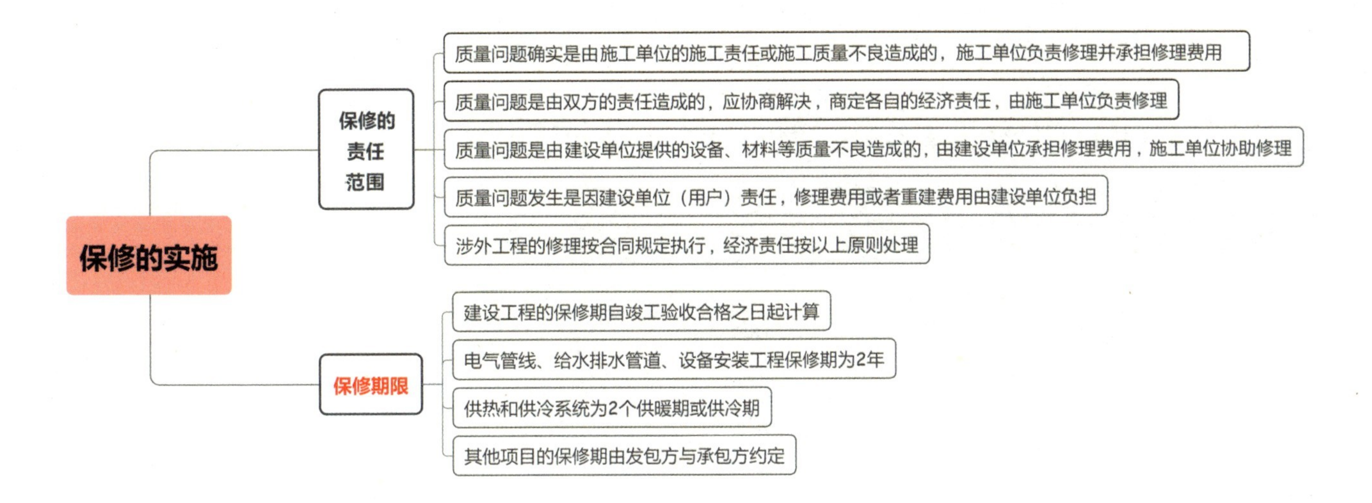

【考点 2】回访的实施（☆☆☆）[22 一天考三科单选、22 两天考三科单选]

工程回访的方式	季节性回访、技术性回访（主要了解在工程施工过程中所采用的新材料、新技术、新工艺、新设备等的技术性能和使用后的效果，发现问题及时加以补救和解决；便于总结经验，获取科学依据，不断改进完善，为进一步推广创造条件）、保修期满前的回访、信息传递方式回访、座谈会方式回访（由建设单位组织座谈会或意见听取会）、巡回式回访
工程回访的要求	回访中发现的施工质量缺陷，如在保修期内要采取措施，迅速处理；如已超过保修期，要协商处理

2H330000 机电工程项目施工相关法规与标准

2H331000 机电工程项目施工相关法律规定

2H331010 计量的相关规定

【考点 1】施工计量器具使用的管理规定（☆☆☆）

1．施工计量器具管理范围 [14 单选、16 单选]

强制检定计量器具范围	（1）社会公用计量标准器具。 （2）部门和企业、事业单位使用的最高计量标准器具。 （3）用于贸易结算、安全防护、医疗卫生、环境监测等方面的列入计量器具强制检定目录的工作计量器具
非强制检定	计量器具可由使用单位依法自行定期检定，本单位不能检定的，由有权开展量值传递工作的计量检定机构进行检定
施工计量器具检定范畴	（1）列入《强制检定的工作计量器具目录》（以下简称《强检目录》）的在施工过程使用的工作计量器具：用于安全防护的压力表、电能表（单相、三相）、测量互感器（电压互感器、电流互感器）、绝缘电阻测量仪、接地电阻测量仪、声级计等。 （2）施工单位建立的最高计量标准器具。 （3）列入《依法管理的计量器具目录》的计量器具：电压表、电流表、欧姆表、相位表

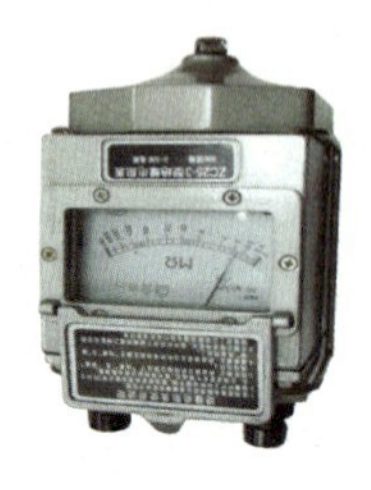
兆欧表

声级计

电压表

电流表

此处主要以选择题的形式进行考核，考生只要记住即可。

2．施工计量器具使用的管理规定 [18 单选、20 单选]（选择题考点）

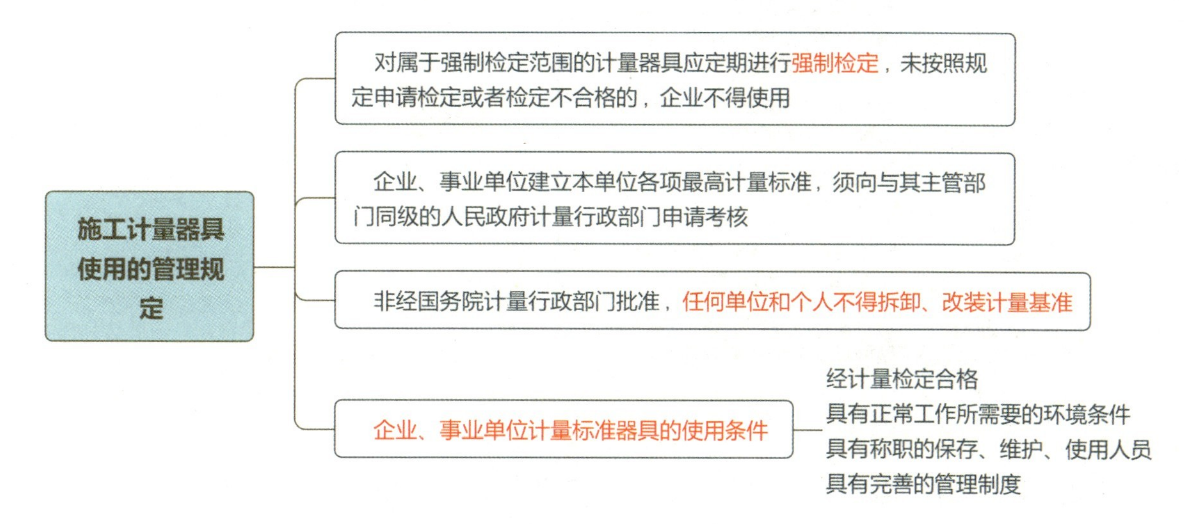

【考点 2】施工计量器具使用的管理规定（☆☆☆☆☆）

1．确定计量器具的选择原则 [21 第二批单选]

（1）应与所承揽的工程项目的内容、检测要求以及所确定的施工方法和检测方法相适应。所选用计量器具的量程、精度和记录方式，适应的范围和环境，必须满足被测对象及检测内容的计量要求，使被测对象在量程范围内。

（2）所选用的计量器具和测量设备，必须具有计量检定证书或计量检定标记；在技术上是适用的，操作培训是较容易的。

2．分类管理计量器具 [15 单选、17 单选、19 单选、21 第一批多选、21 第二批多选]

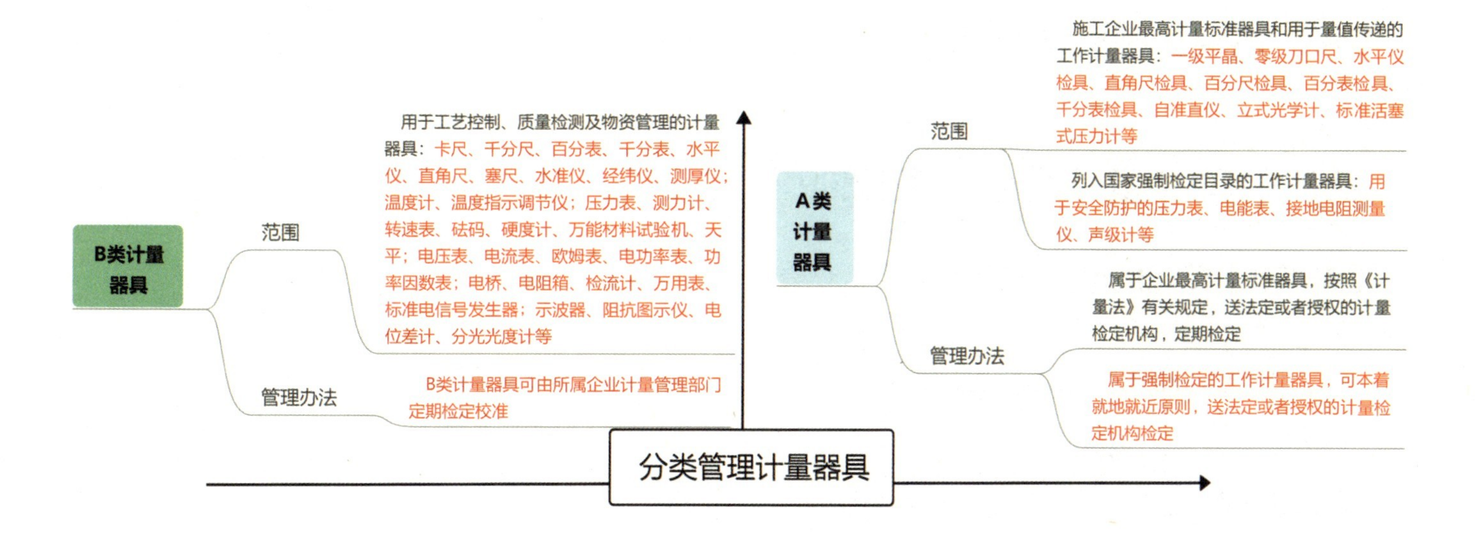

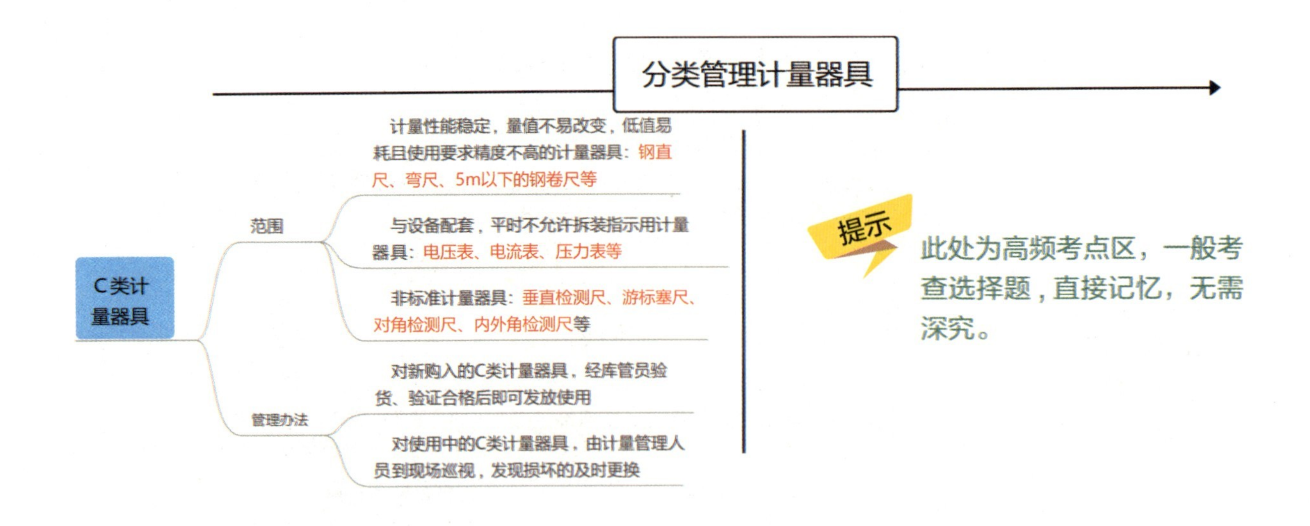

3．施工现场计量器具的使用要求［13 多选、19 案例、22 两天考三科多选、22 一天考三科多选］

（1）工程开工前，项目部应根据项目质量计划、施工组织设计、施工方案对检测设备的精度要求和生产需要，编制《计量检测设备配备计划书》。

（2）施工现场使用的计量器具，无论是企业自有的、租用的或是由建设方提供的，均需按照建立的管理制度进行管理。

（3）使用计量器具前，应检查其是否完好，若不在检定周期内、检定标识不清或封存的，视为不合格的计量检测设备，不得使用。每次使用前，应对计量检测设备进行校准对零检查后，方可开始计量测试。

（4）使用中的钢卷尺，若有自卷或制动式钢卷尺拉出、收缩经常卡住，有阻滞失灵现象；尺带表面镀铬、镍或涂塑大面积脱皮或氧化；分度、断线或不清楚；尺带扭曲或折断；尺盒严重残缺等情况之一的应停止使用，由工程项目部计量管理员办理报废手续。

（5）施工过程中使用的专用或自制检具用作检验手段时，使用前由现场质量检查员和专业技术人员按有关要求加以检验。

重点部分，一般考查选择题，直接记忆。

2H331020 建设用电及施工的相关规定

【考点 1】建设用电的规定（☆☆☆☆☆）

1．用电手续的规定［20 单选、21 第二批多选、22 两天考三科多选］

一般规定	申请新装用电、临时用电、增加用电容量、变更用电和终止用电，应当依照规定的程序办理手续

续表

新装、增容与变更用电规定	用户申请新装或增加用电时，应向供电企业提供用电工程项目批准的文件及有关的用电资料，包括用电地点、电力用途、用电性质、用电设备、用电设备清单、用电负荷、保安电力、用电规划等，并依照供电企业规定如实填写用电申请书及办理所需手续 口助诀记 画地图，请备盒报纸
变更用电的规定	有下列情况之一者，为变更用电：（1）减少合同约定的用电容量；（2）暂时停止全部或部分受电设备的用电；（3）临时更换大容量变压器；（4）迁移受电装置用电地址；（5）移动用电计量装置安装位置；（6）暂时停止用电并拆表；（7）改变用户的名称；（8）一户分列为两户及以上的用户；（9）两户及以上用户合并为一户；（10）合同到期终止用电；（11）改变供电电压等级；（12）改变用电类别。 用户需变更用电时，应事先提出申请，并携带有关证明文件，到供电企业用电营业场所办理手续，变更供用电合同
用户办理用电手续的规定	自备电源：总承包单位要告知供电部门并征得同意，同时要妥善采取安全技术措施，防止自备电源误入市政电网。 如果仅为申请施工临时用电，结束或施工用电转入建设项目电力设施供电，应及时向供电部门办理终止用电手续

重点部分，一般考查选择题，直接记忆。

2．用电计量装置及其规定 [15 单选、21 第二批多选、22 两天考三科多选]

（1）用电计量装置的量值指示是电费结算的主要依据，依照有关法规规定该装置属强制检定范畴，应由省级计量行政主管部门依法授权的检定机构进行检定合格，方为有效。

（2）用电计量装置的设计应征得当地供电部门认可，安装完毕应由供电部门检查确认。

（3）供电企业在新装、换装及现场校验后应对用电计量装置加封，并请用户在工作凭证上签章。

（4）用电计量装置原则上应装在供电设施的产权分界处。

3．临时用电的安全管理 [18 单选、19 单选、20 单选、21 第一批单选和多选、22 一天考三科多选]

（1）临时用电的准用程序

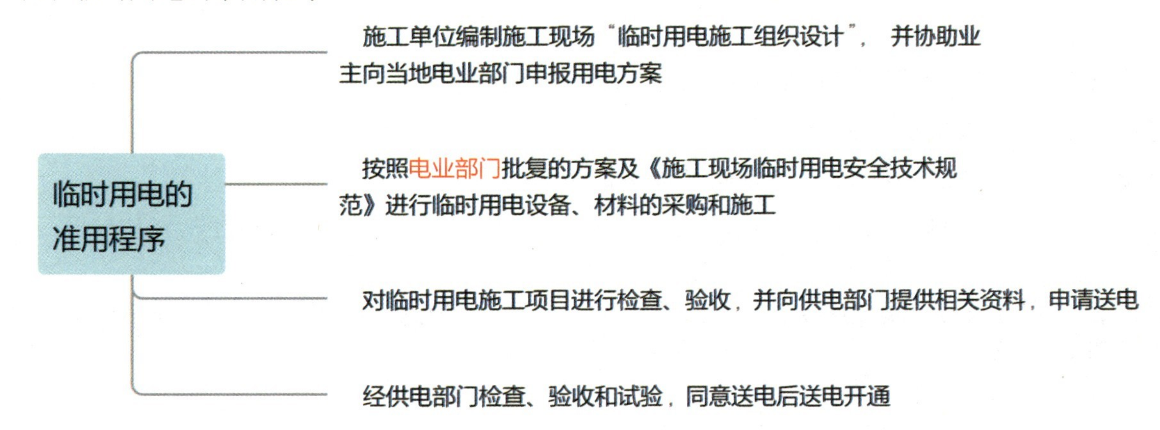

（2）临时用电施工组织设计的编制

编制、审核、实施	临时用电施工组织设计应由电气技术人员编制，项目部技术负责人审核，经相关部门审核并经具有法人资质的企业技术负责人批准后实施
临时用电施工组织设计的主要内容	包括：现场勘测；确定电源进线、变电所、配电室、配电装置、用电设备位置及线路走向；进行负荷计算；选择变压器；设计配电系统；设计配电线路、选择导线或电缆，设计配电装置、选择电器，设计接地装置，绘制临时用电工程图纸，包括用电工程总平面图、配电装置布置图、配电系统接线图、接地装置设计图；设计防雷装置；确定防护措施；制定安全用电措施和电气防火措施

（3）临时用电的检查验收

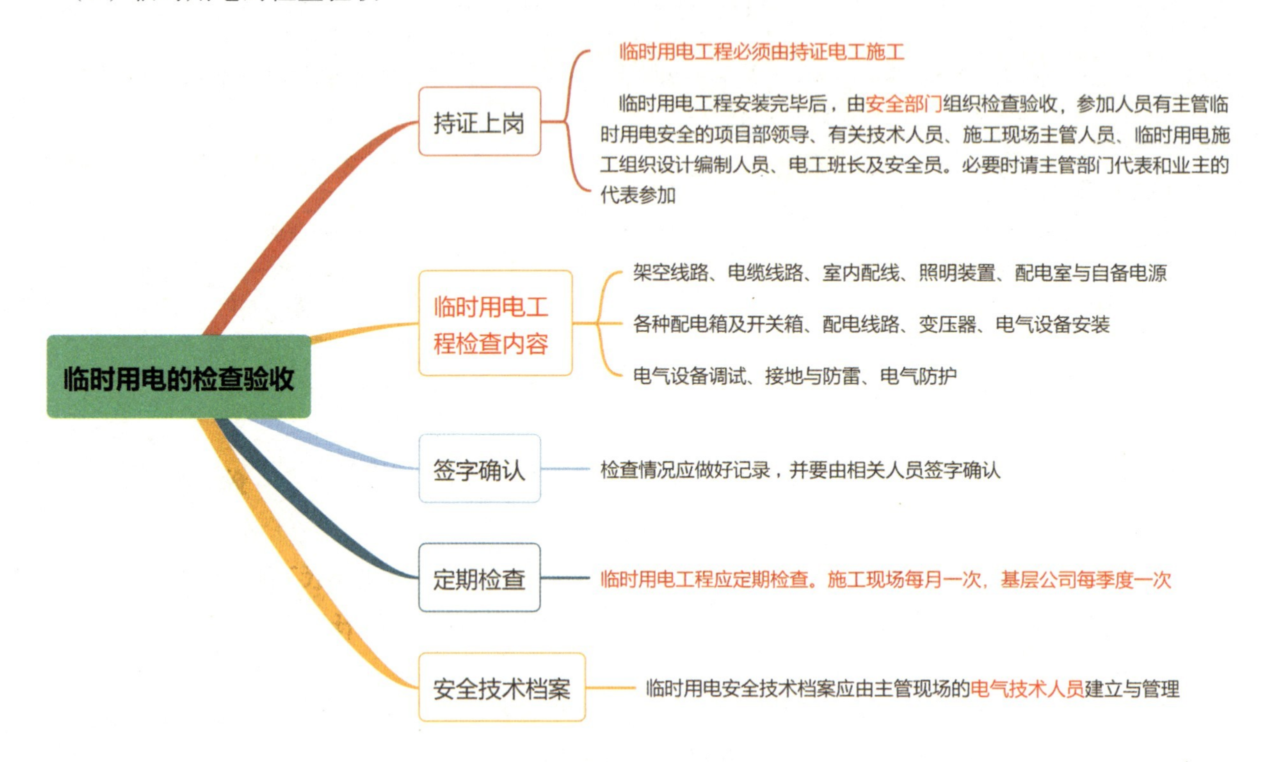

（4）临时用电安全技术要求

①临时用电工程专用的电源中性点直接接地的220V/380V三相四线制低压电力系统，必须符合下列规定：采用三级配电系统，采用TN-S接零保护系统，采用二级漏电保护系统。

②在施工现场专用变压器供电的TN-S接零保护系统中，电气设备的金属外壳必须与保护零线PE连接。

③当施工现场与外电线路共用同一供电系统时，电气设备的接地、接零保护必须与原系统一致。

④ PE线材质与相线应相同。

⑤ PE线上严禁装设开关或熔断器，严禁通过工作电流，且严禁断线。

⑥ TN-S系统中，PE线必须在配电室、总配电箱等处重复接地，接地电阻不应大于10Ω。

临时用电的安全管理的有关内容为重要考点区，一般考查选择题，也可以考查案例题，要在理解的基础上记忆。

【考点 2】电力设施保护区施工作业的规定（☆☆☆）

1. 电力线路设施的保护范围 [14 单选]（选择题考点）

架空电力线路	杆塔、基础、拉线、接地装置、导线、避雷线、金具、绝缘子、登杆塔的爬梯和脚钉，导线跨越航道的保护设施，巡（保）线站，巡视检修专用道路、船舶和桥梁，标志牌及其有关辅助设施
电力电缆线路	架空、地下、水底电力电缆和电缆联结装置，电缆管道、电缆隧道、电缆沟、电缆桥，电缆井、盖板、人孔、标石、水线标志牌及其有关辅助设施
电力线路上的电器设备	变压器、电容器、电抗器、断路器、隔离开关、避雷器、互感器、熔断器、计量仪表装置、配电室、箱式变电站及其有关辅助设施

2. 电力线路保护区

序号	电压（kV）	延伸距离（m）
1	1 ~ 10	5
2	35 ~ 110	10
3	154 ~ 330	15
4	500	20

电压从小到大，依次增加 5m

3. 电力设施保护范围和保护区内规定 [13 单选、14 案例、16 单选]

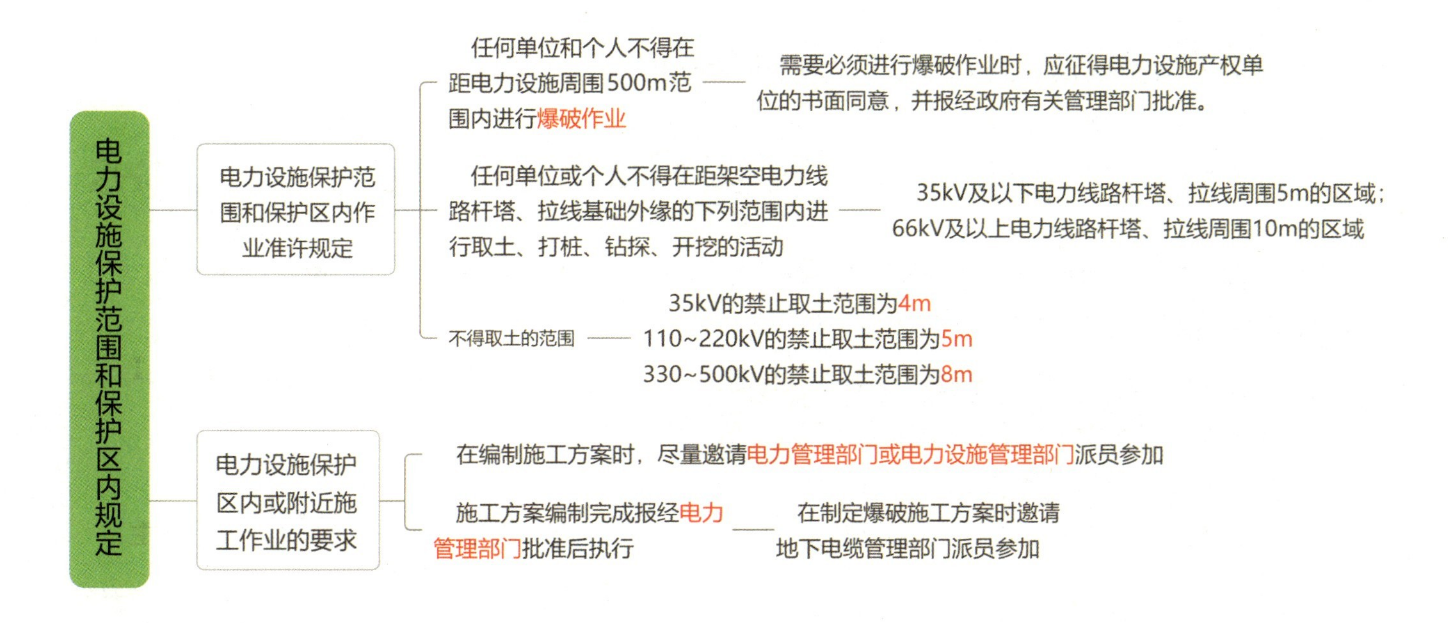

2H331030 特种设备的相关规定

【考点 1】特种设备的法定范围（☆☆☆）

1．特种设备的定义 [14 单选、18 单选]

按照《特种设备安全法》，特种设备是指对人身和财产安全有较大危险性的锅炉、压力容器（含气瓶）、压力管道、电梯、起重机械、客运索道、大型游乐设施、场（厂）内专用机动车辆，以及法律、行政法规规定的其他特种设备。

2．特种设备中的起重机械、安全附件法定范围 [20 案例、22 两天考三科多选]

起重机械	范围规定为额定起重量大于或者等于 0.5t 的升降机；额定起重量大于或者等于 3t（或额定起重力矩大于或者等于 40t · m 的塔式起重机，或生产率大于或者等于 300t/h 的装卸桥），且提升高度大于或者等于 2m 的起重机；层数大于或者等于 2 层的机械式停车设备
安全附件	纳入《特种设备目录》的安全附件品种包括安全阀、爆破片装置、紧急切断阀、气瓶阀门

因篇幅有限，此处只列出了考查过的两种特种设备的法定范围，考试用书上所列其余特种设备的法定范围也需考生熟悉一遍，不排除在以后考试中考查的可能性。

【考点 2】特种设备制造、安装改造及维修的规定（☆☆☆☆☆）

1．特种设备生产许可制度

（1）国家按照分类监督管理的原则对特种设备生产（包括设计、制造、安装、改造、修理）实行许可制度。特种设备生产单位应当经过负责特种设备安全监督管理的部门许可，方可从事生产活动。

（2）电梯的安装、改造、维修，必须由电梯制造单位或者其通过合同委托、同意的取得许可的单位进行。电梯制造单位对电梯质量以及安全运行涉及的质量问题负责。

2. 承压类特种设备安装、修理、改造的资质许可［19 案例、21 第二批多选］

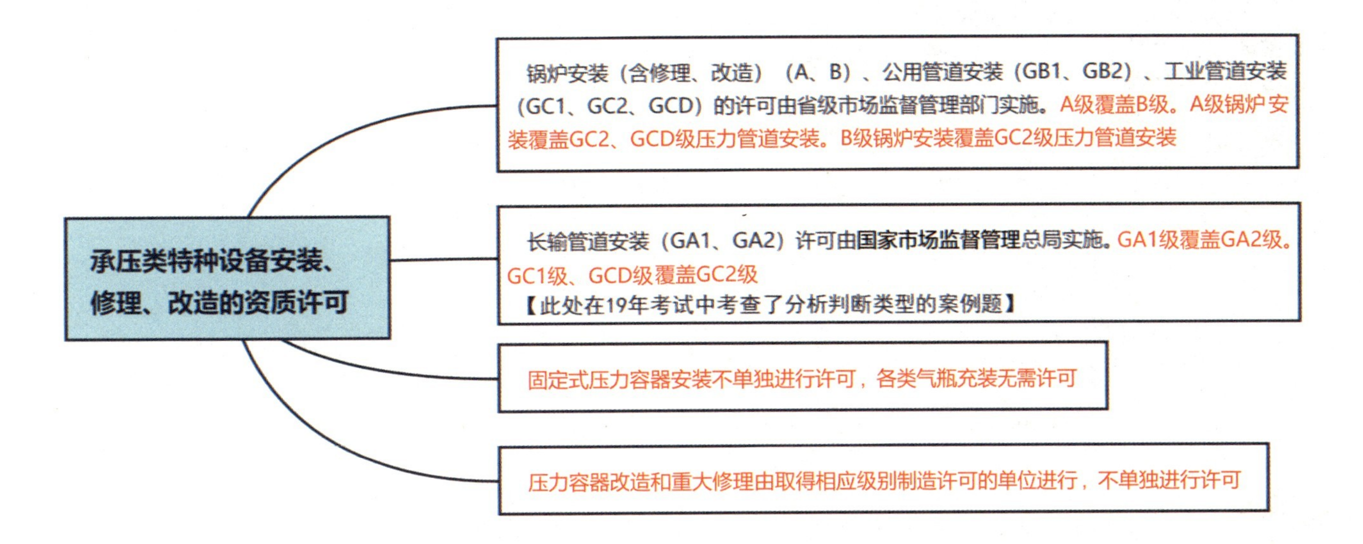

3. 特种设备的生产要求［14 案例、15 单选、20 单选和案例、21 第一批案例、22 一天考三科多选和案例、22 两天考三科案例］

<table>
<tr><td colspan="2">特种设备制造、安装、改造、修理单位应当具备的条件</td><td>（1）具有法定资质。
（2）具有与许可范围相适应的资源条件，并满足生产需要。具体资源条件要求有：人员：包括管理人员、技术人员、检测人员、作业人员等；工作场所：包括场地、厂房、办公场所、仓库等；设备设施：包括生产（充装设备）、工艺装备、检测仪器、试验装置等；技术资料：包括设计文件、工艺文件、施工方案、检测规程等；法规标准：包括法律、法规、规章、安全技术规范及相关标准。
（3）建立并且有效实施与许可范围相适应的质量保证体系。
（4）具备保障特种设备安全性能的技术能力</td></tr>
<tr><td colspan="2">特种设备安装、改造、修理告知</td><td>《特种设备安全法》第二十三条规定，特种设备安装、改造、修理的施工单位应当在施工前将拟进行的特种设备安装、改造、修理情况书面告知直辖市或者设区的市级人民政府负责特种设备安全监督管理的部门</td></tr>
<tr><td rowspan="2">特种设备安装要求</td><td>锅炉安装</td><td>（1）锅炉烘炉、煮炉、试运转完成后，应请监督检验部门验收。
（2）锅炉出厂时必须附有与安全有关的技术资料，包括：锅炉图样（包括总图、安装图和主要受压部件图）；受压元件的强度计算书或计算结果的汇总表；锅炉质量证明书（包括产品合格证、金属材料证明、焊接质量证明和水（耐）压试验证明等）；安全阀排放量的计算书或计算结果汇总表；锅炉安装说明书和使用说明书；受压元件与设计文件不符的变更资料等</td></tr>
<tr><td>压力容器安装</td><td>压力容器安装前应检查其生产许可证明以及出厂技术文件和资料，检查设备外观质量。出厂技术文件和资料包括：竣工图样；产品合格证、产品质量证明文件及产品铭牌的拓印件或复印件；压力容器监督检验证书；压力容器安全技术监察规程规定的设计文件，如强度计算书等</td></tr>
</table>

特种设备安装要求	起重机械安装	起重机械的安装，必须经特种设备检验检测机构按照《安全技术规范》的要求进行监督检验，未经检验合格的不得交付使用
	电梯安装	电梯的制造、安装、改造和维修活动，必须严格遵守安全技术规范的要求。电梯的制造单位对电梯质量以及安全运行涉及的质量问题负责
特种设备出厂（竣工）要求		（1）特种设备出厂时，应当随附安全技术规范要求的设计文件、产品质量合格证明、安装及使用维护保养说明、监督检验证明等相关技术资料和文件。 （2）特种设备安装、改造及重大修理过程中及竣工后，应当经相关检验机构监督检查，未经检验或检验不合格者，不得交付使用。安装、改造、修理的施工单位应当在验收后 30 日内将相关技术资料和文件移交特种设备使用单位

此处为高频考点区，上述内容皆为该部分的出题点，可以出选择题，也可以出案例题，建议理解＋记忆。

2H332000 机电工程项目施工相关标准

2H332010 工业安装工程施工质量验收统一要求

【考点 1】工业安装工程施工质量验收的项目划分和验收程序（☆☆☆）

1．工业安装工程施工质量验收的划分 [21 第二批案例]

工业安装工程验收的项目为：土建工程、钢结构工程、设备工程、管道工程、电气工程、自动化仪表工程、防腐蚀工程、绝热工程、炉窑砌筑工程等。

2．工业安装工程施工质量验收的工程划分 [15 单选、20 单选、22 两天考三科多选]（选择题考点）

土建工程	（1）检验批：按设备基础、楼层、施工段或变形缝进行划分。 （2）分项工程：可按设备基础、施工工艺、主要工种、材料进行划分。 （3）分部工程：应按设备基础类别、建（构）筑物部位或专业确定
电气工程	项工程应按电气设备或电气线路进行划分
自动化仪表工程	分项工程应按仪表类别和安装试验工序划分

续表

防腐蚀工程	防腐蚀工程可按施工顺序、区段、部位或工程量划分为一个或若干个检验批。 分项工程应按设备台（套）、管道、钢结构及建（构）筑物所采用防腐蚀材料或衬里的种类划分
炉窑砌筑工程	（1）检验批应按部位、层数、施工段或膨胀缝进行划分。 （2）分项工程应按炉窑结构组成或区段进行划分，分项工程可由一个或若干个检验批组成。如高炉炉底、炉缸等，转化炉辐射段、过渡段和对流段等。当炉窑砌体工程量小于 $100m^3$ 时，可将一座（台）炉窑作为一个分项工程。 （3）分部工程应按炉窑的座（台）进行划分

【考点 2】工业安装工程施工质量验收的组织与合格规定（☆☆☆☆☆）

1．工业安装工程施工质量验收的基本规定、程序及组织 [14 多选、18 单选、21 第一批多选、21 第二批多选]

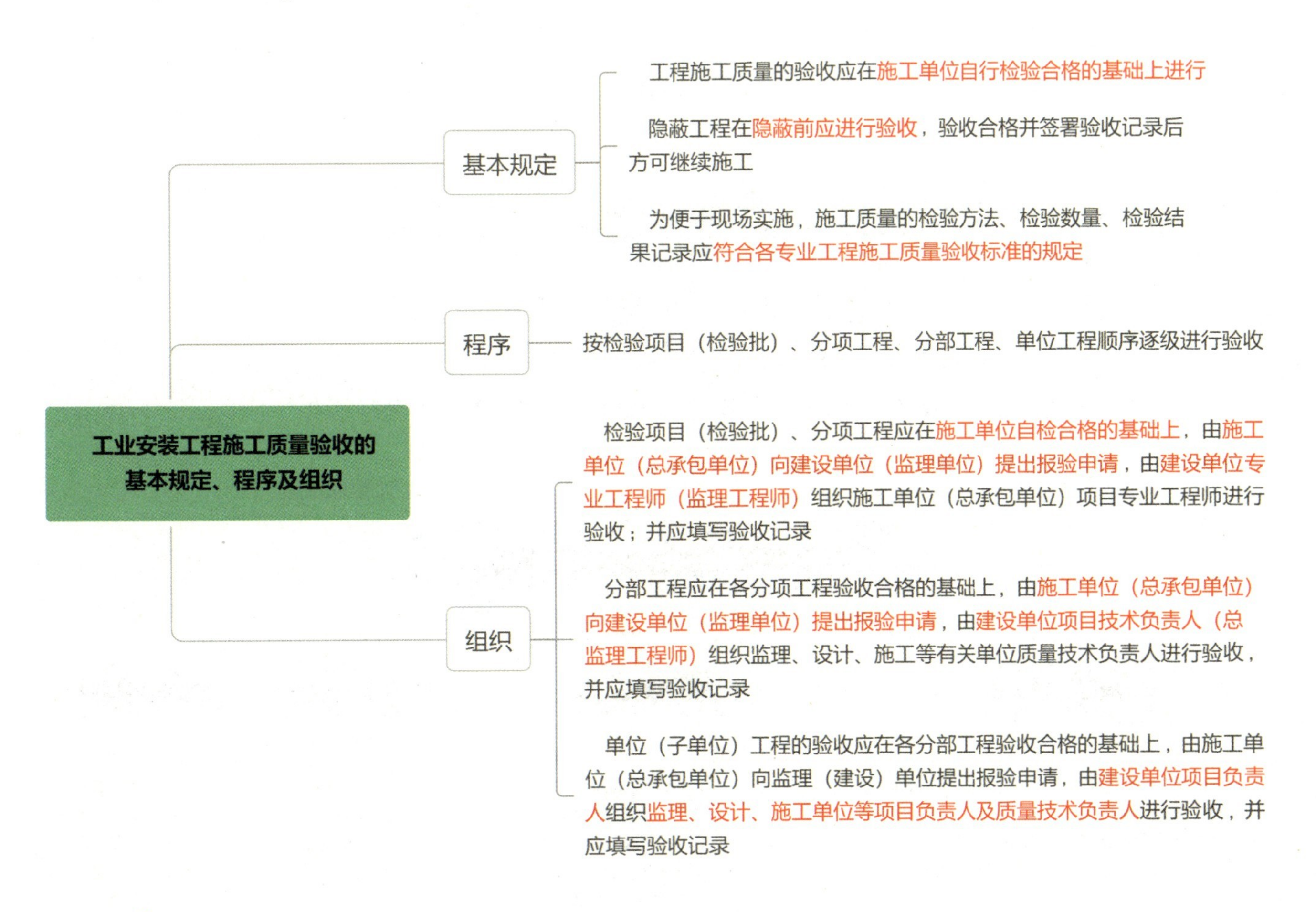

此部分为重要考点，可以出选择题或案例题，在理解的基础上记忆，无需深究。

2. 施工质量的验收规定［17 单选、21 第一批多选、22 一天考三科多选］

检验项目质量验收合格规定	（1）主控项目的施工质量应符合相应专业施工质量验收标准的规定。 （2）一般项目每项抽检处（抽样）的施工质量应符合相应专业施工质量验收标准的规定。 （3）应具有完整施工依据、施工记录及质量检查、检验和试验记录
分项工程质量验收合格规定	（1）分项工程所含的检验项目（检验批）均应符合合格质量的规定。 （2）分项工程的质量控制资料应齐全
检验项目（检验批）的质量不符合规定时的处理方法	（1）经返工或返修的检验项目（检验批），应重新进行验收。 （2）经有资质的检测机构检测鉴定能够达到设计要求的检验项目（检验批），应予以验收。 （3）经有资质的检测机构检测鉴定达不到设计要求，但经原设计单位核算认可能够满足安全和使用功能的检验项目（检验批），可予以验收。 （4）经返修或加固处理的分项、分部（子分部）工程，虽然改变了几何尺寸但仍能满足安全和使用要求，可按技术处理方案和协商文件的要求予以验收

注：对于难以返工又难以确定质量的部位，由有资质的检测单位检测鉴定，其结论可以作为质量验收的依据。

2H332020 建筑安装工程施工质量验收统一要求

【考点 1】建筑安装工程施工质量验收的项目划分和验收程序（☆☆☆☆☆）

1. 建筑工程施工质量验收的项目划分［14 单选、21 第一批多选］（选择题考点）

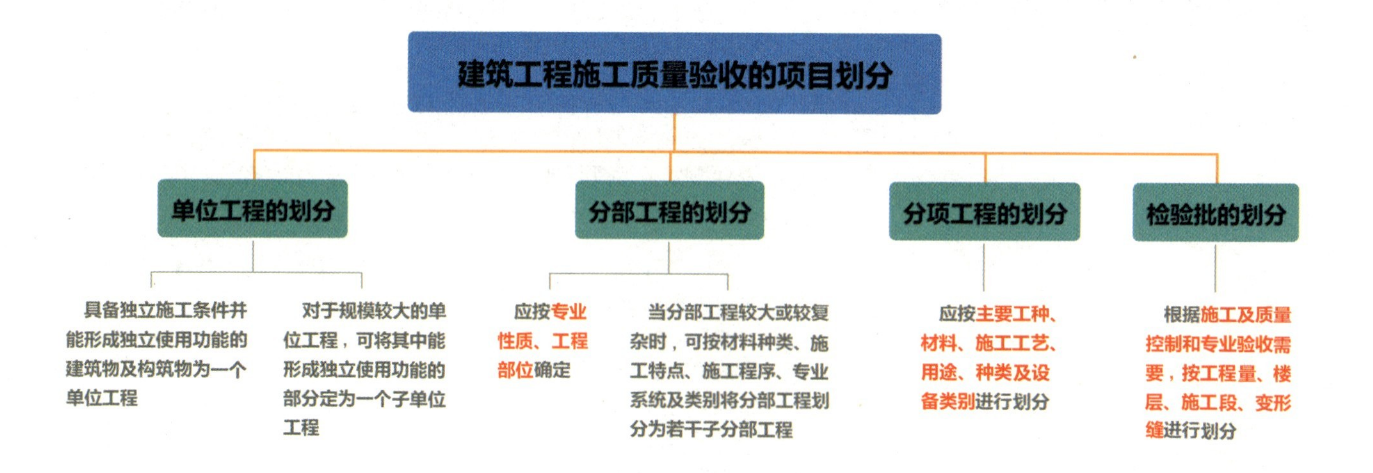

2．建筑安装工程施工质量验收的程序

建筑安装工程施工质量验收程序	检验批验收→分项工程验收→分部（子分部）工程验收→单位（子单位）工程验收。建筑安装工程质量验收是施工单位进行质量控制结果的反映，也是竣工验收确认工程质量的主要方法和手段。验收工作的基础工作在施工单位，即主要由施工单位来实施，并经第三方的工程质量监督部门或竣工验收组织来确认
检验批和分项工程施工质量验收程序	检验批和分项工程是建筑工程项目质量的基础，施工单位自检合格后，提交监理专业工程师或建设单位项目专业技术负责人组织进行验收
分部（子分部）工程施工质量验收程序	分部（子分部）工程质量验收由施工单位项目负责人组织检验评定合格后，向总监理工程师或建设单位项目负责人提出分部（子分部）工程验收的报告 提示 此处过去的考试中考查过案例简答题。
单位（子单位）工程施工质量验收的程序	由于《建设工程承包合同》的双方主体是建设单位和总承包单位，总承包单位应按照承包合同的权利义务对建设单位负责；分包单位对总承包单位负责，也对建设单位负责。 分包单位对承建的项目进行检验时，总承包单位应参加，检验合格后，分包单位应将工程的有关资料移交总承包单位，待建设单位组织单位工程质量验收时，分包单位负责人应参加验收

【考点 2】建筑安装工程施工质量验收的组织与合格规定（☆☆☆）

1．建筑安装工程施工质量验收的组织 [19 单选]

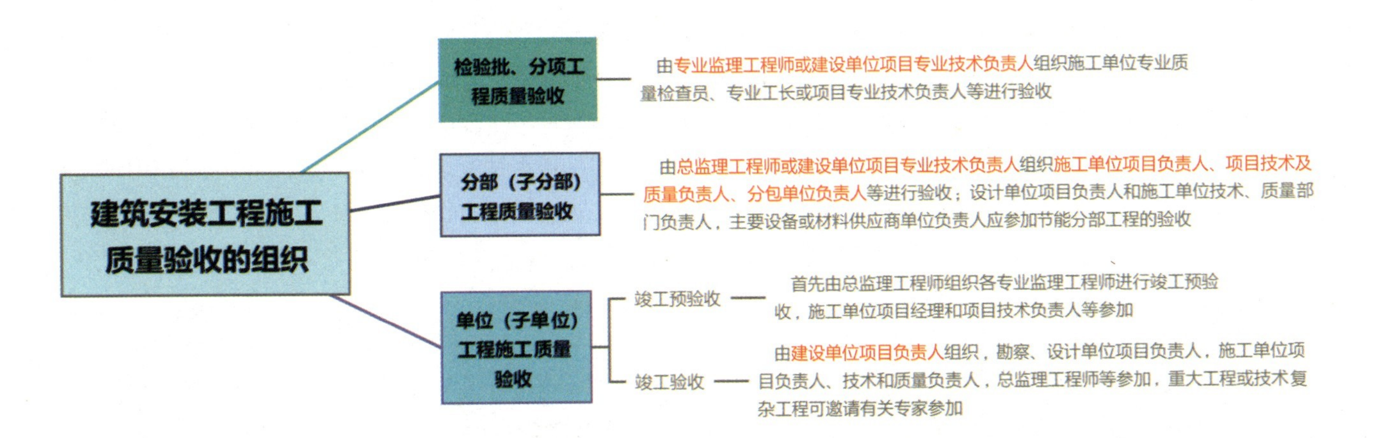

注意：建筑安装工程施工质量验收的组织者，往往是出题的地方。

2．建筑安装工程检验批的施工质量验收合格的规定 [21 第二批多选、22 两天考三科多选]（选择题考点）

检验批质量验收合格规定	（1）主控项目和一般项目的质量经抽样检验合格。 （2）具有完整的施工操作依据、质量检查记录
检验批的施工质量验收	（1）主控项目是保证工程安全和使用功能的重要检验项目，是对安全、卫生、环境保护和公共利益起决定性作用的检验项目，是确定该检验批主要性能的项目，因此必须全部符合有关专业工程验收规范的规定。 （2）一般项目是除主控项目以外的检验项目，可以允许有偏差的项目。 （3）管道的压力试验、风管系统的严密性检验、电气的绝缘与接地测试等均是主控项目

3．建筑安装工程分部（子分部）工程质量验收合格的规定 [20 年单选、22 年一天考三科多选和案例]

分部（子分部）工程质量验收合格规定	（1）分部（子分部）工程所含分项工程的质量均应验收合格。 （2）质量控制资料应完整。 （3）设备安装工程有关安全、节能、环境保护和主要使用功能的抽样检测结果应符合相应规定。 （4）观感质量验收应符合要求
分部工程的验收中检查的规定	分部工程的验收应在其所含各分项工程已验收的基础上进行。检查各分项工程质量文件，检查涉及安全和使用功能的安装分项工程的试验和检测记录，检查各分部、子分部工程质量验收记录表的质量评价，检查各分部、子分部工程质量的综合评价、质量控制资料的评价，检查设备安装分部、子分部工程规定的有关安全及功能的检测和抽测的检测记录。如：给水管道的通水试验记录，暖气管道、散热器压力试验记录，照明动力全负荷试验记录等。观感质量验收难以定量，只能以观察、触摸或简单量测的方式进行，并由个人的主观印象判断，检查结果并不给出“合格”或“不合格”的结论，而是综合给出质量评价
分部（子分部）工程质量组织	应由总监理工程师（或建设单位项目专业负责人）组织施工项目经理、项目技术负责人和有关勘察、设计单位项目负责人进行验收

4．建筑安装工程单位（子单位）工程质量验收合格的规定 [20 单选、22 第二批多选]（选择题考点）

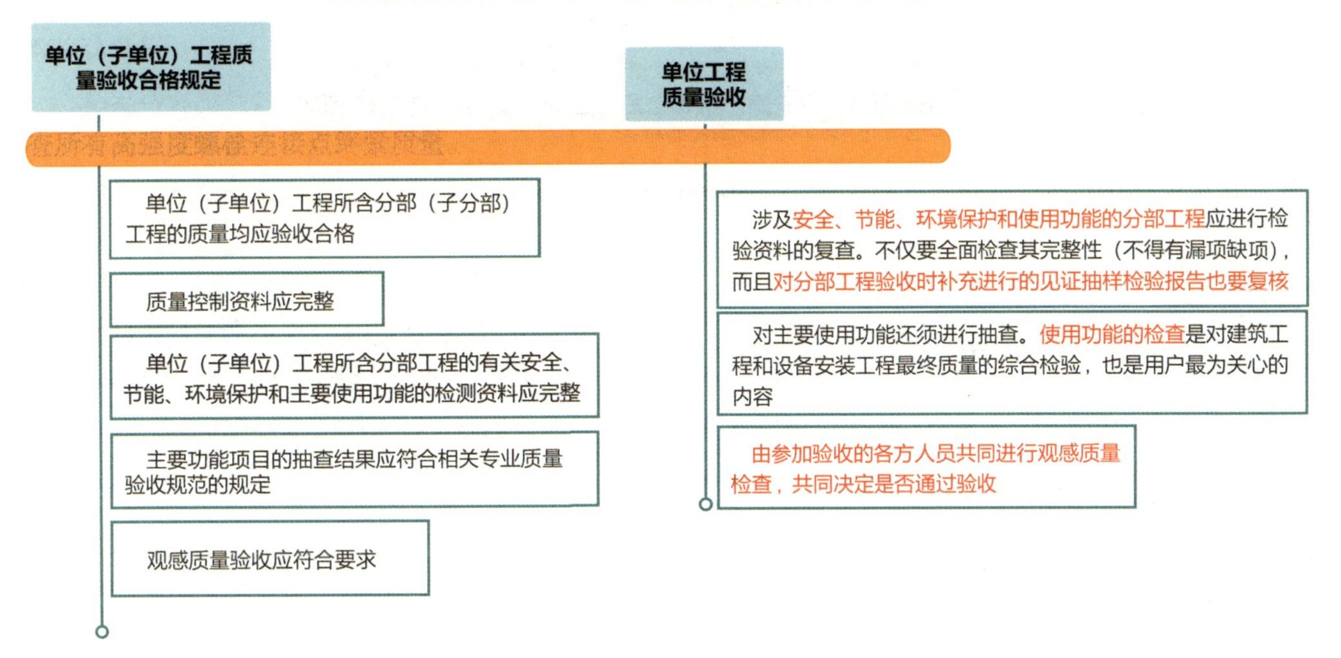

2H333000 二级建造师（机电工程）注册执业管理规定及相关要求

【考点 1】建筑安装工程施工质量验收的组织与合格规定（☆☆☆）

（1）机电工程大、中、小型工程规模标准的指标，针对不同的工程项目特点，具体设置有建筑面积、工程造价、工程量、投资额、年产量等不同的界定指标。

（2）一级注册建造师可承担大、中、小型工程施工项目，二级注册建造师可以承担中、小型工程施工项目。

【考点 2】二级建造师（机电工程）注册执业工程范围（☆☆☆）

1．机电工程注册建造师执业工程范围的规定 [14 单选]

《注册建造师执业管理办法（试行）》规定，机电工程建造师执业工程范围包括：机电、石油化工、电力、冶炼、钢结构、电梯安装、消防设施、防腐保温、起重设备安装、机电设备安装、建筑智能化、环保、电子、仪表安装、火电设备安装、送变电、核工业、炉窑、冶炼机电设备安装、化工石油设备、管道安装、管道、无损检测、海洋石油、体育场地设施、净化、旅游设施、特种专业。

2. 机电工程中机电安装、石油化工、电力、冶炼各专业工程范围 [15 多选]

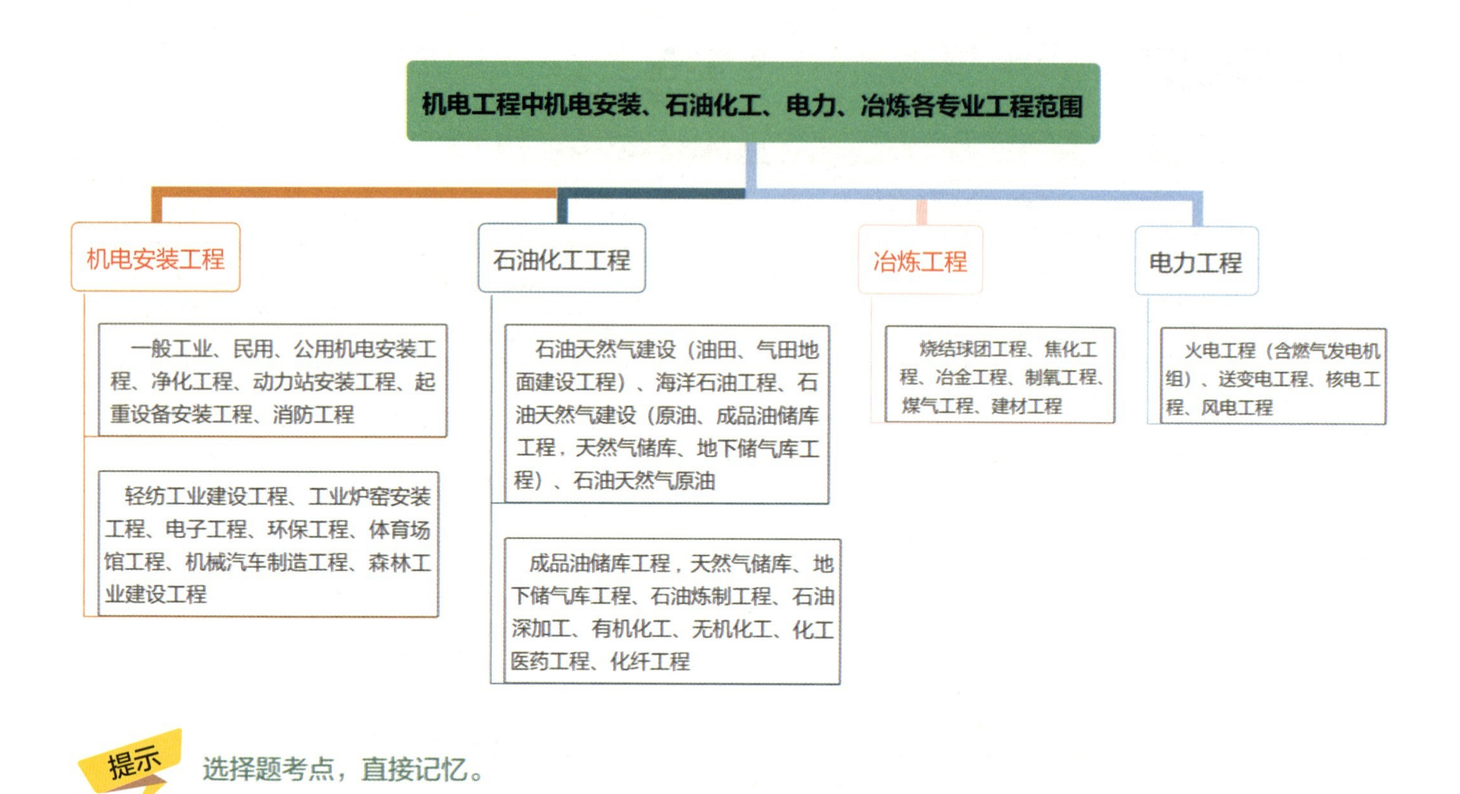

提示 选择题考点，直接记忆。

【考点 3】二级建造师（机电工程）施工管理签章文件目录（☆☆☆）

各类签章文件一般包含的文件 [13 多选]：

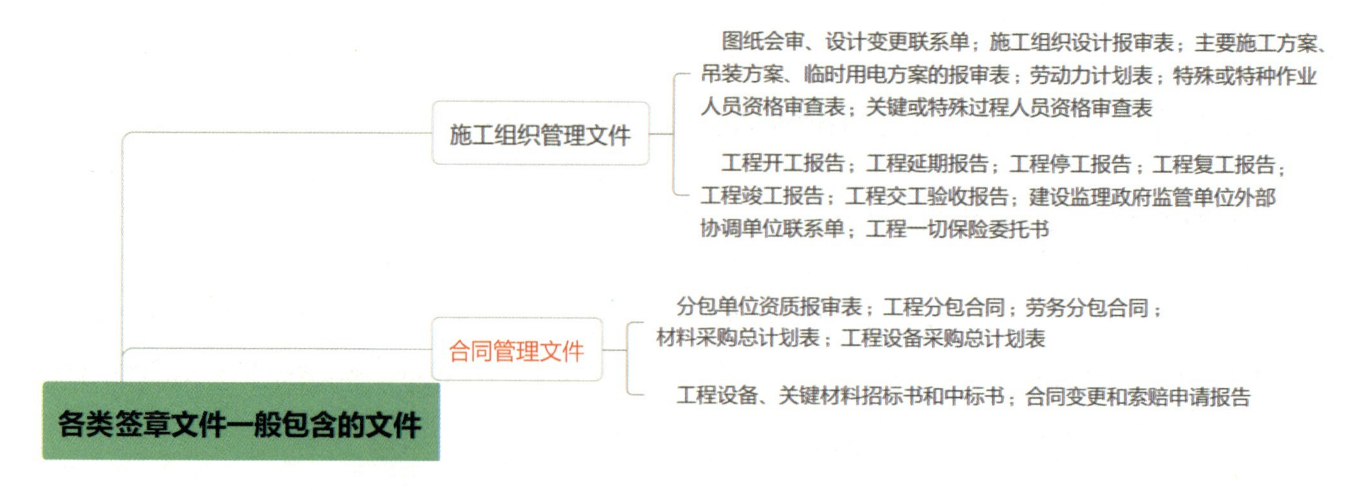

各类签章文件一般包含的文件

- 施工进度管理文件
  - 总进度计划报批表；分部工程进度计划报批表；单位工程进度计划报审表；分包工程进度计划批准表
- 质量管理文件
  - 单位工程竣工验收报验表；单位（子单位）工程安全和功能检验资料核查及主要功能抽查记录；单位（子单位）工程观感质量检查记录表；主要隐蔽工程质量验收记录；单位和分部工程及隐蔽工程质量验收记录的签证与审核
  - 单位工程质量预验（复验）收记录；单位工程质量验收记录；中间交工验收报告；质量事故调查处理报告；工程资料移交清单；工程质量保证书；工程试运行验收报告
- 安全管理文件
  - 工程项目安全生产责任书；分包安全管理协议书；施工安全技术措施报审表施工现场消防重点部位报审表；施工现场临时用电、用火申请书
  - 大型施工机具检验、使用检查表；施工现场安全检查监督报告；安全事故应急预案、安全隐患通知书；施工现场安全事故上报、调查、处理报告

图书在版编目（CIP）数据

机电工程管理与实务考霸笔记 / 全国二级建造师执业资格考试考霸笔记编写委员会编写 . —北京：中国城市出版社，2022.10

（全国二级建造师执业资格考试考霸笔记）

ISBN 978-7-5074-3527-6

Ⅰ.①机… Ⅱ.①全… Ⅲ.①机电工程–工程管理–资格考试–自学参考资料 Ⅳ.①TH

中国版本图书馆CIP数据核字（2022）第174714号

责任编辑：李笑然
责任校对：姜小莲
书籍设计：强 森

全国二级建造师执业资格考试考霸笔记
机电工程管理与实务考霸笔记
全国二级建造师执业资格考试考霸笔记编写委员会 编写

*

中国建筑工业出版社、中国城市出版社出版、发行（北京海淀三里河路9号）
各地新华书店、建筑书店经销
北京海视强森文化传媒有限公司制版
北京盛通印刷股份有限公司印刷

*

开本：880毫米×1230毫米 1/16 印张：9¾ 字数：260千字
2022年11月第一版 2022年11月第一次印刷
定价：**48.00**元（含增值服务）
ISBN 978-7-5074-3527-6
（904538）